Excel 在灌溉试验中的应用

宋 妮 王景雷 申孝军 刘 浩 白国库 著

黄河水利出版社

·郑 州·

内 容 提 要

本书对如何利用 Excel 软件进行灌溉试验设计、数据处理、多站点多年灌溉试验数据批量计算等方面进行了详细的阐述。主要内容包括:如何根据研究因素的不同选择适宜的灌溉试验方法;利用 Excel 基本函数功能如何快速处理灌溉试验数据,利用 Excel 图表功能对灌溉试验数据进行可视化展示;利用 Excel 数据分析功能对灌溉试验数据进行方差和回归分析,并评价其结果;利用 Excel 开发工具批量处理传感器自动采集数据和多年长系列数据等。

本书可供灌溉试验的从业者以及相关领域的研究人员参考,也可供大专院校相关专业师生学习参考。

图书在版编目(CIP)数据

Excel 在灌溉试验中的应用/宋妮等著. —郑州:
黄河水利出版社,2021. 12
ISBN 978-7-5509-3193-0

Ⅰ. ①E… Ⅱ. ①宋… Ⅲ. ①表处理软件-应用-灌溉试验 Ⅳ. ①S274-39

中国版本图书馆 CIP 数据核字(2021)第 267460 号

组稿编辑:王路平 电话:0371-66022212 E-mail:hhslwlp@126. com
陈俊克 电话:0371-66026749 E-mail:hhslcjk@126. com

出 版 社:黄河水利出版社 网址:www. yrcp. com
地址:河南省郑州市顺河路黄委会综合楼 14 层 邮政编码:450003
发行单位:黄河水利出版社
发行部电话:0371-66026940、66020550、66028024、66022620(传真)
E-mail:hhslcbs@126. com
承印单位:广东虎彩云印刷有限公司
开本:787 mm×1 092 mm 1/16
印张:15. 5
字数:360 千字
版次:2021 年 12 月第 1 版 印次:2021 年 12 月第 1 次印刷

定价:100. 00 元

前　言

Excel 是微软办公软件的最重要模块之一，功能强大，且通用性强，简单易学。能够满足灌溉试验从试验设计、日常数据记录到观测数据整理、数据常规分析、图表展示及数据汇总等工作的需要。但对于试验数据诸如指数、幂函数的拟合，多因素复杂数据的图表展示及如何利用 VBA（Visual Basic for Applications）对大数据进行批处理等相对复杂的操作，无论是刚接触灌溉试验的从业者，还是从事多年灌溉试验的“老试验人”，都还不能做到信手拈来。

鉴于此，面向从事灌溉试验的一线从业者，本书基于 Excel 软件讲了述在试验工作中的应用思路和技巧。内容涉及灌溉试验工作方案的设计、试验数据的记录、数据整理与分析、图表制作以及数据的批量处理等。书中涉及的灌溉试验设计及数据处理案例均为作者编制并已经过验证。

本书虽以灌溉试验数据为主要分析对象展开论述，但所涉及的绝大多数内容为通用方法，只要改变数据的来源，书中所述的数据整理分析方法、图表可视化表达以及数据的批量处理技巧均可应用到其他领域。

第 1 章主要讲述灌溉试验中常用的设计方法，即完全组合试验和正交试验，并对完全组合试验中各试验区的排列方式进行了分类介绍：顺序排列式、随机排列式、拉丁方排列式和裂区排列式。本章主要为初次进行试验的科研人员提供指导，是第 3 章方差分析的前提和基础。

第 2 章结合灌溉试验数据讲述如何利用 Excel 中内置函数快速对观测数据进行处理和简单分析，并采用具体案例展示了图表功能在灌溉试验中较为复杂的用法；利用 Excel 数据透视表功能提高灌溉试验数据和气象数据的处理效率。本章部分内容是 Excel 的基本知识，可能对有些读者来说比较简单，但为了照顾初次接触此软件的读者，同时考虑知识的连续性，故选择此结构。

第 3 章主要讲述灌溉试验数据的方差分析。对灌溉试验数据进行方差分析是灌溉试验从业人员必须掌握的一项基本知识。本章不仅讲述了各种方差分析在 Excel 中的具体操作步骤和注意事项，同时也结合数学统计方法讲述了其结果的计算公式，使读者从根本上理解数据蕴含的意义。

第 4 章讲述灌溉试验数据回归分析及相关步骤，主要包括一元线性回归分析、一元指（对）数回归分析、多元线性回归分析、多元线性回归分析——指数和幂函数组合、多元线性回归分析——多项式等，更为复杂的模型在 Excel 中很难直接建立，需要分段表达或进行数值转换后采用上述简单的回归模型拟合分析后构建。

第 5 章主要讲述 Excel 的开发工具，适用于长系列、多源数据的进一步挖掘和处理，例如对气象数据的处理、利用传感器自动采集的数据处理、多年长系列的数据处理等。

第 6 章主要讲述灌溉试验中诸如作物需水量的计算、水分生产函数的拟合等经典案例,结合实例介绍 Excel 软件在灌溉试验中的应用,为灌溉试验从业人员提供较为实际的指导。

在本书撰写过程中,得到了许多同志的大力支持。他们或是对书稿的撰写提纲提出了建设性的意见,或是提供了相关的数据和案例,或是对书稿进行了仔细的审查修改。此外,在本书的撰写过程中,还参考了百度文库、豆丁网、各大论坛和各编程达人公开发表的文章等。作者深知,没有这些支持和帮助,书稿是不可能顺利完成并付印的,在此一并表示衷心的感谢!

由于作者水平有限,对灌溉试验所涉内容未能全面掌握,因此书中难免有疏漏和不当之处,恳请读者批评指正。

作　者

2021 年 10 月

目　录

第 1 章　灌溉试验设计

试验设计,是以概率论和数理统计为理论基础,经济、科学地安排试验的一项技术,主要讨论如何合理地安排试验。试验设计合理与否直接关系到能否获得预期资料及试验数据的数量和质量是否满足研究需求。

水、土、光、热是作物正常生长的必要条件,它们相互影响,适宜的光、热、水、肥等外界环境可使作物以比较经济的投入获得理想的产量和品质。当前农业生产过程中,土、光、热等资源相对固定,水和肥是可以人为调控的两大环境因子。因此,根据作物对水分的需求规律调节农田水分状况充分发挥作物自身的优质高产潜力是目前种植业切实可行的途径之一。基于此,以适当的投入开展灌溉试验研究,寻找适宜的灌溉模式并进行大规模推广应用,对于完善节水调质理论,保障国家粮食安全、水安全和生态安全具有重要的理论与现实意义。

根据所需研究因素的不同,在田间试验中,我们需要在作物生长季中,设置该因素的各种不同等级或与之相对应的情况,同时尽可能地保证作物生长的其他因素是相同的,探讨研究因素对作物生长的影响。相应的种植区域称为处理。为了避免试验结果的偶然性,降低试验误差,提高试验结果的精确性和代表性,可适当增加试验重复次数,提高平均数的可靠性。根据理论分析,误差的大小与重复次数的平方根成反比,故重复越多、误差越小。通过不同重复间的差异可以估算出试验的误差,但重复次数不宜太多,每个处理一般重复 3~4 次,重复次数过多对减少误差作用不显著,且会给试验操作和观察记载等工作增加难度,当然,为确保试验的准确性和可靠性,同一试验要求重复 2 个生长季以上。

根据灌溉试验中研究因素的不同,可分为单因子试验和多因子试验,即研究因素为一种或多种。单因子试验在过去研究较多,现在常以多因子试验为主。多因子试验由于考虑因素较多,加之需要设置重复,故试验处理相应增加。在试验区中各处理之间的空间排列不同,将会使得原本需要保持相同的影响因素(土壤和光热)在各处理之间分配不均,影响试验结果准确性和代表性。因此,试验处理空间位置一般根据试验地位置或土壤肥力等因素划分区组,每组内试验地条件相对一致。一个区组中设置一个重复,每个处理在同一重复中只出现一次,不同处理在同一重复中采用随机排列方式。

在多因素试验中,对于只有 2~3 个因素,且各因素只有 2~3 个水平的试验,宜采用完全组合法安排处理;当试验处理数目过多时,可采用部分试验设计法(正交试验设计法)安排试验处理。

1.1　完全组合试验

完全组合试验即全部考虑试验因素与试验水平的试验方法,根据研究内容设定试验处理后,在田间需要安排相应试验小区,试验小区排列位置是制订灌溉试验设计方案的主要内容,小区排列合理,可以消除土壤因素对试验结果的干扰、减少试验误差、提高试验的精度和可靠性。在完全组合试验中,小区排列方式有顺序排列式、随机排列式、拉丁方排列式、裂区排列式等。小区排列方式应有利于消减土壤和耕作差异带来的误差,一般采用完全随机排列、随机区组排列或拉丁方排列,较少采用顺序排列。

1.1.1 顺序排列式

顺序排列即各个处理在各重复内的排列都按照一定顺序排列。此种排列的前提是试验区土壤肥力、地形、前茬作物基本一致,这些因素对试验研究因素的作用不明显。

小区试验一般采用当地应用最广泛的技术措施做对照。当试验处理数较少、试验地块面积较大时,可每隔 2 个处理设置 1 个对照处理(CK),每个处理均与相邻的对照处理相比较(见图 1-1);当试验处理数较多、试验地块面积较小时,可每隔 4 个处理设置 1 个对照处理或每次重复只设 1 个对照处理。

根据试验区土壤肥力、地形、前茬作物等因素的差异,试验小区顺序排列式见图 1-1~图 1-3。

图 1-1　顺序排列式 1

图 1-2　顺序排列式 2

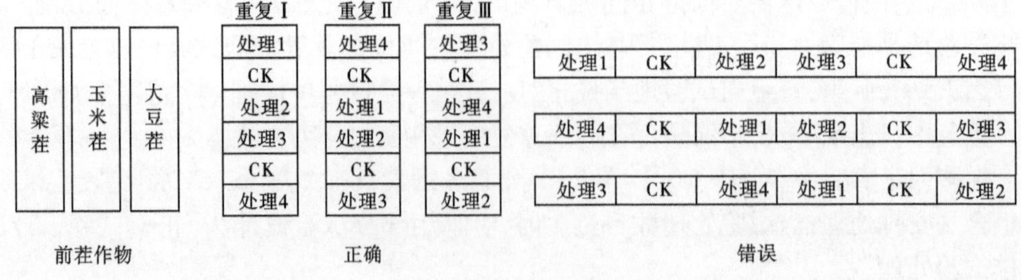

图 1-3　顺序排列式 3

图 1-1 中将土壤肥力因素与重复相连接,在同一种重复下,4 个处理顺序排列,处理间设置对照。实际操作中,也可以设置 1 个对照处理并放置在中间,两边分别 2 个处理。该设计的前提是必须保证土壤肥力在横向上无差异,否则结果很容易受到土壤肥力空间变异的影响,降低试验结果的可靠性。

图 1-2 中根据地形差异设置重复,各重复间各处理随机排列,可以尽可能地消除地块

位置带来的影响,但在灌水试验中,若采用地面灌溉则需要考虑各处理间水分侧渗的影响,当无法避免处理间影响时,建议采用滴灌灌水。

图 1-3 中由于地块前茬作物的不同,为避免受其影响,故一定要在同一种前茬作物的地块设置所有处理,重复与前茬作物相连接,各重复内处理间随机排列。

总之,灌溉试验处理可以采用顺序排列,但一定要考虑地块的前茬作物、土壤肥力、地形是否一致等前提条件,必要时可在试验开始时消除此等不同,比如激光平地。若因某种因素无法保证一致性,则需要分析试验因素与这些不同点的关系,是否会影响结果,比如采用滴灌方式时,地形不同对试验结果影响不大;如果地块的特殊性对试验结果影响较大,则需要更换地块或停止试验。

1.1.2　随机排列式

随机排列即各处理在每个区组/重复内的排列次序都是随机的。每个处理(包括对照处理)的位置可采用随机表或抽签法确定,此时的区组也称随机区组。区组即重复,为匹配概率论和数理统计称为区组。比如 4 个处理 3 次重复的试验,4 个处理分别以字母“A、B、C、D”表示,区组可横列或竖列(见图 1-4)。

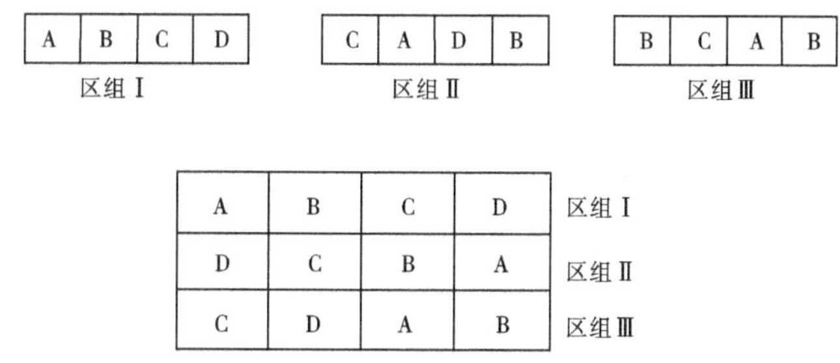

图 1-4　随机排列式

顺序排列式和随机排列式各有优缺点。顺序排列式田间排列简单,不易发生错误,并且整理试验结果比较简单,作物长势不同时,容易看出区别。但可能出现系统误差,土壤肥力及空间变异会对试验结果产生影响。随机排列式可弥补顺序排列式的缺点,仅在田间操作和数据整理上较复杂一些,但与试验结果的不确定性相比,该困难更易克服,故灌溉试验常采用随机排列式。

顺序排列其实是随机区组排列的特例,图 1-4 中的区组Ⅰ可以是图 1-2 和图 1-3 中重复Ⅰ、重复Ⅱ、重复Ⅲ的任意一个,图 1-2 和图 1-3 仅是选用了顺序排列;而图 1-2 和图 1-3 中的各处理间采用的也是随机排列,故两种排列方式通常结合使用。

1.1.3　拉丁方排列式

拉丁方排列式也称棋盘式排列,是随机排列的一种特殊形式。试验处理数与区组数/重复数相等,每个处理在各纵横区组内各有一个小区,在灌溉试验中,多采用 2×2、3×3、4×4 的标准方形式,其小区布设如图 1-5 所示,T1、T2、T3、T4 代表处理,横向第一行和竖向第一列处理均为顺序排列,5 处理 5 重复试验需要设置 25 个小区,且重复数较多,在灌溉试验中较少采用。

T1	T2
T2	T1

T1	T2	T3
T2	T3	T1
T3	T1	T2

T1	T2	T3	T4
T2	T3	T4	T1
T3	T4	T1	T2
T4	T1	T2	T3

图1-5 拉丁方排列式

拉丁方排列式的优点是能消除两个方向上的土壤差异,试验结果精度较高,但不适宜处理过多的情况,尤其对于多因素试验,较难安排。

各处理试验小区顺序排列、随机排列、拉丁方排列均是考虑处理与重复间关系,对于单因素试验,处理指因素水平;对于多因素试验,处理指各因素水平的交互。例如,2因素(水分W和氮素N)各2水平(W1、W2和N1、N2)试验,处理数为4(W1N1、W2N2、W1N2、W2N1),若采用拉丁方排列式,则需要4×4=16(个)小区;3因素(种植密度D、水分W、氮素N)各3水平(D1、D2、D3、W1、W2、W3、N1、N2、N3)试验,处理数为27(D1W1N1、D1W1N2、D1W1N3、D1W2N1、D1W2N2、D1W2N3、D1W3N1、D1W2N2、D1W2N3…),若采用拉丁方排列式,则需要$27^2=729$(个)小区,在实际应用中难以实现。

1.1.4 裂区排列式

当处理数大于4或处理数与重复数不相等时,可采用裂区排列式,它将处理分为主因(对比水平多的)和副因(对比水平少的),先按主因分为若干主区,再按副因将每个主区分为若干副区,再考虑重复进行排列。例如,2因素试验,主因A为3水平,副因B为2水平,3次重复,其裂区排列步骤为:首先根据随机区组排列,将试验地块按重复次数划分为3个区组;其次根据主因A的水平数3,将每个区组划分为3个主区并随机排列A因素的3个水平;再根据副因B的水平数2,将3个主区区组每个划分2个副区,并随机安排B因素的2个水平;最后整理排列结果,如图1-6所示。

区组1(重复Ⅰ)	A1 B1 B2	A3 B2 B1	A2 B1 B2
区组2(重复Ⅱ)	A2 B2 B1	A1 B1 B2	A3 B2 B1
区组3(重复Ⅲ)	A3 B1 B2	A2 B2 B1	A1 B1 B2

区组1(重复Ⅰ)	A1 B1	A1 B2	A3 B2	A3 B1	A2 B1	A2 B2
区组2(重复Ⅱ)	A2 B2	A2 B1	A1 B1	A1 B2	A3 B2	A3 B1
区组3(重复Ⅲ)	A3 B1	A3 B2	A2B2	A2 B1	A1 B1	A1 B2

图1-6 裂区排列式

裂区设计中,将差异较小、要求精度较高、试验条件较少、工序较易改变的因素作为副因。例如,两个因素要求的处理面积不同时,面积较小的因素便于操作,可作为副因,面积较大的因素为主因;两个因素要求的精度不同时,精度要求低的因素为主因,精度要求高的因素为副因;两个因素的效应不同时,差异较大的因素为主因,差异较小的因素为副因;在原有试验的基础上,若需要再加入一个新的研究因素,则原因素为主因,新因素为副因。

为了防止试验处理间的相互影响以及其他不可控制的外界因素(如边行效应、人为损害等)干扰,一般在试验区周边以及试验处理之间设置保护区。保护区中应安排与相邻试验小区相同的水分处理,也可在两个不同水分处理小区之间沿着小区田埂中心线垂直埋设隔水板或防渗膜以免水分外渗影响,对于旱田作物,隔水材料埋深应不小于 60 cm。喷灌试验各小区之间以及喷灌与其他灌溉方法的试验区之间应设置隔离区,确保相邻小区的喷洒水滴不发生相互交叉。隔离区中应种植与试验区内相同的作物。

裂区排列式和拉丁方排列式均考虑因素的交互作用,区别仅在于试验处理数与重复数是否相等,试验地块的形状是否为方形。

顺序排列式、随机排列式、拉丁方排列式、裂区排列式均是考虑研究因素的全面实施试验,这就意味着处理数和重复数不会太多,否则实施起来较为困难。

1.2　正交试验设计

正交设计是利用正交表安排多因素试验,分析试验结果的一种设计方法。正交试验设计法是研究与处理多因素试验的一种科学方法。它利用一种规格化的表格——正交表,挑选试验条件,安排试验计划和进行试验,并通过较少次数的试验,找出较好的生产条件,即最优或较优的试验方案。简言之,是在多因素作用下,利用正交表一次安排试验,用较少量的试验处理,找出所需要的最好的试验结果。在多因素灌溉试验中,将全部可能的方案组合在一起进行试验,称完全组合试验设计。例如,3 个因素各具 3 个水平的试验,有 3^3 个=27 个组合,便有 27 个处理。随着因素和水平的增加,全面实施处理太多,区组太大,试验规模繁杂。因此,在多因素试验中,从全部可能的方案中抽取一部分有代表性的方案进行组合试验,将会大大简化全面实施的合理方法。查询标准化正交表,安排试验处理,达到用最少的试验处理取得预期最优或较优方案的目的。由于正交试验方法简单明了、易于掌握,故已愈来愈广泛地被应用于灌溉试验之中。

根据正交表选择的试验组合是基于什么原理得到的呢,即为什么可以选用正交表安排多因素试验呢?

以研究氮、磷、钾肥施用量对某品种小麦产量的影响为例,假设氮肥 A、磷肥 B、钾肥 C 施用量分别有 3 个水平:A1、A2、A3,B1、B2、B3,C1、C2、C3。这是一个 3 因素且均有 3 水平的试验,简记为 3^3 试验,全面试验需要 27 个处理,见表 1-1。若采用完全组合试验,则工作量巨大,且受试验场地、人力、经费等限制而常常难以实施。若试验的主要目的仅是寻找最优水平组合,对各因素的效应、交互作用暂不考虑,则可利用正交设计来安排试验。以三维空间图来表示该试验的试验方案如图 1-7 所示,x 轴表示氮肥 A,y 轴表示磷肥 B,z 轴表示钾肥 C,从原点向坐标轴方向的 3 个点分别表示 3 个水平:1、2、3,所形成的立方体的 27 个点(图 1-7 中实心圆点)代表 3 因素 3 水平全面试验的处理数,每个平面上有 9 个点,每两个平面的交线上有 3 个点。可选用正交表 $L_9(3^4)$ 从 27 个点中挑选出 9 个点,三维图中以实心圆点加外框表示,表 1-1 中字体加粗方案即为 9 个点代表的方案。

表 1-1　3^3 试验的全面试验和正交试验方案

3 因素 3 水平		C1	C2	C3
A1	B1	**A1B1 C1**	A1 B1 C2	A1 B1 C3
	B2	A1 B2 C1	**A1 B2 C2**	A1 B2 C3
	B3	A1 B3 C1	A1 B3 C2	**A1 B3 C3**
A2	B1	A2 B1 C1	**A2 B1 C2**	A2 B1 C3
	B2	A2 B2 C1	A2 B2 C2	**A2 B2 C3**
	B3	**A2 B3 C1**	A2 B3 C2	A2 B3 C3
A3	B1	A3 B1 C1	A3 B1 C2	**A3 B1 C3**
	B2	**A3 B2 C1**	A3 B2 C2	A3 B2 C3
	B3	A3 B3 C1	**A3 B3 C2**	A3 B3 C3

注:表中 A、B、C 分别代表氮肥、磷肥、钾肥;1、2、3 分别代表各肥料的施用量;字体加深的处理方案为正交试验选用的方案。

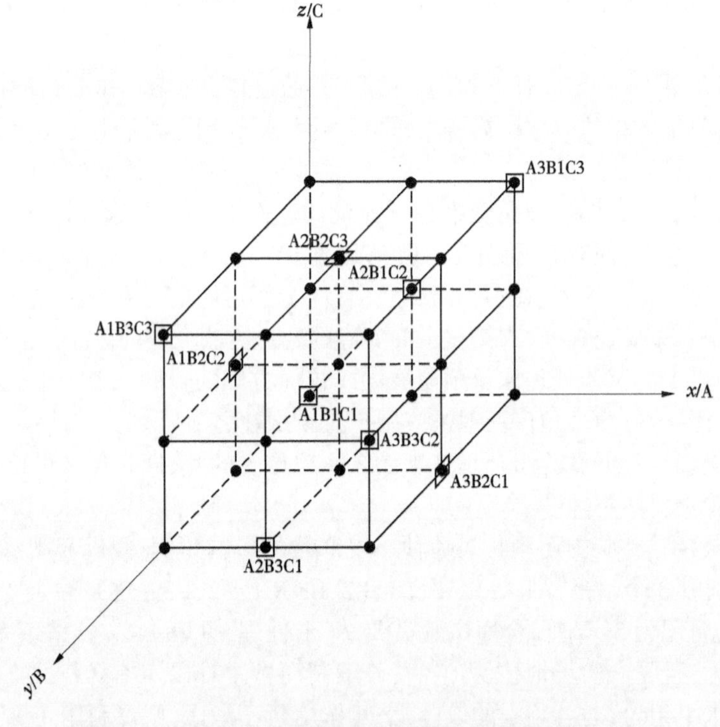

图 1-7　3^3 试验的全面试验和正交试验方案试验点分布

表 1-1 中 9 个方案的选择,保证了 A 因素的每个水平与 B 因素、C 因素的各个水平在试验中各搭配一次。从图 1-7 中可以看出,正交表中选择的 9 个点在立方体中的分布是均衡的,每个平面上都有 3 个点,且每两个平面的交线上有 1 个点,如此均衡地分布于整个立方体中,虽然仅是所有点的 1/3,但代表性很强,能够比较全面地反映 27 个点的基本情况。

另外,需要注意的是,3^3 试验选用的正交表 $L_9(3^4)$ 本可以安排 4 个因素,上述方案选择的是正交表的前 3 个因素,也可以选择后 3 个因素,或者因素 1、2、4 和因素 1、3、4,这四种选择均可保证 9 个点在立方体中的均衡分布,即均可在试验中采用,直接选择前 3 个因素的排列方案较为普遍。

1.2.1　正交表

正交表是一种特殊的表格,试验中每个因素具有相同水平数时选用等水平正交表,一般以 $L_k(m^j)$ 表示;试验中各因素水平数不相同时选用混合水平正交表,一般以 $L_k(m_1^{j_1}\times m_2^{j_2})$ 表示。其中 L 代表正交表,k 表示该正交表的横行,即设计的试验处理数,m、m_1、m_2 表示试验因素的水平数,j、j_1、j_2 表示该表最多可能安排的试验因素个数,m^j 即表示这张正交表最多可安排 j 个因素且分别有 m 个水平。等水平正交表由 k 行 j 列构成,混合水平正交表由 k 行 j_1+j_2 列构成。如 $L_4(2^3)$ 表示等水平正交表,试验设计共 4 个处理,可用于安排 3 因素皆具有 2 个水平的试验;$L_8(4^1\times2^4)$ 表示混合水平正交表,试验设计共 8 个处理,最多可安排 5 种试验因素,其中一个因素具有 4 个水平,其他 4 个因素具有 2 个水平。

灌溉试验由于受到试验小区面积的限制,不可能同时安排过多的处理,一般只有 2~4 种因素,对同一因素需要安排的水平只有 2~3 级。灌溉试验中常用的等水平正交表有 $L_4(2^3)$、$L_8(2^7)$、$L_9(3^4)$ 和 $L_{16}(4^5)$,混合水平正交表有 $L_8(4^1\times2^4)$、$L_{12}(3^1\times2^4)$、$L_{12}(6^1\times2^2)$、$L_{16}(4^2\times2^9)$ 和 $L_{16}(4^4\times2^3)$,见附录 1。

正交表的特性有两个:

(1)任一列中,不同数字出现的次数相同。例如,正交表 $L_8(2^7)$ 表示 7 因素 2 水平共 8 个处理,其任一列中不同数字只有 1 和 2,表示水平数,它们各出现 4 次;正交表 $L_9(3^4)$ 表示 4 因素 3 水平共 9 个处理,其任一列中不同数字只有 1、2、3,它们各出现 3 次。

(2)任两列中,同一横行所组成的数字对出现的次数相同。例如,正交表 $L_8(2^7)$ 的任两列中(1,1)、(1,2)、(2,1)、(2,2)各出现 2 次;正交表 $L_9(3^4)$ 的任两列中(1,1)、(1,2)、(1,3)、(2,1)、(2,2)、(2,3)、(3,1)、(3,2)、(3,3)各出现 1 次。每个因素的一个水平与另一个因素的各个水平互碰次数相同,表明正交表任意两列各个数字之间的搭配是均匀的。

试验前,根据计划对比因素的数目以及各因素计划采用的水平数,选用合适的表格。表中因素数目是使用此表的上限,使用时,实际的因素数目往往不会恰好与表中所写的完全一致,一般应选用能包括实际因素数目,而且处理(横行)数最少的正交表,也就是能安排下试验因素与水平的最小正交表。例如,某试验中 1 因素采用 3 个水平,3 因素采用 2 个水平,则此试验可选用 $L_{12}(3^1\times2^4)$ 表。由于 $L_{12}(3^1\times2^4)$ 表包含 1 因素 3 水平的一个纵列,同时包含 4 因素 2 水平的四个纵列,在选用设计时可从 4 因素 2 水平的四个纵列中任选三个纵列,其分析结果都相同。运用此表将有 12 个处理。若用全面实施方法将有$(3^1\times2^3)$个 = 24 个处理,由此可看出正交试验的优越性。

在运用正交表时要注意避免人为制造烦琐,如对比试验仅有 2 个因素,1 因素采用 3 水平,1 因素采用 2 水平,虽也可采用 $L_{12}(3^1\times2^4)$ 表进行处理,但因全面实施仅用$(3^1\times2^1)$个 = 6 个处理,所以此时再沿用 $L_{12}(3^1\times2^4)$ 表进行处理已无实际意义了。因此,在选择正交表时应该遵循“避繁从简”的原则。

1.2.2 正交试验设计步骤

1.2.2.1 确定试验因素和每个试验因素的变化水平

对于了解较少的研究问题,一般应多取一些试验因素,对于比较了解的研究问题,一般可少选取一些试验因素。各因素的水平数可以相等或不相等,如果事先对各试验因素的重要程度不清楚,可用相同水平;如果希望对某些试验因素有较详细的了解,而对另一些试验因素的了解可相对粗放一些,则前者应有较多水平,后者可用较少水平。

1.2.2.2 选择合适的正交表

根据试验因素、水平及需要考虑因素间交互作用的多少,选择合适的正交表。各因素水平相同选等水平正交表,各因素水平不同选混合水平正交表。遵循的原则是:既要能安排下试验的全部因素(包括需要考虑的交互作用),又要使部分水平组合数(处理数)尽可能地少。一般情况下,试验因素的水平数应等于正交表记号中的 m、m_1、m_2,当选用相同水平正交表时,因素的个数(包括需要考虑因素间的交互作用)应不大于正交表记号中 j,选用混合水平正交表时,应不大于正交表记号中的 j_1+j_2;各因素及交互作用的自由度之和要小于所选正交表的总自由度,以便估计试验误差,若各因素及交互作用的自由度之和等于所选正交表总自由度,可采用有重复正交试验来估计试验误差。例如 3^3 试验,若不考虑因素间的交互作用,则各因素自由度之和为因素个数×(水平数-1)= 3×(3-1)= 6,小于正交表 $L_9(3^4)$ 的总自由度 = 9-1 = 8,故可以选用正交表 $L_9(3^4)$ 安排试验方案;若要考虑因素间的交互作用,则应选用正交表 $L_{27}(3^{13})$ 安排试验方案,但此时所安排的试验方案实际上是全面试验方案。

1.2.2.3 进行表头设计,做出试验方案

将试验因素排入正交表的表头各列,确保各列下的水平数与该列试验因素的水平数相同。再根据各试验因素列下的水平,写出该试验的各个处理组合,做出试验方案。

例如,为了探索棉花在不同水分调控下喷施不同化控产品[DPC(缩节胺)和 AFD(艾氟迪)]的适宜次数和浓度,参照当地经验及化控产品的推荐浓度确定的试验因素和水平,如表 1-2 所示。

表 1-2 在不同水分调控下棉花合理化控的试验因素和水平

处理号	因素		
	化控产品与次数	水分调控(棉花整个生育期土壤含水量占田间持水量的百分比)	喷施浓度
1	清水	70%~100%	常规
2	DPC1 次	50%~80%	稀释
3	AFD1 次		
4	AFD2 次		

注:含水量亦称含水率,全书同。

选用正交表:此试验是 1 因素 4 水平和 2 因素 2 水平的 3 因素混水平试验,不考虑因素间交互作用,能安排此试验的最小正交表是 $L_8(4^1 \times 2^4)$ 表,见附录 1。

本试验只有 3 个因素,只需采用 3 列。根据正交表中任何两列之间横向的数码搭配都是均衡的特点,可从表中任意选择 3 列来安排 3 种因素,本例选择前 3 列。从 $L_8(4^1 \times 2^4)$ 表中把前 3 列中的水平号换成表 1-2 中所给出的相应因素的水平,即得试验方案(见表 1-3)。

表 1-3　在不同水分调控下棉花合理化控的试验方案设计

处理号	化控产品与次数	水分调控	喷施浓度
1	1(清水)	1(70%~100%)	1(常规)
2	1(清水)	2(50%~80%)	2(稀释)
3	2(DPC1 次)	1(70%~100%)	1(常规)
4	2(DPC1 次)	2(50%~80%)	2(稀释)
5	3(AFD1 次)	1(70%~100%)	2(稀释)
6	3(AFD1 次)	2(50%~80%)	1(常规)
7	4(AFD2 次)	1(70%~100%)	2(稀释)
8	4(AFD2 次)	2(50%~80%)	1(常规)

在进行田间试验时,正交设计的处理位置应采用抽签法或查随机表来确定。在包括灌水量因素的试验中,应使同一水平灌水量的各小区划分在一个区组内,这样方便操作且可以防止水分侧渗对试验结果的影响。

第 2 章　灌溉试验基本数据处理

本章基于 Excel 2007 介绍灌溉试验数据整理及常规分析处理，主要内容涉及 Excel 2007 基本功能及操作技巧，重点介绍试验数据的分析计算和简单处理，为进一步深入学习奠定基础。

2.1　Excel 基本概念和操作

2.1.1　工作簿、工作表、单元格

在 Excel 中创建和保存的文件被称作"工作簿"，每个工作簿包含若干个"工作表"，每个工作表包含若干个"单元格"。

进入 Excel 2007 时，系统自动建立名为 Book1 的新工作簿，如图 2-1 所示，在默认情况下，该工作簿含有 3 张空白工作表，分别称为 Sheet1、Sheet2 和 Sheet3，如果需要更改新建工作簿的默认工作表数量，点击 Excel 界面左上角"　"图标，弹出框中选择 Excel 选项，"常用"标题下可以更改新建工作簿时包含的工作表数，此处也可实现对界面配色方案、字体、字号等的更改。双击工作表标签或右击后选择"重命名"项，键入新名称可以实现工作表名称的更改；点击 Sheet3 右边的"　"图标或键盘操作"Shift+F11"可以增加工作表，早期的 Excel 中，一个工作簿中的工作表数量最多不得超过 255 个，但从 Excel 97 开始，这个限制就已经被突破了，它的数量仅仅受计算机的可用物理内存限制，在 P4 2.4C CPU、1G 内存的计算机中，当工作表数量超过 10000 个后，Excel 2007 文件依然能够正常运行。每个工作表最大包含 1048576 行和 16384 列共 17179869184 个单元格，当存储数据超过最大行或列时，需要增加新的工作表或另存一个工作簿。

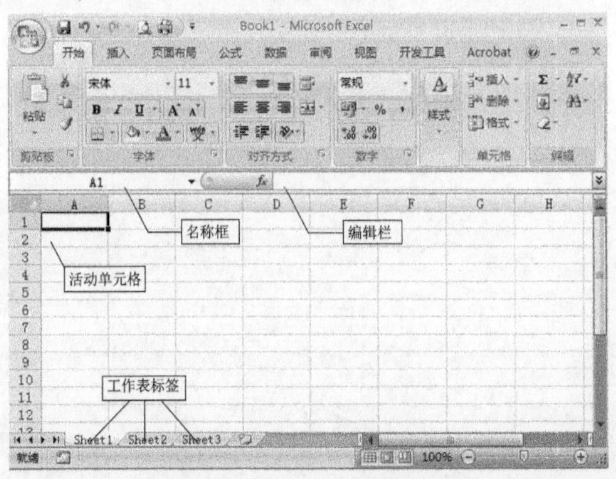

图 2-1　Excel 工作簿布局

工作簿中当前被选中(或者说被激活)的工作表和单元格被称为“活动工作表”和“活动单元格”,活动工作表在 Excel 界面下端以白底蓝字表示,如图 2-1 中 Sheet1 为活动工作表;活动单元格在 Excel 中以黑色粗框框选,同时所在列标和行号以橙底色高亮显示,名称框中显示所选活动单元格,如图 2-1 中的 A1 单元格。

为了便于管理,通常一个灌溉试验设置一个工作簿,不同试验数据可以分别放置在不同的工作表中,对部分需要特殊标记的工作表也可采用右键点击工作表标签,更改工作表标签颜色来标识,对需要被隐藏的工作表,可以采用右键点击工作表标签,点击隐藏命令,工作表即被隐藏,取消隐藏命令被激活,点击取消隐藏命令,弹出隐藏的工作表,选中即可。

2.1.2 相对地址和绝对地址

每个单元格都有唯一的地址(也叫名称)。地址用列标(字母)和行号来表示,如 D56 表示 D 列 56 行的单元格。在进行公式剪贴操作时,被剪切的单元格数据与公式均不发生改变,当公式中引用的单元格被剪切时,公式结果不受影响,即所有涉及的单元格相对地址不变;在进行公式复制操作时,复制后的单元格数据发生变化,这是因为公式中引用的单元格相对地址发生变化,如在单元格 C1 中输入“=A1+B1”,剪贴 C1 到 F5 时,F5 中公式仍为“=A1+B1”,复制 C1 到 F5 时,F5 中将变为“D5+E5”。

在灌溉试验中,有一些数字是固定值,比如计算作物叶面积采用的叶面积系数在一次试验中为固定值,而叶面积计算公式中叶片长和宽不断发生变化,叶面积系数需要大量的重复输入,这就需要对叶面积系数所在单元格进行固定,符号“$”表示对单元格行或列的固定,列标和行号前不带“$”符号的为相对地址,列标和行号前均加“$”符号的为绝对地址,列标或行号前有一个“$”符号的为混合地址,如$B1 表示固定 B 列,行号会随引用公式的单元格地址变动而变动,当单元格地址为 D6 时,实际引用的为 B6 单元格;G$1 表示固定第 1 行,列标会随引用公式的单元格地址变动而变动,当单元格地址为 H8 时,实际引用的为 H1 单元格。计算叶面积时,如在单元格 A1 中输入作物叶面积系数,在叶面积计算公式中采用$A$1 代替 A1,无论引用公式中其他单元格地址怎样变动,叶面积系数永远引用 A1 单元格数值,相当于直接与一个具体的数值相乘。同样在分段表示的作物生育阶段和作物系数的使用中,绝对地址的使用将大大提高工作效率。符号“$”也可采用键盘上的快捷键 F4 进行转换,如选中地址栏中单元格 D6,按下快捷键 F4,则直接变为$D$6。

2.1.3 区域引用

可以用鼠标选择或使用“Ctrl”键、“Shift”键选择一个或多个单元格,选定的单元格用淡阴影标识,选定的一个或多个单元格称为区域,我们可以对选定的区域进行编辑、删除、编排格式、打印等操作,或者使用公式。区域所选定的单元格可以是相邻的,也可以是不相邻的,对区域的操作叫区域引用,相邻区域引用的表示方法为:区域左上角单元格地址+冒号+区域右下角单元格地址,如 B4:F11,表示选定区域为以 B4 和 F11 单元格为对角的长方形区域;区域不相邻引用时各单元格用逗号分隔,如 E7,M25,表示操作仅对 E7 和 M25 单元格有效;也可引用部分相邻、部分不相邻的单元格,如 A5:D8,G7:H10,表示选定区域由两部分组成,一部分为以 A5 和 D8 单元格为对角的长方形区域,另一部分为以 G7 和 H10 为对角的长方形区域。如图 2-2 所示,当鼠标点击编辑栏时,两个区域分别以不同颜色高亮显示。

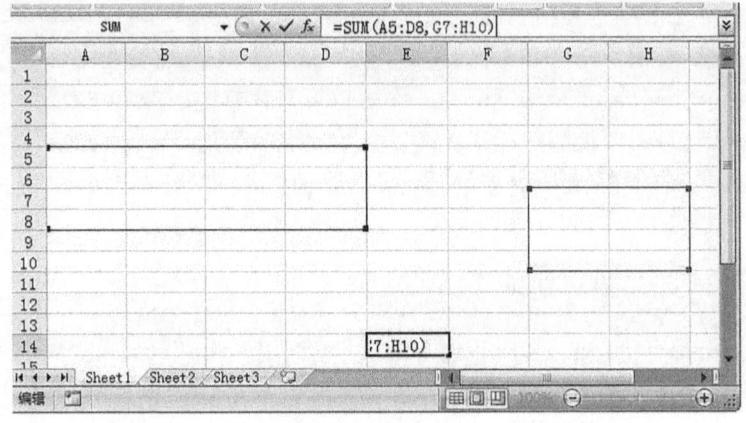

图 2-2　区域引用

Excel 中提供的任何函数均可使用区域引用功能,该功能对不相邻单元格同操作比较重要,不在同一区域并不影响函数的处理结果。

2.2　单元格内容的输入和修改

2.2.1　单元格内容的输入

要给单元格里输入内容,首先用鼠标单击或键盘上的箭头键选中某一个单元格,直接输入数值、日期时间、字符或汉字等内容即可。在单元格输入信息时,上面的编辑栏也显示出相同的内容。事实上,编辑栏是用来输入或修改指定单元格内容的地方,把鼠标移动到编辑栏上,鼠标就变成了“Ⅰ”形,输入或修改编辑栏的内容,当前单元格的内容也随之改变。如果想把数字当作文本对待(站码、年份等),可在数字前面加一个撇号(′),此时单元格的左上角出现一个三角标记。再次选中该单元格时,会出现一个智能标记,点击后显示以文本形式储存的数字,并可转换为数字,此智能标记对数字误存储为文本的错误非常重要。

2.2.2　单元格内容的修改

修改单元格时,选中需要修改的单元格,直接输入内容,原来的内容就被覆盖了。如果不想把原来的内容覆盖,只是在原来内容的基础上修改,有 3 种办法:一是双击这个单元格,二是按 F2 功能键,三是选中单元格后使用编辑栏来编辑。

不论在单元格还是在编辑栏上输入或修改,只要按“Enter”键,就结束当前单元格的编辑,光标移到下一单元格。如果某单元格的文字中需要输入回车符,即单元格中文字需要换行显示,可按“Alt+Enter”键,光标移到下一行,输入文字即可。这是“Alt”键的重要功能,应熟练掌握。

2.2.3　Excel 设置选项

单元格内容输入完毕后可以按“Enter”键确认，Excel 2007 默认按“Enter”键后活动单元格下移，如果需要更改方向，则点击 Excel 界面左上角“ ”图标，弹出框中选择 Excel 选项，“高级”标题下编辑选项可以更改按“Enter”键后移动所选内容向上、下、左、右四个方向移动，可根据需要进行设置。

在编辑选项中有一项为“自动插入小数点”的选项，该功能可以提高试验数据录入的效率。灌溉试验中的许多指标，如株高、烘干法测土壤含水率时的土壤样品湿重、干重、铝盒重量等试验数据，一般需要保留 1~2 位小数，田间试验通常采用手工记录在提前打印好的纸张中，之后将数据录入 Excel 中进行分析，如果在数据录入初，设置小数位数为固定值，在输入时每个数据可节省一个小数点的输入时间，在输入大量数据时可明显提高效率。需要注意的是，如果遇到小数位数为 0 的数据，比如 17，当自动插入小数点位数设置为 2 时，在输入数据时应当输入 1700，如果直接输入 17，则系统默认数据为 0.17。

2.2.4　键盘上“Tab”键、“Shift”键的功能

键盘左侧的“Tab”键可以使单元格向右水平移动，与键盘上的箭头键“→”作用类似，不同的是“Tab”键使初选单元格向右移动数个单元格后再按“Enter”键，活动单元格为初选单元格的下一个，如果采用箭头键“→”使初选单元格向右移动数个单元格后再按“Enter”键，活动单元格为按“Enter”键之前的单元格的正下方。如图 2-3 所示，初选单元格为 A1，按“Tab”键 3 次后单元格为 D1，再按“Enter”键后活动单元格为 A2；初选单元格为 A4，按箭头键“→”3 次后单元格为 D4，再按“Enter”键后活动单元格为 D5，灵活掌握这两个键在使用上的差异有利于提高灌溉试验数据从纸质版输入到电子版的工作效率。

	A	B	C	D	E
1	初选单元格	Tab	Tab	Tab	
2	Enter				
3					
4	初选单元格	→	→	→	
5				Enter	
6					

图 2-3　“Tab”键和箭头键“→”使用上的差异

连续多个单元格的选取除可以选用单击鼠标拖移外，还可以选用箭头键与“Shift”键联合使用。Excel 2007 默认的组合键还有“Shift+Tab”键，活动单元格向左水平移动；按“Shift+Enter”键，活动单元格向上移动。在这里，“Shift”键相当于对其他键功能方向的反向，同样在更改“Enter”键的方向后，“Shift+Enter”键则向“Enter”键的反方向移动。因此，在实际工作中，不需要更改“Enter”键的方向，只需要熟练掌握“Shift”键的功能即可。

2.3　计算和自动填充

2.3.1　利用函数进行计算

Excel 最基本也是最重要的功能就是计算,选择所需单元格,运用“=、+、-、*、/”等符号编写公式可以进行简单的运算。也可以使用“()”对公式中内容进行较为复杂的运算,另外 Excel 内置了一些简单的函数,比如 sum、average、max 等,可以在单元格中直接调用。同时,Excel 带有简单的搜索功能:点击 Excel 2007 编辑栏的 f_x 图标,即弹出“插入函数”对话框,如图 2-4 所示,可以输入关键词进行搜索函数或者通过选择类别查询相应函数。

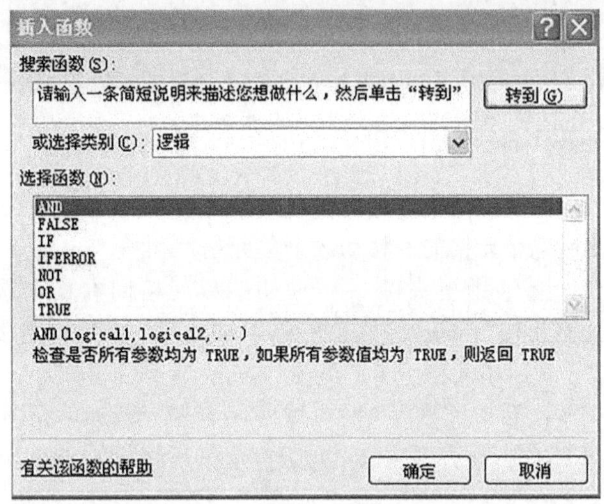

图 2-4　“插入函数”对话框

除基本的求和、平均等简单函数外,灌溉试验中常用的单独函数有:

(1)SUMPRODUCT(array1,[array2],[array3],…),表示在给定的几组数组中,将数组间对应的元素相乘,并返回乘积之和,可以用来进行作物叶面积计算。

(2)SLOPE(known_y's, known_x's),表示根据 known_y's 和 known_x's 中的数据点拟合的线性回归直线的斜率,可以用来分析作物需水量多年变化趋势。

(3)INT(number),计算结果为向下舍入取整的实数,在计算参考作物需水量时需要使用。

(4)YEAR(serial_number)、MONTH(serial_number)、DAY(serial_number)函数可以分别提取出任意日期格式的年、月、日,方便分离自动采集数据的时间格式,继而进行相关数值的运算。

为方便相关人员查询,本书附录 2 中列出了灌溉试验从业人员可能用到的 Excel 工作表函数。

本章着重介绍函数 VLOOKUP(lookup_value,table_array,col_index_num,range_lookup)的使用。这个函数主要用于在一组数据第一列中查找指定的数据,返回相应的其他列的数据,lookup_value 为需要查找的数据,可以为数值,也可以为字符串;table_array 为被查找的一组数据,至少有两列;col_index_num 为在这组数据中想要获得的数据所在列序号,序号为这组数据中位置;range_lookup 为逻辑值,指希望 VLOOKUP 函数查找的是近似匹配还是精确匹配。如果选择 TRUE 或省略,则返回精确匹配值或近似匹配值,即先寻找精确匹配值,若没有,则返回小于 lookup_value 的最大数值,注意:这里的 table_array 第一列中的值必须以升序排序,否则可能无法返回正确的值;如果选择 FALSE,则只寻找精确匹配值,在此情况下,table_array 第一列的值不需要排序,如果 table_array 第一列中有两个或多个值与 lookup_value 匹配,则使用第一个找到的值,如果找不到精确匹配值,则返回错误值 #N/A。

气象部门提供的气象数据一般是以气象站站码为第一列,随后是气象数据,各站点经纬度数据被放置于另一个文件中,而纬度数据是计算参考作物需水量所需的基础数据,对于单个或极少数站点,可以直接查询输入,若数据量过百,使用 VLOOKUP 函数会相当便利。

假设气象站经纬度数据在 Excel 中单元格区域 A1:F1分别放置站码、站名、省份、经度、纬度、高程,需要查找的站点放置在第 H 列,则在单元格 I2 输入公式“=VLOOKUP(H2,$A$2:$F$593,5,FALSE)”,H 列的其他站码的纬度查询直接复制或下拉 I2 单元格公式即可,注意这里符号“$”的使用,可以确保被查询数据组在复制或下拉过程中不变。

2.3.2　多个函数联合运算

当直接调用 Excel 内置函数不能满足所要解决的问题时,可以借助两个或多个内置函数的简单计算来实现,比如逻辑函数和求和函数的联合运用可以解决限定条件下的求和问题。

灌溉试验中,计算参考作物需水量时需要进行日序数的计算,可以利用 DATE(year,month,day)和 YEAR(serial_number)函数,假设 A1 单元格为所要计算日序数的日期,A1 单元格在编辑栏显示格式为年-月-日,比如 2013-5-21,那么在 B1 单元格输入“=A1-DATE(Year(A1),1,0)”即可得到日序数为 141。若年、月、日分别存在于 A1、B1、C1 三个单元格,则在 D1 单元格输入“=DATE(A1,B1,C1)-DATE(A1,1,0)”即可。如果已知数据为日序数格式,需要转换为月-日格式,则需要使用 MONTH(serial_number)函数,比如 A1 单元格为日序数 141,B1 单元格应输入“=MONTH(A1) & “-” & DAY(A1+1)”即可得到日期 5-21,如果希望显示结果为月日格式,可输入“=MONTH(A1) & “月” & DAY(A1+1) & “日””即可得到日期 5 月 21 日,可以看出符号“&”是一个用以连接文本与变量的连接符。

对参考作物需水量 ET_0 计算是本领域人员必备的知识,对于年尺度的计算,很容易做到,只需要先判断是否为闰年,是则 366 d,否则是 365 d,再从每年第一天开始累积年天数求和。但对于**作物不同生育阶段 ET_0**,各站点各阶段初始时间和结束时间不同,怎么能快速批量计算呢?

假设各站点逐日 ET_0 已经获得,具体计算方法见本书第 5 章。在 Excel 中年份、月份、日期分别在 G、H、I 列,J 列为日 ET_0 值,K、L 列为各生育阶段起止日期,M 列为所在起

始日期之间的 ET_0 值,以第 2 行为例,则单元格 M2 公式更改为"=IF(OR(AND(H2>MONTH(K2),H2<MONTH(L2)),AND(H2=MONTH(K2),I2>DAY(K2)-1),AND(H2=MONTH(L2),I2<DAY(L2)+1)),J2,0)"。本公式仅限于生育日期均在整年内的作物,若生育日期跨年,比如冬小麦,则需将单元格 M2 公式更改为"=IF(OR(AND(H2>MONTH(L2),H2<MONTH(K2)),AND(H2=MONTH(L2),I2>DAY(L2)),AND(H2=MONTH(K2),I2<DAY(K2))),0,J2)"。

假设逐旬 ET_0 已经获得。在 Excel 中年份、月份、旬号分别在 G、H、I 列(旬号 1~36),J 列为旬 ET_0 值,K、L 列分别为各生育阶段起止日期,M 列为所在起始日期之间的 ET_0 值,以第 2 行为例,则 M 列="IF(OR(I2<=((MONTH(K2)-1)*3+IF(DAY(K2)>20,3,INT((DAY(K2)+9)/10))-1),I2>((MONTH(L2)-1)*3+IF(DAY(L2)>20,3,INT((DAY(L2)+9)/10)))),0,IF(I2=((MONTH(K2)-1)*3+IF(DAY(K2)>20,3,INT((DAY(K2)+9)/10))-1)+1,J2*(IF(DAY(K2)>20,(DAY(DATE(G2,H2+1,1)-1)-DAY(K2)+1)/(DAY(DATE(G2,H2+1,1)-1)-20),((10-(DAY(K2)-(IF(DAY(K2)>20,3,INT((DAY(K2)+9)/10))-1)*10)+1))/10)),IF(I2=((MONTH(L2)-1)*3+IF(DAY(L2)>20,3,INT((DAY(L2)+9)/10))),J2*(IF(DAY(L2)>20,(DAY(L2)-20)/(DAY(DATE(G2,H2+1,1)-1)-20),((DAY(L2)-(IF(DAY(L2)>20,3,INT((DAY(L2)+9)/10))-1)*10))/10)),J2)))"。本公式仅限于生育日期均在整年内的作物,若生育日期跨年,比如冬小麦,则需将公式开始的 OR 变为 AND 即可。

2.3.3　数据序列的自动填充

鼠标移动到活动单元格右下角时,鼠标将变为黑色十字符号"十",这个符号称为填充柄,点击拖动可以实现对所选单元格内容的复制,当所选单元格为数字或文本时,点击拖动即可复制数字或文本,当所选单元格为公式时,点击拖动即为对公式的复制。对填充柄的双击可以实现单元格所在列自动填充至与左列对齐。如果要实现等比数列或等差数列的填充,则需要在上下相邻的两个单元格中分别输入 2 个数据,再选中这两个单元格,点击拖动填充柄或双击可实现等差数列的自动填充。对等比数列的填充:首先在单元格中填入数列开始的数值,然后选中要填充数列的单元格区域,点击开始菜单项中编辑—填充—系列,选择等比序列,设置步长值,单击"确定"即可。这里的填充对话框也可以填充日期。如果要填充的日期的变化不是以日为单位,则要用到日期填充功能。当不知道要填充的内容需要的单元格具体数目时(比如一个等比数列,仅知道要填充的开始值和终值),可以先选择尽量多的单元格,在"序列"对话框中设置步长和终值。

此外,一些常用的序列数据,只要输入一项,再用填充柄,就可填充其余项。比如,输入"星期一",用填充柄就可填充至星期日;输入"1 月",就可填充至 12 月。

2.4　图表的创建和编辑

在整理好不同灌溉处理试验数据后,通常需要进行处理间的对比分析或是了解作物某一指标在整个生育期的变化情况,直观的、图形化的图表处理方式可以较好地反应不同处理间的差异。利用"图表向导"中的步骤,可以在新的或已有的工作表中创建直观的图表,简化图表的制作过程。

Excel 提供了 11 种图表模板,灌溉试验中常用的有折线图、散点图、柱形图,饼图、条形图、面积图较少用到,其余 5 种模板在常规分析中基本用不到。

2.4.1　折线图与带直线和数据标记的散点图

折线图可以直观地表示某一变量在某一时段内的变化趋势。例如,某一变量在一段时间内是呈增长趋势的,在另一段时间内呈下降趋势,则可以通过折线图直观反映数据的变化规律。例如,以日、月、年为坐标的气温变化,以日、月、年为坐标的作物需水量变化,以年为坐标的作物生育阶段需水量,以月为坐标的作物系数等均可以采用折线图表示。本书以棉花株高为例说明图表的制作步骤。图 2-5 为不同时间棉花株高的测量数据。

A	B	C	D	E	F	G	H	I	J
日期	7月5日	7月11日	7月18日	7月25日	8月4日	8月10日	8月16日	8月22日	9月3日
处理1	19.4	27.6	40.2	59	70.1	74.2	77	75.5	77.2

图 2-5　不同时间棉花株高的测量数据　(单位:cm)

首先,选中 B1:J2 区域,点击菜单栏上插入→图表→带数据标记的折线图,得到图 2-6。对于分析株高变化趋势,这样就已足够了;如果需要将图插入论文或报告等正式文件中,需按具体格式要求对图进行编辑。

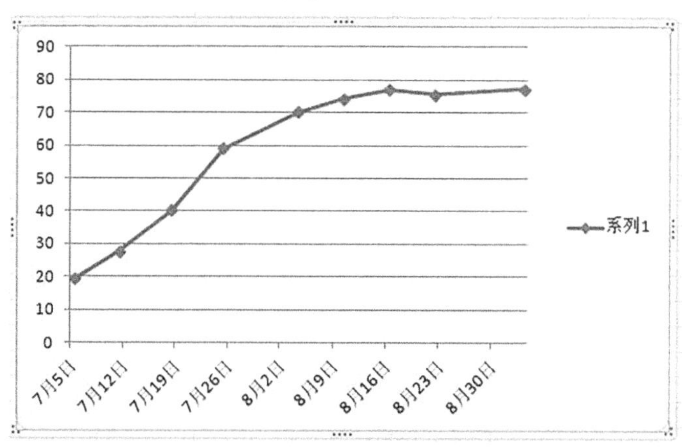

图 2-6　表示株高的原始折线图

点击图表中横向网格线,右键→删除;点击图中数据点→右键→选择数据,弹出"选择数据源"对话框,选择系列 1,点击上面的编辑,弹出"编辑数据系列"对话框,在系列名称处选择 A2 单元格,也可以输入处理名称。如果存在多个系列,再选择其他系列,点击编辑更改。图 2-6 中右侧图例项表示图中数据形式的标识,多个系列名称的放置顺序与数据系列添加顺序相同,若需要更改图例项中各系列名称的顺序,则可以通过更改选择数据源对话框中图例项(系列)右侧的上下箭头完成。若更改坐标轴格式,可以点击需要更改的坐标轴→右键→设置坐标轴格式,弹出对话框,左侧显示可以更改的坐标轴格式,由于 Excel 默认线条颜色为灰色,因此一般都将线条颜色更改为实线→黑色,0%透明度。

如果数据最低值与零相差较大,可以通过点击纵坐标轴→右键→设置坐标轴格式中更改坐标轴最小值来更改纵坐标起始数值,如图 2-7 所示,将纵坐标刻度 0 更改为 10。

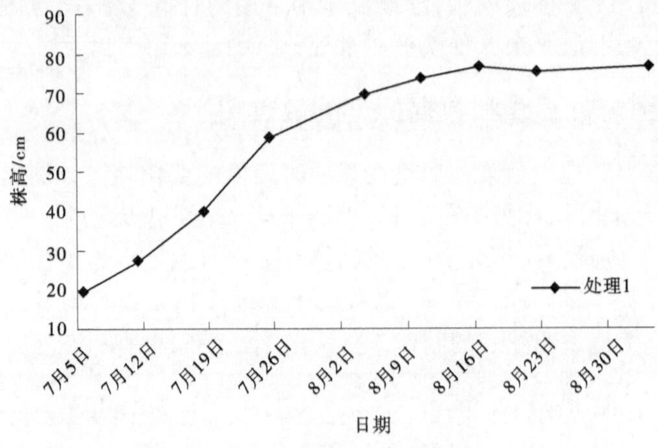

图 2-7　表示株高的折线图标准版

Excel 2007 与 Excel 2003 最大的不同是把 Excel 2003 中需要激活的灰色菜单部分变为了自动激活,鼠标点击单元格时,菜单栏显示的是可以对单元格的操作,点击图表时,图表工具自动激活,包括设计、布局、格式,设计栏是对数据格式的操作,布局栏是对图表坐标轴以及标题的操作,格式栏是对图表内容的修饰。本例在布局栏中添加横、纵坐标轴标题,设计栏更改数据及线条颜色为黑色。删除标题名称,移动系列名称到合适的位置,鼠标点击图表区→右键→设置图表区格式,将图表区边框颜色更改为无线条。点击图表区,复制(Ctrl+C),点击 Word 文档中合适位置,粘贴(Ctrl+V),如图 2-7 所示。

图表生成后,数据与图表建立一一对应关系,修改数据,图表随之变动,删除任一数据点,图表将显示断点。

各种类型的图形制作方法同折线图,实际工作中根据不同的目的选择合适的类型,要注意的是横坐标的不同:折线图的横坐标可以为自定义的日期、文字等,散点图的横坐标一般为数值或等差数列。图表生成后如果觉得选用的图表类型无法表达正确的含义,需要更换图表类型,可以点击绘图区→右键→更改图表类型,也可以在图表设计的设计栏点击更改系列图表类型,弹出“更改图表类型”对话框,选择需要更改的图表类型,点击“确定”即可。图 2-7 中如果更改为带直线和数据标记的散点图,如图 2-8 所示,则数据趋势不变,横坐标发生了变化,由株高测量时间更改为系统内置的等间距日期。总之,折线图和带直线的散点图一般表示各指标与时间之间的关系,对于两个指标之间的关系,这两种模板较难表达,一般选用仅带数据标记的散点图。

2.4.2　仅带数据标记的散点图与趋势分析

仅带数据标记的散点图可以展示成对的数和它们所代表的趋势之间的关系。对于每一数对,一个数被绘制在 X 轴上,而另一个被绘制在 Y 轴上,过两点做轴垂线,相交处在图标上有一个标记。当大量的这种数对被绘制后,出现一个图形。

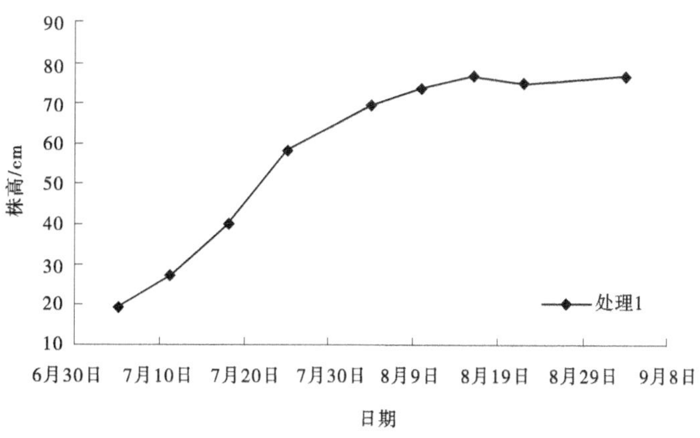

图 2-8　表示株高的散点图

灌溉试验中成对的数很多，比如耗水量和产量、灌水量和产量等均可以用散点图表示，旨在探寻两个指标之间的关系。本书以 2013 年农田灌溉研究所温室番茄灌水量和产量试验数据为例，演示散点图制作步骤：首先，在 Excel 中选择需要作图的数据。然后，点击插入→图表→散点图→仅带数据标记的散点图，以灌水量为横坐标、产量为纵坐标，如图 2-9 所示。

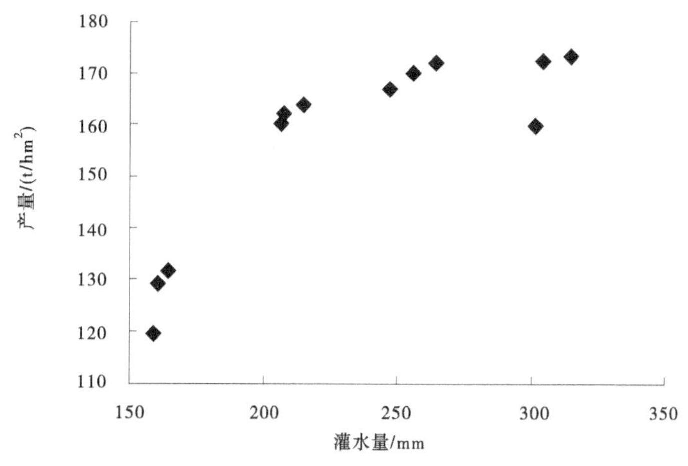

图 2-9　采用散点图表示番茄灌水量和产量的关系

如果数据量较大，当图表制成后，可以明显地看出数据趋势。从图 2-9 可以看出，灌水量和产量之间的关系并非线性关系，比较接近于抛物线，将数据采用线条连接并不能准确表达两个指标之间的关系。Excel 内置有趋势线功能，鼠标单击图表中任一数据点→右键→添加趋势线，弹出“设置趋势线格式”对话框，选择多项式，顺序为 2，勾选“显示公式”和“显示 R 平方值”(见图 2-10)，图 2-11 为图 2-9 中数据拟合生成的趋势线、拟合的多项式及相关系数平方值。

“设置趋势线格式”对话框中提供了 6 种趋势预测分析类型供用户选择，一般根据显示趋势或 R^2 最大的原则选择适合的拟合曲线。此处，也可对趋势线的颜色和线型进行设置,在图 2-10 中左侧选项中更改,也可在图 2-11 中鼠标单击趋势线→右键→设置趋势线格式。

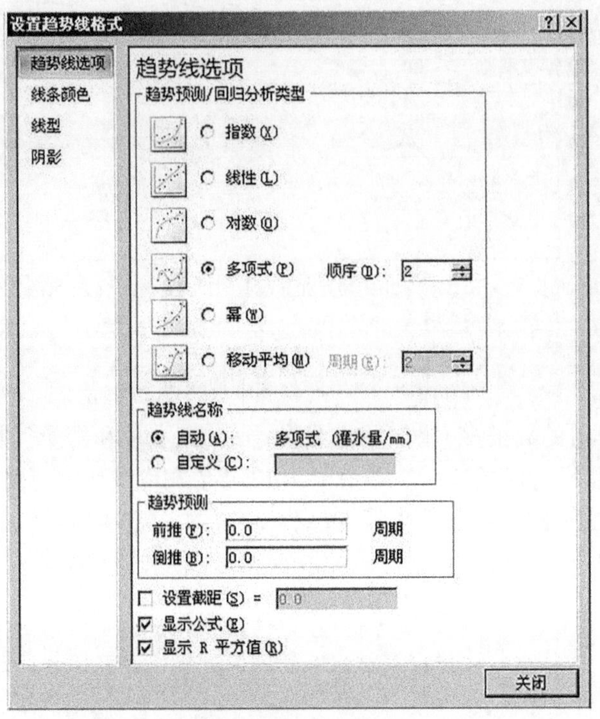

图 2-10　"设置趋势线格式"对话框

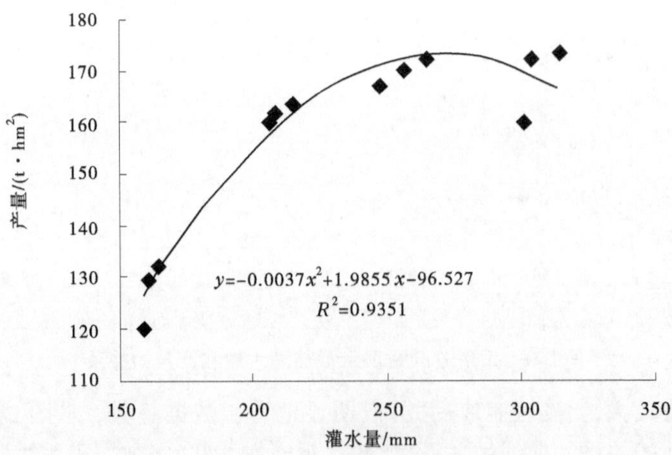

图 2-11　番茄灌水量和产量的相关关系

2.4.3　柱形图

柱形图由一系列柱形条组成,通常用来比较一段时间中两个或多个项目的相对尺寸,较为常用的有簇状柱形图、堆积柱形图、百分比堆积柱形图。

2.4.3.1　簇状柱形图

簇状柱形图用以比较各处理的数值,与折线图、散点图类似,所不同的是:折线图、散点图中数据以点表示,簇状柱形图中数据以垂直条表示;当增加系列与初始系列横坐标相同时,折线图、散点图上仅增加数个点或线,图形形状将不会发生大的变化,而簇状柱形图上每个横坐标上将增加数个垂直条,图形将会横向扩大。

以新乡、安阳、郑州、三门峡 4 站参考作物需水量多年平均月值为例,数据输入形式如表 2-1 所示,选中所有数据,选择簇状柱形图,绘制并进行格式编辑如图 2-12 所示。

表 2-1　参考作物需水量多年平均(1971~2010 年)月值　　单位:mm

月份	1	2	3	4	5	6	7	8	9	10	11	12
新乡	10.74	8.51	9.96	8.00	5.95	6.93	6.79	8.74	7.53	12.44	13.13	11.73
安阳	9.92	8.29	10.21	7.80	5.44	7.14	7.13	8.41	7.76	11.61	11.90	11.04
郑州	10.83	8.42	10.03	7.04	4.95	8.03	8.03	9.27	6.81	12.22	14.20	12.95
三门峡	10.96	8.70	11.28	11.97	9.74	10.88	11.98	14.31	9.80	13.55	12.69	12.30

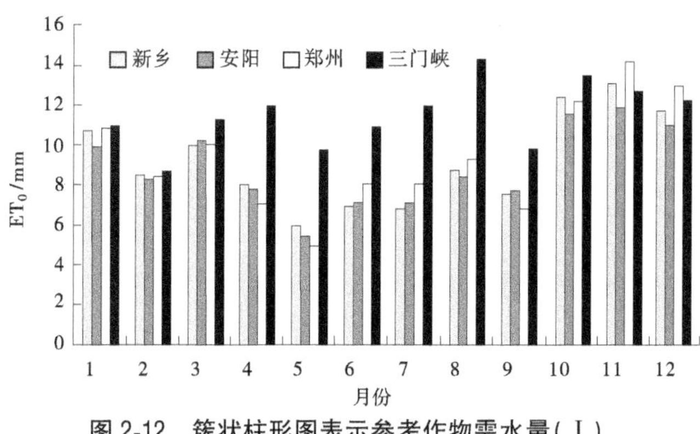

图 2-12　簇状柱形图表示参考作物需水量(Ⅰ)

图 2-12 横坐标以月份表示,站点作为系列显示,可以直观地对比各月、各站点参考作物需水量的大小,对单站点月份间参考作物需水量的大小较难直接观察。如果需要将各站的数据以图 2-13 表示,则需要更改表 2-1 中各站点参考作物需水量数据为等行或等列排放。等行排放形式为:3 行 51 列表格,第一行为站名,第二行为月份,第三行为需水量数据,1~12 列为新乡站数据,14~25 列为安阳站数据,27~38 列为郑州站数据,40~51 列为三门峡站数据,13 列、26 列、39 列为空列;等列排放形式为:3 列 51 行表格,第一列为站名,第二列为月份,第三列为需水量数据,1~12 行为新乡站数据,14~25 行为安阳站数据,27~38 行为郑州站数据,40~51 行为三门峡站数据,13 列、26 列、39 行为空行。等列排列和等行排列的数据是可以通过选择性粘贴中的转置相互转换的。选中所有内容,选择簇状柱形图,绘制编辑如图 2-13 所示。

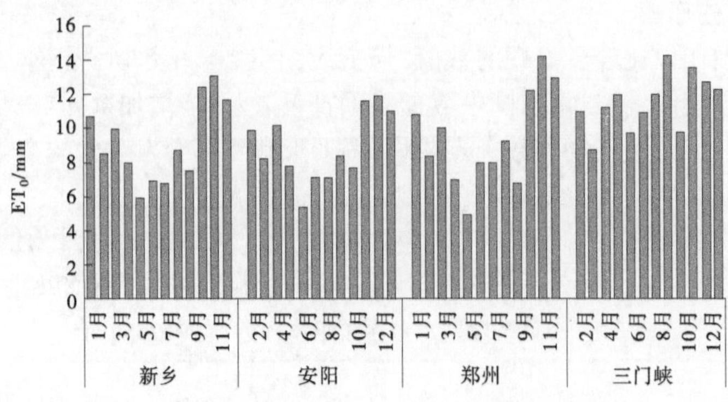

图 2-13　簇状柱形图表示参考作物需水量(Ⅱ)

图 2-12 和图 2-13 表达内容的侧重点不同,实际应用中可根据研究重点的不同选择能够直观表达研究结果的图。需要说明的是,图 2-13 中每两个站点之间需要空一列/行,否则两站点的图形将连在一起,影响图表对结果的直观表达;图 2-13 的图表在进行编辑时,除基本设置外,还应设置数据系列格式,具体步骤为:点击图表中的垂直条→右键→设置数据系列格式,减小/增大分类间距,观察图表至合适比例;设置横坐标坐标轴格式,取消主要、次要刻度线类型,坐标轴标签选择轴旁,标签与坐标轴的距离根据显示输入合适数值。

2.4.3.2　堆积柱形图

堆积柱形图与簇状柱形图性状相似,但表达内容差异较大,以表 2-1 数据为例,如果选用堆积柱形图,则如图 2-14 所示。

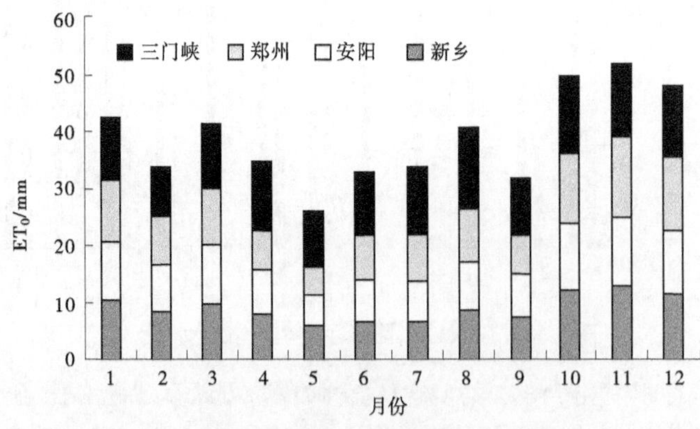

图 2-14　堆积柱形图表示参考作物需水量(Ⅰ)

图 2-14 中,除新乡站可以观察到各月需水量变化及对比外,其余三站点的差异不能直观表达,无意义,实际中不可用。对图 2-14 选择数据源,点击按钮“切换行/列”,图 2-14 将变为图 2-15,能观察到各站点全年累积对比,但对各站点逐月差异变化过程的表达比较模糊。通过图 2-14 和图 2-15 可以理解堆积柱形图表达的内容是累积而不是对比。我们都知道,参考作物需水量是由辐射项和空气动力学项组成的,在分析参考作物需水量变化时,通常对辐射项和空气动力学项分项分析。表 2-2 为新乡地区参考作物需水量多年平均分项月值。

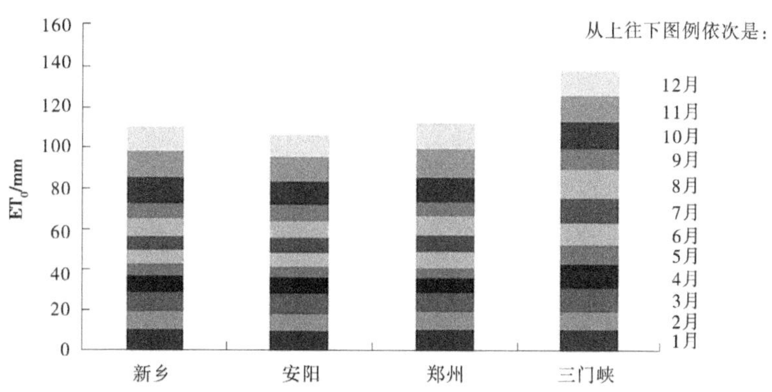

图 2-15　堆积柱形图表示参考作物需水量(Ⅱ)

表 2-2　新乡地区参考作物需水量多年平均分项月值　　单位:mm

月份	1	2	3	4	5	6	7	8	9	10	11	12
ET_{rad}	12.21	10.56	10.50	8.90	8.74	10.08	6.24	8.53	10.13	16.15	15.89	14.13
ET_{aero}	−1.47	−2.05	−0.54	−0.90	−2.79	−3.16	0.55	0.21	−2.60	−3.71	−2.76	−2.40

注：表中数据为采用 Penman-Monteith 修正式计算的 1971～2010 年逐月平均参考作物需水量分项。

在 Excel 中输入表 2-2 后，选择所有内容，点击插入→图表→柱形图→堆积柱形图，屏幕上将显示生成的图表，横坐标为 1～12 月，纵坐标表示计算参考作物需水量的两部分：辐射项和空气动力学项。对图表格式和标题进行编辑，需要注意的是，由于数据中出现负值，横坐标标签默认位于轴旁，影响图形的显示，因此需要将纵坐标轴选项中坐标轴标签“轴旁”更改为“低”，如图 2-16 所示。

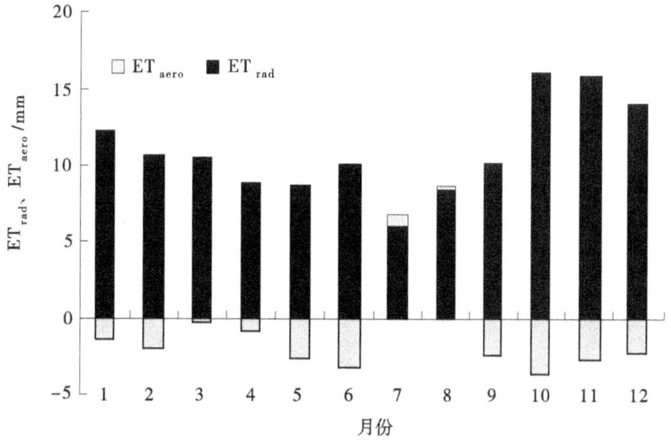

图 2-16　堆积柱形图表示参考作物需水量分项

如果图例中存在下标或上标，比如辐射项和空气动力学项的表示符号(ET_{rad}、ET_{aero})，在图表生成后图例中将不显示为下标，而且不能借助设置单元格格式→下标来更改，对此，可采用以下两种方法来修改：一种是插入文本框，输入并更改下标，去除文本框边框颜色，再移动文本框覆盖相应图例；另一种与之类似，插入对象→Microsoft 公式 3.0，输入相应符号及格式,更改边框线条颜色为无线条颜色,再移动覆盖相应图例。对于参考作物需水量(ET_0),还有一种办法是,在单元格中输入 0 时,选择插入→符号,字体选择 Arial Unicode MS,子集选择上标和下标,屏幕上将显示上标和下标形式的部分数字与符号,选择下标形式的 0,点击插入,图例中即可显示为 ET_0。但要注意,这里的下标 0 是数字零,而实际上参考作物需水量的下标是英文符号 o,因为多年的习惯及口误,大家都将其认为是数字零,在中文出版物中使用数字零没有问题,但在外文中需要使用英文符号 o,而下标的英文符号 o 不能采用第三种方法更改,只能使用前两种。

图 2-16 表示的为单站参考作物需水量分项,当增加安阳、郑州、三门峡 3 站时,如果增加系列,则新增系列会被堆积在原系列上,因此需要采用多簇堆积柱形图,同簇状柱形图类似,需要更改数据形式,新增站点数据应同图 2-13 中数据形式。选中所有内容,选择堆积柱形图,绘制并进行格式编辑后如图 2-17 所示,每个站点数据连续,各站点间隔。

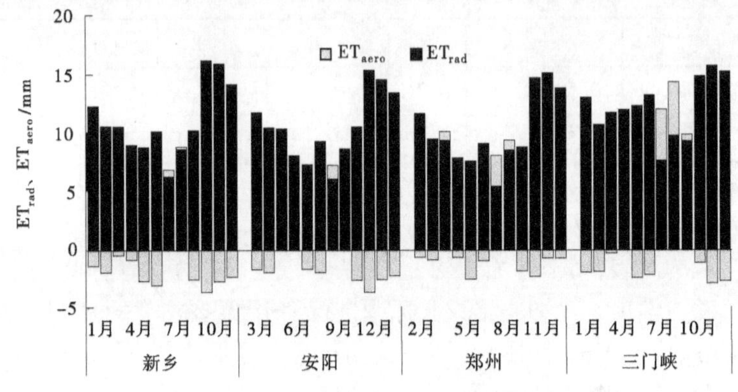

图 2-17　多簇堆积柱形图表示参考作物需水量分项

2.4.4　图表的组合

在实际工作中,为了满足利用最少的图来表达尽可能多的信息的目的,通常需要采用多种图型的组合表示。最常见的是柱形图与折线图组合使用,比如需要同时表示新乡地区各月参考作物需水量的变化趋势,以及同时期各月辐射项和空气动力学项分别占参考作物需水量的比例,就可以采用柱形图和折线图组合来表示,具体步骤为:首先,将数据输入 Excel 中,4 行 13 列,第一行数据为各月 ET_{rad},第二行数据为各月 ET_{aero},第三行数据为上两行之和,即 ET_0 数值;其次,选择所有数据,插入→图表→柱形图→百分比堆积柱形图;再次,选择 ET_0 数据→更改图表类型→折线图→带数据标记的折线图,选择折线图→右键→设置数据系列格式,选择次坐标轴;最后,对图表进行编辑,添加主、次坐标轴标题(见图 2-18),既可以直观地看到新乡站逐月 ET_0 变化趋势,又可以观察到每月辐射项与空气动力学项所占比例。另外,对于多站点的柱形图与折线图的绘制,方法与前类似,主要是前期数据格式的处理。对于组合图表,关键在主、次坐标轴的使用,不同坐标轴选用不同图表。

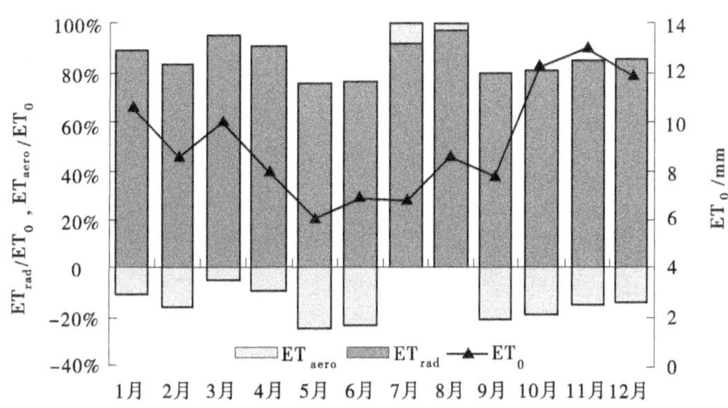

图 2-18 柱形图与折线图表示参考作物需水量及分项

2.5 视图和窗口管理

Excel 菜单栏中的“视图”一栏提供了对页面内容的不同显示模式，通常使用的有“显示比例”“全部重排”“冻结窗格”“拆分”“隐藏”等命令。

2.5.1 显示比例

点击“显示比例”，弹出“显示比例”对话框，选择需要的比例数，点击“确定”后工作表视图将随之改变；也可拖动工作表右下角的比例条来实现工作表视图显示比例的调节。在灌溉试验中，如果数据量过大，页面显示不全，无法对比分析某些数据时，可以选用此功能缩小页面使数据显示量扩大，需要注意的是，此功能仅是对工作表显示比例的缩放，不会改变数据值的大小。

2.5.2 全部重排

“全部重排”命令可以对打开的工作簿进行水平或垂直并排，方便对比两个工作簿的内容。如果要对比当前工作簿中两个工作表的内容，可以点击“新建窗口”命令，相当于复制了当前工作簿的内容并打开。

2.5.3 冻结窗格

当数据量较大，采用缩小字号或在视图菜单下缩小显示比例也不能全部查看数据时，需要滚动鼠标或拖动滚动条查看工作表后面和右边的内容时，列标题和行标题会随着滚动或拖动离开显示区，导致我们不明白数据代表含义。“冻结窗格”命令可以冻结某些行和列，比如标题栏，这样当滚动到工作表的后面部分时，被冻结的行列始终可见。点击“冻结窗格”命令，显示“冻结拆分窗格”“冻结首行”“冻结首列”三个命令。后两个命令较易理解，对于“冻结拆分窗格”命令，首先必须选中非冻结区域中左上角单元格，再点击“冻结拆分窗格”，整个页面将出现较粗的黑色十字线，将页面划分为 4 个区域，滚动鼠标或拖动滚动条可以看到只有右下区域的单元格随着滚动而变动，其余区域不发生变化，被暂时冻结。当行或列被冻结后,“冻结窗格”命令下的“冻结拆分窗格”命令将变为“取消冻结窗格”命令,点击即可撤销冻结的行或列。灌溉试验中,计算参考作物需水量(ET_0)时,使用该功能可以提高工作效率。

2.5.4　拆分

在“冻结窗格”右侧有一个“拆分”命令,单击后,在工作表当前选中单元格的上面和左边各出现一条拆分线,整个窗口分成了 4 个部分,而垂直滚动条和水平滚动条也都变成了 2 个,每个滚动条对应相应区域,拖动即可实现对相应区域内容的浏览,这样就可以通过这 4 个窗口分别观看对比不同位置的数据了。如果选中单元格为首行或首列,整个窗口将被拆分为 2 个窗口。在对窗口进行拆分后,“拆分”按钮将被点亮,再次点击“拆分”命令可取消对窗口的拆分操作。

2.5.5　隐藏

当某个工作簿暂时不用,关闭又影响工作时,将其隐藏是最好的选择。在“冻结窗格”右侧有一个“隐藏”命令,单击后,当前正在显示的工作簿将被隐藏。工作簿被隐藏后,“取消隐藏”命令将被激活,点击可将被隐藏单元格显示出来。

同样,对于某个工作表需要隐藏时,点击需要隐藏的工作表→右键→隐藏。需要显示时,点击任一工作表→右键→取消隐藏。

工作表中的某一行或列也可以隐藏,具体步骤为:鼠标悬浮于需要隐藏的行号或列标上,鼠标将变成“↓”形状,单击鼠标右键→隐藏。在消失行或列的前后行号或列标中间将出现较粗的横线或竖线,可直接观看到隐藏的行号或列标,选择包含隐藏行或列的多个行或列,单击鼠标右键→取消隐藏,或将鼠标悬停于隐藏行号或列标处,鼠标将变成“↔”形状,双击即可显示隐藏行或列。灌溉试验中,计算参考作物需水量(ET_0)时,所需参数较多,可使用该功能隐藏计算过程,方便查看。该功能与冻结窗格可以配合使用。

2.6　排序和筛选

Excel 菜单栏中的“数据”一栏提供了根据数据格式及一定规律性的数值排序和筛选功能,在灌溉试验中常用的有“排序”“筛选”“高级筛选”命令。

该组命令只是提供了一种数据查看方式,其操作可取消、返回或还原,并不改变数据本身。

2.6.1　排序

选择所需要排序的数据列或选中需要排序区域的某一列数据单元格,单击“排序”命令,打开“排序”对话框,如图 2-19 所示,如果需要对 2 列以上数据进行排序,则点击“添加条件”命令,对话框中的空白区域将出现新的一行;“删除条件”与“添加条件”相反,指对对话框中空白区域中整行的删除;“复制条件”指对当前选中行内容的复制,上下箭头可以调整每行条件的优先级;“数据包含标题”指标题内容是否参加排序;“主要关键字”一般指首先需要排序列的标题名称;“次要关键字”根据排序顺序选择所在列标题,当数据没有标题时,选择的为所在列的列标;“排序依据”可以为“数值”“单元格颜色”“字体颜色”“单元格图标”;“次序”根据选择依据的不同而变动。

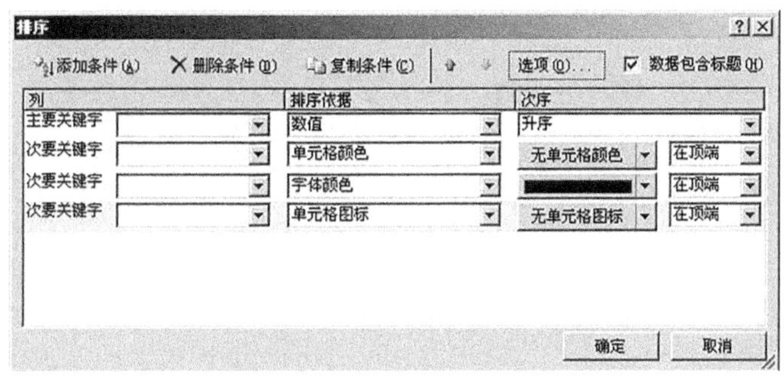

图 2-19　“排序”对话框

比如在计算参考作物需水量时,所用数据为全国气象站点建站——2013 年逐旬气象数据,A 列为站码,B 列为年份,C 列为月份,D 列为旬号(1~3 旬),在“排序”对话框中第一行“主要关键字”选择“站码”,“排序依据”为“数值”,“次序”选择“升序”;第二行依次选择“年份”“数值”“升序”;第三行依次选择“月份”“数值”“升序”;第四行依次选择“旬号”“数值”“升序”。点击“确定”后,气象数据将按照站码依次增加,每个站点的时间序列排序。当然,也可以更改排序顺序,比如想对比所有站点逐旬数据差异,则可将旬号设为第一筛选要素,第二为年份,第三为月份,第四为站码,均为升序排列,则首先看到的将是各站点在数据开始年份第 1 月第 1 旬数据,接着第 2 月第 1 旬数据,依次排列。

2.6.2　筛选

由于气象指标的测定受多种因素影响,缺测现象非常普遍,尤其在早些年气象站点缺乏常规监测仪器而采用人为记录时。一般规定,对这样的缺测数据以一个非常大的超过可能数据值数倍的数据来表示,部分站点统一采用“32766”代替。对长系列气象资料,此类数据的缺测情况较多,人工逐行检查费时费力,可利用“数据”菜单栏的“筛选”命令,快速精准地筛选出这一类数据。

选择所需要筛选的数据列或选中需要筛选区域的某一数据单元格,单击“筛选”命令,第一行的每列数据的右侧将出现一个倒三角符号,点击需要查询“32766”的列上倒三角符号,将出现所在列不重复的所有数据并按照从小到大排序,单击“全选”,所有数据取消勾选,找到“32766”并勾选,点击“确定”后屏幕显示所选列记录为“32766”的行,并在工作簿左下角显示找到的记录数。下拉菜单中的“数字筛选”命令可以实现对所列数据任一范围的筛选;在对所列数据中存在两种以上字体颜色或填充颜色的前提下,“颜色筛选”命令被激活,可以实现所列数据字体颜色或填充颜色的筛选。

活动单元格在标题列时,点击“筛选”命令,所选列临近有数据的列的“筛选”命令均被激活,可以像排序命令一样进行一级套一级的筛选。若需要所有存在数据的列均可参加筛选,则选择整行,再点击“筛选”命令。

2.6.3　高级筛选

上述“筛选”操作仅能实现对单个、少数和有规律的数据进行筛选，如果要实现对一系列无规律数据的筛选，采用“高级”命令，可以事半功倍。以上述气象数据为例，需要找出给定站码的气象数据，给定站码超过 20 个，且无任何规律，使用“筛选”命令中的勾选方式逐一勾选费时费力，而采用“高级”命令操作简单，在被筛选数据的右侧列写出需要筛选出的站点号码及标题，如图 2-20 所示，A～L 列为被筛选数据，以 686 个站点 1981 年 1 月上旬气象数据为例，N 列为需要筛选出的 25 个站，注意此列的标题行必须与 A 列的标题行相同。

	A	B	C	D	E	F	G	H	I	J	K	L	M	N
1	站码	年份	月份	旬	气压/0.1hPa	气温/0.1℃	最高气温/0.1℃	最低气温/0.1℃	相对湿度/%	平均风速/(0.1m·s⁻¹)	降水量/0.1mm	日照时数/h		站码
2	50136	1981	1	1	9905	-291	-220	-360	80	34	2	526		50136
3	50658	1981	1	1	9933	-207	-153	-249	67	25	1	647		51855
4	50727	1981	1	1	9010	-259	-211	-310	83	7	34	317		53845
5	50742	1981	1	1	10042	-193	-132	-239	68	29	1	602		54254
6	50745	1981	1	1	10067	-183	-120	-228	65	33	0	645		54273
7	50756	1981	1	1	9920	-210	-156	-254	75	24	0	664		54335
8	50758	1981	1	1	9918	-204	-151	-243	71	28	0	648		54401
9	50774	1981	1	1	9924	-212	-153	-270	69	25	1	550		54454
10	50775	1981	1	1	9894	-166	-131	-190	61	51	0	533		54493
11	51855	1981	1	1	8807	-68	15	-137	45	15	0	785		54606
12	53845	1981	1	1	9161	-58	8	-105	54	14	4	477		54705
13	53986	1981	1	1	10210	-9	48	-49	53	17	0	566		54852
14	54012	1981	1	1	9074	-210	-167	-258	74	45	3	682		54871
15	54026	1981	1	1	9931	-127	-75	-168	48	40	1	651		55294
16	54027	1981	1	1	9667	-135	-76	-184	48	34	1	696		55585
17	54041	1981	1	1	10071	-178	-103	-224	66	29	0	649		56033
18	54049	1981	1	1	10024	-186	-119	-237	71	23	0	692		56065
19	54063	1981	1	1	9991	-209	-153	-253	81	34	0	591		56125
20	54094	1981	1	1	9905	-175	-124	-220	75	33	7	380		56178
21	54096	1981	1	1	9552	-161	-128	-190	71	64	12	468		56247
22	54102	1981	1	1	9096	-216	-158	-257	77	35	6	667		57106
23	54254	1981	1	1	10147	-179	-109	-231	72	23	0	558		57127
24	54273	1981	1	1	9910	-213	-139	-276	74	26	6	352		57306
25	54335	1981	1	1	10231	-126	-61	-177	60	33	6	693		57297
26	54401	1981	1	1	9426	-101	-48	-136	42	36	0	740		57328
27	54454	1981	1	1	10270	-109	-36	-163	61	22	14	738		
							⋮			⋮				
683	59855	1981	1	1	10150	194	241	169	86	27	105	392		
684	59948	1981	1	1	10162	219	262	183	71	41	2	946		
685	59954	1981	1	1	10160	209	252	176	78	28	39	854		
686	59981	1981	1	1	10153	231	256	219	77	59	17	726		
687	59985	1981	1	1	10150	235	255	223	75	82	2	788		

图 2-20　使用“高级”命令进行筛选的数据表排列

点击“高级”命令，弹出“高级筛选”对话框，如图 2-21 所示，选择第二个方式“将筛选结果复制到其他位置”，列表区域选择 A～L 列包括标题的所有数据，条件区域选择 N 列包括标题的所有数据，复制到选择 P1 单元格，勾选“选择不重复的记录”，点击“确定”后将筛选出 A～L 列数据中站码为 N 列站码的所有不重复记录，如图 2-22 所示。如果选择第一个方式“在原有区域显示筛选结果”，则 N 列站码的所有不重复的记录将显示在 A～L 列，如果需要对数据进行编辑处理，则建议选择复制粘贴到单元格的空白区域或另一个 Sheet 表或新的工作簿中。

另外，在设置自动筛选的自定义条件时，可以使用通配符，其中问号（?）代表任意单个字符，星号（ * ）代表任意一组字符。高级筛选可以设置行与行之间的“或”关系条件，可以对一个特定的列设置 3 个以上的条件，还可以指定计算条件。由于这两个操作在灌溉试验中鲜有使用，因此本书并不详加描述。

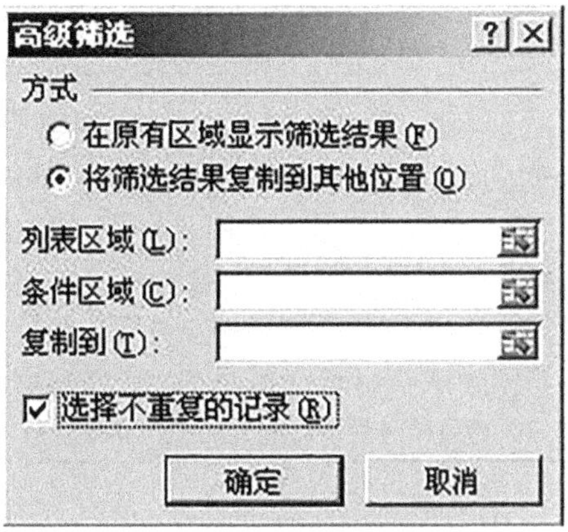

图 2-21　“高级筛选”对话框

N	O	P	Q	R	S	T	U	V	W	X	Y	Z	AA
站码		站码	年份	月份	旬	气压/0.1hPa	气温/0.1℃	最高气温/0.1℃	最低气温/0.1℃	相对湿度/%	平均风速/($0.1m \cdot s^{-1}$)	降水量/0.1mm	日照时数/h
50136		50136	1981	1	1	9905	-291	-220	-360	80	34	2	526
51855		51855	1981	1	1	8807	-68	15	-137	45	15	0	785
53845		53845	1981	1	1	9161	-58	8	-105	54	14	4	477
54254		54254	1981	1	1	10147	-179	-109	-231	72	23	0	558
54273		54273	1981	1	1	9910	-213	-139	-276	74	26	6	352
54335		54335	1981	1	1	10231	-126	-61	-177	60	33	6	693
54401		54401	1981	1	1	9426	-101	-48	-136	42	36	0	740
54454		54454	1981	1	1	10270	-109	-36	-163	61	22	14	738
54493		54493	1981	1	1	9920	-200	-97	-271	72	12	62	652
54606		54606	1981	1	1	10284	-56	25	-117	44	17	0	815
54705		54705	1981	1	1	10267	-48	34	-113	50	25	0	756
54852		54852	1981	1	1	10249	-59	2	-107	72	24	2	762
54871		54871	1981	1	1	10230	-31	2	-57	59	47	2	594
55294		55294	1981	1	1	5684	-163	-92	-212	50	42	11	745
55585		55585	1981	1	1	6350	-50	31	-127	31	14	0	727
56033		56033	1981	1	1	5987	-168	-72	-244	55	17	11	765
56065		56065	1981	1	1	6598	-145	-13	-239	51	10	18	814
56125		56125	1981	1	1	6499	-79	13	-157	55	10	4	697
56178		56178	1981	1	1	7650	22	103	-40	39	15	0	500
56247		56247	1981	1	1	7410	28	120	-44	30	11	0	725
57106		57106	1981	1	1	9321	18	58	-12	63	15	18	354
57127		57127	1981	1	1	9655	17	52	-5	79	10	44	203
57306		57297	1981	1	1	10155	9	54	-25	64	18	52	419
57297		57306	1981	1	1	9781	56	83	39	84	9	22	113
57328		57328	1981	1	1	9867	64	90	46	82	9	28	73

图 2-22　使用“高级”命令筛选出的站码数据

2.7　数据透视表

与上述查看命令相比,数据透视表功能更强大一些,它可以对数据进行某些计算,比如求和、平均、计算偏差等,是一种可以快速汇总大量数据的交互式方法。它还可以动态地改变数据表中的版面布置,可以按照不同的方式计算分析数据。而且,当原始数据发生更改,数据透视表可在点击“更新”按钮后发生更改。

数据透视表是对数据的一种统计和查看。如果数据量较少,则其中的关系一目了然,利用数据透视表意义不大。目前,数据自动化监测采集技术已非常成熟,且已应用在土壤水分、地温等许多指标中,要判断大量数据的准确性与相关性,依靠数据透视表事半功倍。

2.7.1　番茄果实指标分析

由于单株番茄果实较多且成熟采摘时间不同,加上试验处理和重复数量,整个试验结果记录数据量较大,人工对比或采用上节内容的筛选模式对比处理间差异工作量较大,而采用数据透视表分析各处理差异效率较高。番茄果实指标有值质量、横径、纵径、纵截面，以及果品等级等。

试验设计 11 个处理，称为小区，每个处理 3 个重复，根据番茄果实生熟时间分别采摘并记录相关数据（质量、纵截面等）采集，数据存储格式如表 2-3 所示，共 7700 条记录。

表 2-3 中，采摘日期、小区、重复三列数据不可以同类单元格合并，每一个番茄果实指标必须匹配相应的处理数据。除番茄果实质量、横径、纵径为测量指标外，其他指标均为计算得出，如纵截面为横径、纵径乘积，形状为横径、纵径比值；果重和果直径等级划分根据其质量和横径数值与各等级要求指标相比得出。

表 2-3　采用数据透视表处理的番茄试验数据存储格式

采摘日期（月-日）	小区	重复	质量/g	横径/cm	纵径/cm	纵截面/cm^2	规格划分（单果重）	规格划分（果直径）	形状（横径/纵径）
05-19	1	1	207.63	8.7	5.4	46.98	a	Ⅰ	1.6111
05-19	1	1	176.84	7.4	5.1	37.74	b	Ⅰ	1.4510
⋮	⋮	⋮	⋮	⋮	⋮	⋮	⋮	⋮	⋮
05-19	1	2	199.53	7.7	6.3	48.51	b	Ⅰ	1.2222
05-19	1	2	84.50	5.8	4.1	23.78	d	Ⅱ	1.4146
⋮	⋮	⋮	⋮	⋮	⋮	⋮	⋮	⋮	⋮
05-19	1	3	225.22	8.1	5.8	46.98	a	Ⅰ	1.3966
05-19	1	3	205.90	8.5	5.0	42.50	a	Ⅰ	1.7000
⋮	⋮	⋮	⋮	⋮	⋮	⋮	⋮	⋮	⋮
05-19	2	1	255.28	9.3	5.4	50.22	a	Ⅰ	1.7222
05-19	2	1	155.50	7.3	5.2	37.96	b	Ⅰ	1.4038
05-19	2	1	94.80	5.8	4.7	27.26	d	Ⅱ	1.2340
⋮	⋮	⋮	⋮	⋮	⋮	⋮	⋮	⋮	⋮
07-06	11	3	41.21	4.4	3.9	17.16	d	Ⅲ	1.1282
07-06	11	3	52.21	4.6	4.1	18.86	d	Ⅲ	1.1220
07-06	11	3	73.11	4.9	4.5	22.05	d	Ⅲ	1.0889

建立数据透视表步骤：首先，选择所有数据（单元格“采摘日期”与“1.0889”之间的单元格），再点击功能区“插入”→“数据透视表”，弹出对话框（见图 2-23）。

在图 2-23 中，可以选择当前工作表或工作表中某一区域，也可以选用外部数据源。由于从业人员使用数据透视表一般用于分析试验数据，数据基本都存储于 Excel 中，故较少使用外部数据源这种复杂功能。数据透视表放置位置可以为新工作表或现有工作表中的空白区域。选定任意一个后若想更改，则在激活的数据透视表工具“选项”下的“移动数据透视表”中更改。本例选择现有工作表的空白区域，点击“确定”后，工作表界面将出现一个选择框（见图 2-24），工作簿右侧相应弹出数据透视表字段列表[见图 2-25(a)]。

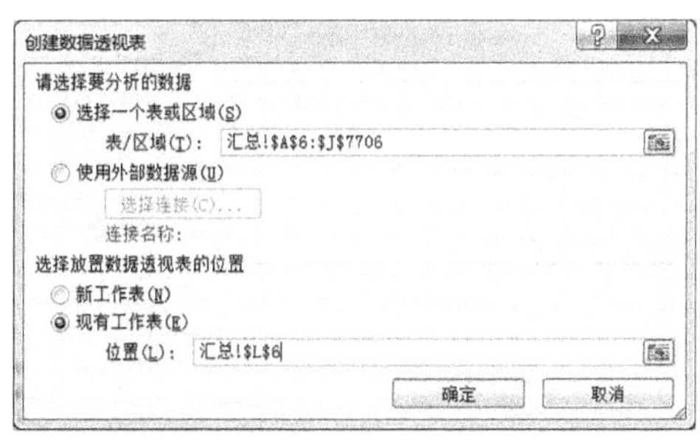

图 2-23 “创建数据透视表”对话框

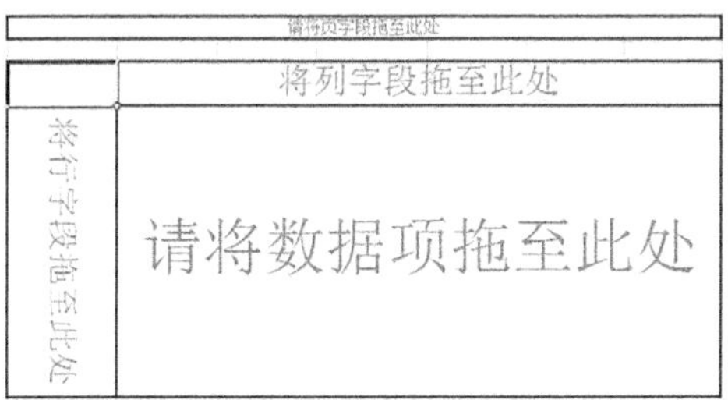

图 2-24 “数据透视表”选择框

注:图中重量 g 应为质量 g。

图 2-25 数据透视表字段列表栏

图 2-24 中的工作表界面由四部分组成,每部分页面都显示有提示说明,分别为页字段、列字段、行字段、数据项。图 2-25(a)中,可以看到由表 2-3 中的 10 个列标题组成的字

段,下方由四个区域组成:报表、列、行、数值,这四个区域内容对应图 2-24 左侧的四个字段区域。可以鼠标点选任意一个字段并拖移至页面中的字段区域,也可以拖移至图 2-24 中的四个区域,不管选用哪个操作,对应的另一个区域也将发生变化。

本例中,如将小区拖移至列字段/列标签,重复拖移至行字段/行标签,勾选质量,图 2-24 将变为图 2-26,图 2-25(a)相应变为图 2-25(b)。

从图 2-26 中可以看出,共 11 个小区,每个小区 3 个重复,每个重复、每个小区番茄的质量之和,以及所有处理总番茄质量之和,也可以看到小区 9 重复 3 没有数据。

求和项:重量g	小区											
重复	1	2	3	4	5	6	7	8	9	10	11	总计
1	33521.15	33395.97	40432.455	35196.97	31408.86	32669.68	39487.2	33663.24	34615.36	34675.4	35100.5	384166.785
2	30808.38	33905.3	38313	37950.45	26600.08	38037.97	45736.71	30512.3	34521.73	32883.79	37004.81	386274.52
3	35729.54	35547.34	38010.9	32885.07	31797.98	42431.72	38384.43	34430.22		32123.34	33623.38	354963.92
总计	100059.07	102848.61	116756.355	106032.49	89806.92	113139.37	123608.34	98605.76	69137.09	99682.53	105728.69	1125405.225

注:图中重量 g 应为质量 g。

图 2-26　利用数据透视表分析番茄数据

仅从图 2-26 中的数据中较难发现各处理差异,匹配数据透视图将更直观地观察到各处理差异。数据点选数据透视表中任一单元格,Excel 功能区将解锁出“选项”和“设计”功能块,点击“选项”→“工具”菜单中的“数据透视图”,弹出第 2. 4 节中的图表引导框,默认为柱形图,可以先插入,再根据需要更改。该功能其实是对数据进行图表可视化,也可以点击 Excel “插入”功能模块中的“图表”菜单完成。本例选择簇状柱形图,点击“确定”,页面将显示以重复为横坐标的 11 个小区番茄质量柱形图和数据透视图筛选窗格(见图 2-27),该窗格匹配数据透视图,点击数据透视图时相应出现,匹配轴字段和图例字段,可以点击两字段右边的下三角更改图形显示内容。

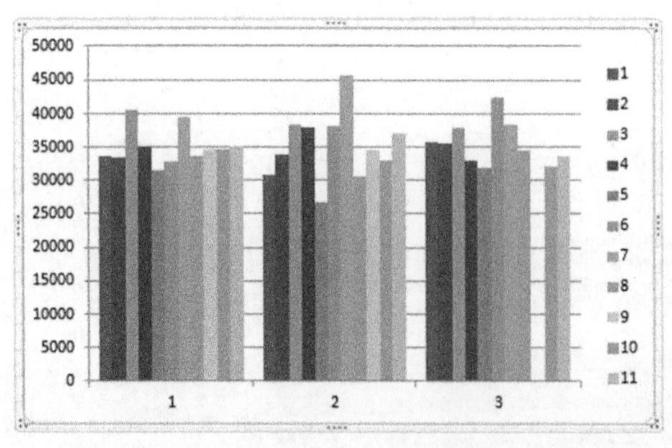

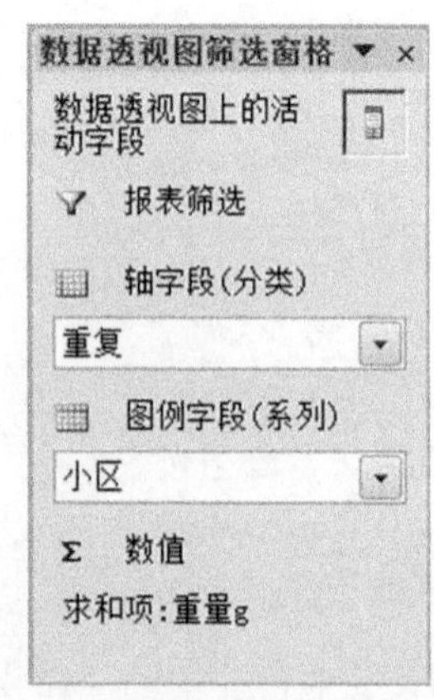

注:图中重量 g 应为质量 g。

图 2-27　数据透视图和相应筛选窗格

图 2-27 中的数据透视图筛选窗格可以点击其右上角的叉号取消,若需要,则在点击数据透视图后,Excel 功能区将出现“分析”功能块,点击显示/隐藏菜单栏的数据透视图筛选,即可打开筛选窗格。

图 2-25 的数据透视表字段列表若不小心点击其右上角的叉号关闭后,可以在数据透视表“选项”功能区的显示/隐藏菜单栏中启用,对应“字段标题”。

图 2-25(b)中右下角区域的数值项,目前为求和,在鼠标点击右侧的倒三角后,将出现弹出框[见图 2-28(a)],点选“值字段设置”,弹出对话框(见图 2-29),对话框中自定义

名称可以进行修改，由于利用数据透视表仅用来分析数据，并非出图，一般不做改动。主要包括两部分内容：汇总方式和值显示方式。值显示方式默认选择普通，可更改为差异、百分比、指数等，一般选择普通。该对话框主要用来更改数据汇总方式，可选择的有求和、计数、平均值、最大值、最小值、乘积、数值计算、标准偏差、总体标准偏差、方差、总体方差共11项。例如，本例将求和更改为计数，则显示数据为各处理番茄果实数量，更改为平均值，则可以看出各处理番茄果实的平均质量。该命令在数据透视表字段列表栏（见图2-25）被关闭时可通过在数据透视表数据区点击鼠标右键后的弹出菜单［见图2-28（b）］中找到，也可在双击数据透视表左上角单元格后打开。相对来说，最后一种方式最为便捷。

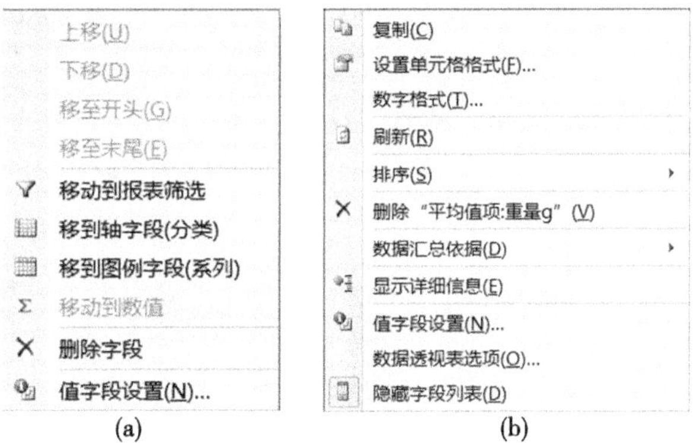

(a)　(b)

图 2-28　值字段设置选择方式

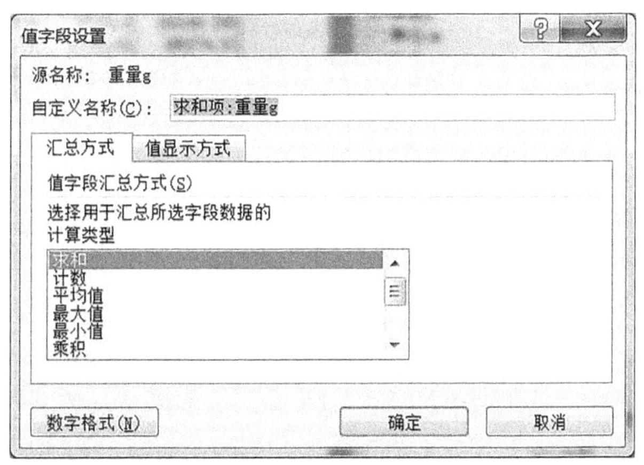

注：图中重量 g 应为质量 g。

图 2-29　"值字段设置"弹出框

图2-25（b）中右下角区域的数值项，也可以为多项。例如，本例可以将横径和纵径都拖至该区域，值字段设置为最大值，数据将显示各处理在不同重复下番茄果实横径、纵径最大值。

数据透视表的最大优势是可以灵活地对比数据，如本例处理有11个，重复3个，目前处理在列字段，重复在行字段，调换两者位置，数据选择果实纵截面，值字段设置为平均值，则数据透视表和数据透视图相应变化见图2-30。

如果想查看数据透视表中各数据计算的源数据，可鼠标点选数据透视表中任一数据，

平均值项:纵截面cm²	重复			
小区	1	2	3	总计
1	36.46693023	32.45668142	35.8664574	34.90033133
2	33.95773504	34.61957265	33.81004065	34.1237535
3	33.94771429	32.67330827	35.26110204	33.92595449
4	33.48457627	33.01878431	32.50420354	33.00990237
5	30.48212121	29.30303738	29.52851406	29.77639769
6	32.81597222	34.23020747	34.34851301	33.85327824
7	36.00296748	37.10258303	36.60608163	36.58795276
8	36.80513636	35.52853774	36.96286996	36.44564885
9	34.73723577	33.42573705		34.07488934
10	32.76104478	33.01106719	33.37384937	33.03698684
11	36.03037344	37.4350211	34.12673554	35.85290278
总计	34.29029244	33.93534586	34.20813876	34.14199351

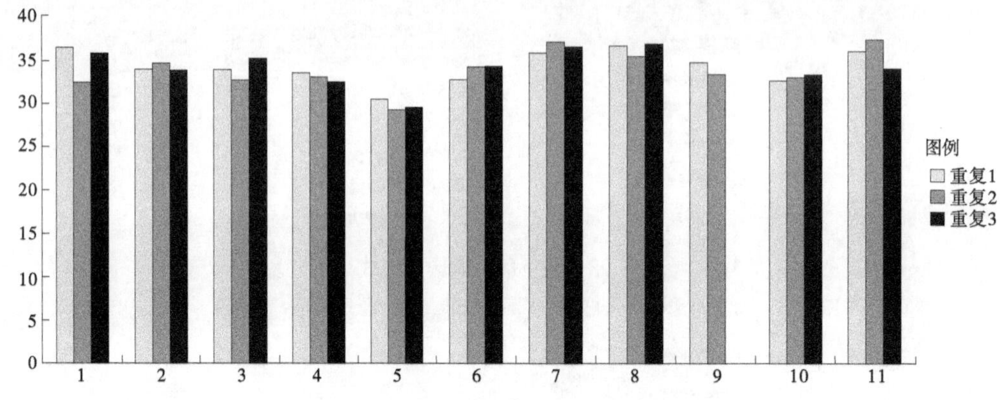

图 2-30　番茄试验的数据透视表和数据透视图

双击即可,Excel 将新建一个 sheet 表,并放置计算该数据的所有源数据。

当双击数据透视表中的行/列字段区域时,将打开在该区域可放置的其他字段名,本例除目前已放置的小区/重复外的其他 9 个列标题字段,选择任一字段,如单果重规格划分,将会发现其被镶嵌入小区字段下方,即数据透视表自动统计出每个小区、不同重复下、不同果重规格下番茄果实纵截面平均值。如果要取消单果重规格字段,可以在该区域单击鼠标右键,删除该字段,也可在数据透视表字段列表行标签中将该字段拖移出。

双击图 2-30 的小区/重复单元格,将打开“字段设置”弹出框(见图 2-31),在该弹出框中默认的分类汇总模式为自动,自动即匹配当前数据显示形式,如目前为平均值,那所有数据汇总方式均采用平均值,当然也可以更改为无或自定义的一个或多个函数,这个命令主要控制的是本级字段显示方式,但只有在存在下级字段的情况下才会统计。例如,在图 2-30 中鼠标双击小区单元格,分类汇总选择求和,数据表并未发生变化,但若在任一小区号中鼠标双击并添加规格划分(单果重)字段,可看到除每个小区下方有 4 个单果重的规格划分外,还多了一项求和。如果鼠标双击规格划分(单果重)单元格,分类汇总选择计数,再添加规格划分(果直径)字段,可看到每个小区单果重规格下多了一项计数统计值。图 2-31 中的布局和打印功能块主要控制页面显示方式,若仅使用数据透视表分析数据,则不必更改此项。

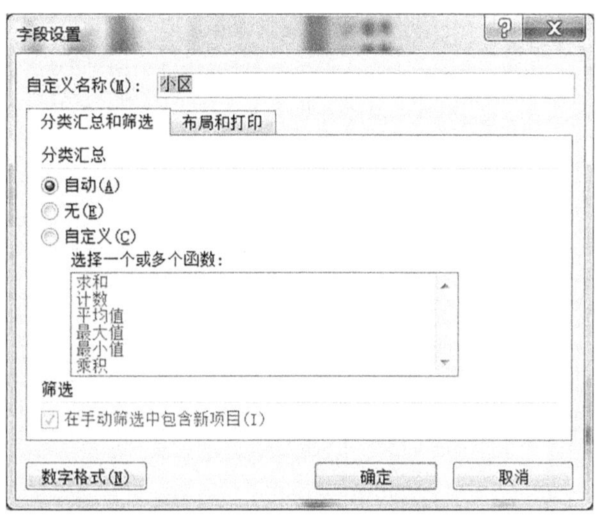

图 2-31　"字段设置"弹出框

当选定数据透视表中单元格时，Excel 功能区将新增"选项"和"设计"功能块。当选定数据透视图时，Excel 功能区将新增"选项""设计""布局""格式"功能块，比选定数据透视表多出的两个功能块，用来匹配图表功能。利用这两个功能可以对图表进行类似 2.4 节的修改，比如更改图表类型、设置趋势线、更改数据为次坐标轴等，但需注意，Excel 提供的 11 种图表模板中，散点图、气泡图、股价图不能用于数据透视图。

2.7.2　气象数据与参考作物需水量分析

目前，气象站特别是国家台站的气象数据采集已基本实现连续自动监测，冬小麦生长季按 240 d 计算，每 4 小时采集一次数据，每天采集 6 次，冬小麦生长季共 1440 条记录，这些记录偶尔会因为仪器本身因素存在缺测，逐条记录检查费工费力，采用数据透视表根据不同角度对比，节省了大量时间。同时，气象数据逐年累计，数据量不断加大，采用数据透视表分析其年际变化及各指标对比将更为便捷。

本节以安阳、新乡、开封、信阳、郑州 5 个站点 2015～2019 年逐日气象指标（相对湿度、日照时数、最低气温、最高气温、平均气温、平均风速和降水量）和参考作物需水量及其分项为基础数据，采用数据透视表分析各指标变化趋势。类似单站多年数据和多站单年数据分析与其相似，此处不再赘述。

数据共 9129 条记录，存储格式如表 2-4 所示。

利用键盘"Ctrl+A"选择所有数据，"插入"→"数据透视表"，放置位置选择新工作表，点击"确定"，Excel 将新建一个工作表，并给出数据透视表模板，如图 2-32 所示，与图 2-24 不同，右侧的数据透视表字段列表与图 2-25(a)相同，同时发现，在该模式下，字段列表中的字段不能拖移至数据透视表模板中，仅能拖移至数据透视表字段列表下方的四个区域，完成的数据透视表行、列标签不能以现有字段名命名，且行、列标签及数据透视表左上角单元格均无法执行双击操作。在数据分析时非常不方便，要更改此模式，可以点击功能块"选项"→"数据透视表"中的"选项"，弹出"数据透视表选项"对话框（见图 2-33），这里有

表 2-4　采用数据透视表处理的气象数据存储格式

站名	年份	月份	日	相对湿度 /%	日照时数 /h	最低气温 /℃	最高气温 /℃	平均风速 /(m/s)	平均气温 /℃	降水量 /mm	ET_{rad} /mm	ET_{aero} /mm
安阳	2015	1	1	28	7.1	-6.4	6.3	2.5	-1.0	0	0.23	1.29
	2015	1	2	22	2.9	-2.5	6.9	2.8	2.1	0	0.26	1.62
	⋮	⋮	⋮	⋮	⋮	⋮	⋮	⋮	⋮	⋮	⋮	⋮
	2019	12	31	32	8.4	-9.3	0.7	2.4	-4.5	0	0.20	0.91
新乡	2015	1	1	19	7.6	-4.5	6.7	2.6	2.4	0	0.22	1.54
	2015	1	2	31	6.3	-4.0	9.4	2.0	2.5	0	0.31	1.20
	⋮	⋮	⋮	⋮	⋮	⋮	⋮	⋮	⋮	⋮	⋮	⋮
	2019	12	31	26	7.7	-8.5	0.9	2.6	-3.1	0	0.21	1.07
郑州	2015	1	1	16	8.4	-0.5	8.3	2.6	2.6	0	0.23	1.78
	2015	1	2	26	4.5	-3.4	8.6	2.0	4.2	0	0.33	1.25
	⋮	⋮	⋮	⋮	⋮	⋮	⋮	⋮	⋮	⋮	⋮	⋮
	2019	12	31	22	8.1	-5.4	1.4	2.6	-1.9	0	0.23	1.22
开封	2015	1	1	22	8.0	-2.0	7.0	3.3	2.0	0	0.24	1.84
	2015	1	2	34	5.5	-3.1	7.6	2.3	3.0	0	0.32	1.21
	⋮	⋮	⋮	⋮	⋮	⋮	⋮	⋮	⋮	⋮	⋮	⋮
	2019	12	31	27	8.3	-6.5	0.5	2.6	-2.9	0	0.24	1.08
信阳	2015	1	1	45	8.1	-2.9	9.1	1.0	2.3	0	0.55	0.53
	2015	1	2	31	0	0.1	9.8	1.1	5.5	0	0.48	0.77
	⋮	⋮	⋮	⋮	⋮	⋮	⋮	⋮	⋮	⋮	⋮	⋮
	2019	12	30	82	0	3.9	7.8	2.5	4.8	0	0.45	0.39
	2019	12	31	34	8.2	-3.8	4.5	3.6	0.5	0	0.34	1.47

5 块内容：布局和格式、汇总和筛选、显示、打印、数据，更改目前的模板，将“显示”页面的经典数据透视表布局选中，点击“确定”即可。

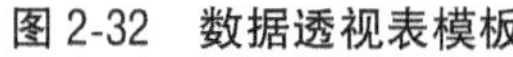
图 2-32　数据透视表模板

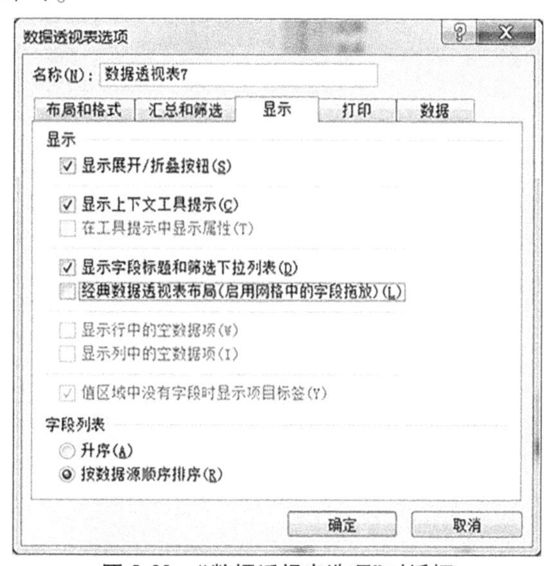

图 2-33　“数据透视表选项”对话框

这里的“布局和格式”主要用于对数据透视表版面方面的一些设置；“汇总和筛选”即对字段行列汇总和筛选的控制；“显示”是对数据透视表内容的一些操作，若不显示“展开/折叠”按钮，则无法直观看到有几级字段；“打印”与 Excel 打印设置相似；“数据”中的启用显示明细数据默认启动，若取消，则双击数据透视表中的行、列字段值和数据操作将无效。

以降水量指标为例，对 5 站进行分析，行标签选择站名，数据为降水量求和，汇总 5 站 5 年降水量，从数据透视图(见图 2-34)中可见，信阳站降水量最多，开封和新乡站较少且相近，从数据透视表中对比 2 站 5 年降水量数据，新乡略高于开封。更改行标签为年份，则可看到 5 站点 2016 年降水量最高，2019 年降水量最低(见图 2-35)。

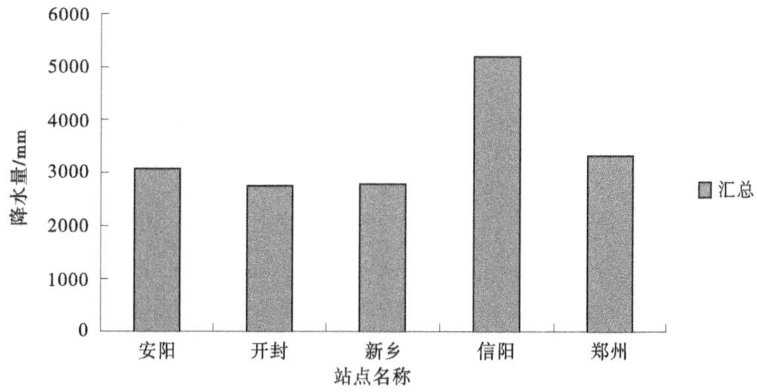

图 2-34　5 站点 2015~2019 年累计降水量

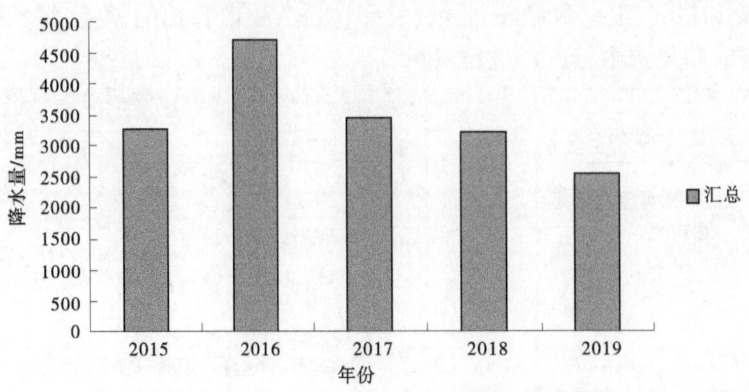

图 2-35　2015~2019 年 5 站点累计降水量

以年份为列标签、站名为行标签、数据为降水量求和,汇总 5 站点逐年降水量累计值,从数据透视图(见图 2-36)中可见,信阳站 2017 年降水量最多、2019 年降水量最低,其他站点均为 2016 年降水量最多,信阳降水量除 2019 年低于郑州外,其他年份均高于 4 个站点相应年份降水量。

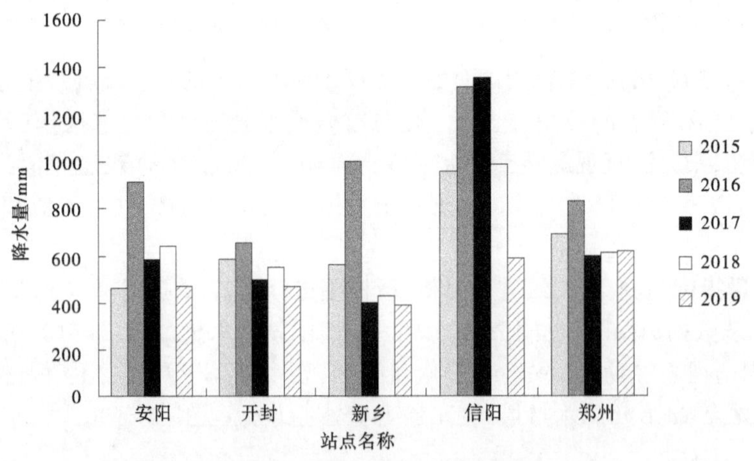

图 2-36　5 站点 2015~2019 年降水量

将字段站名拖移至报表筛选,并选择信阳,列标签选择月份,数据仍为降水量求和,得到信阳站逐月降水量 5 年累计值(见图 2-37),可以看到,7 月降水量最多,6 月次之,12 月降水量最少,2 月次之。

同样,可以选择新乡,得到新乡站逐月降水量 5 年累计值(见图 2-38),可以看到,7 月降水量最多,1 月、2 月、3 月、12 月降水量较少,季节差异较大。

另外,可以将站名字段拖移至行标签,选择所有站点,即可得到 5 站逐月降水量 5 年累计值(见图 2-39),可以看出,安阳站同新乡站相似,7 月降水量最多,季节差异较大。开封站和郑州站 8 月降水量最多,冬季降水量较少,但高于安阳和新乡两站。

采用类似方法可以对其他气象指标进行对比,此处不再赘述。

对于长系列气象数据,数据缺测现象不可忽视,而数值求和或平均的计算方式通常难

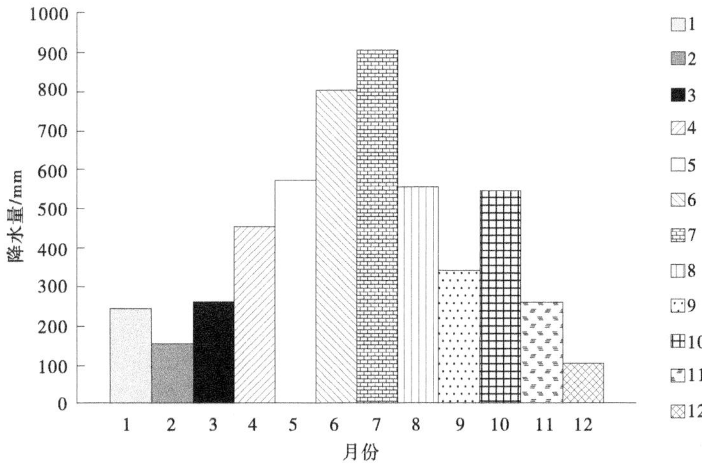

图2-37　信阳站逐月2015~2019年累计降水量

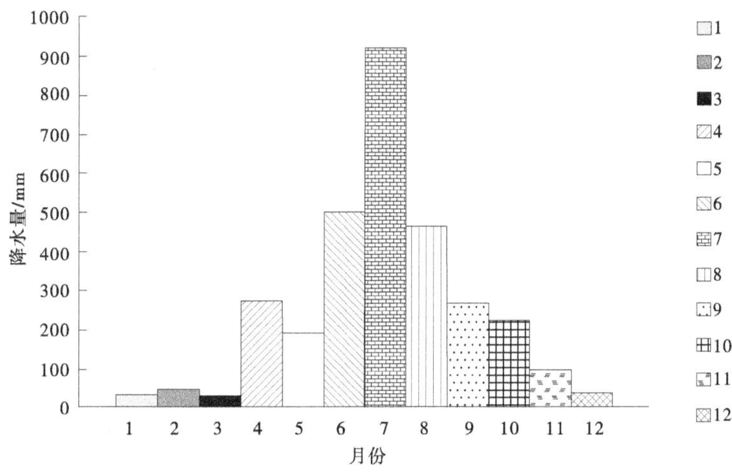

图2-38　新乡站逐月2015~2019年累计降水量

以发现,故一定要使用计数功能统计。本例中,以站名为列标签、年份为行标签、数据为降水量,更改值字段设置(见图2-29)为"计数",结果如图2-40所示,可发现2019年郑州站只有364条记录。

继续查询缺测数据所在日期,可将月份字段添加入轴字段中,年份列只筛选2019年,如图2-41所示,郑州9月数据为29条,打开原始数据后发现9月15日无数据。故需修改原始数据,增加9月15日记录条,数据以缺测格式输入。

以上介绍的是单独指标的数据透视表和数据透视图制作方法,如果想展示两个及两个以上指标,则采用以下方法。

当轴字段/行标签选择站点、年份,数值区选择ET_0及其分项辐射项ET_{rad}、空气动力项ET_{aero},选中数据透视图中的ET_{aero}数据→点击鼠标右键→设置数据系列格式,选择次坐标轴;点击图标右侧纵坐标轴→点击鼠标右键→设置坐标轴格式,选择逆序刻度值;选

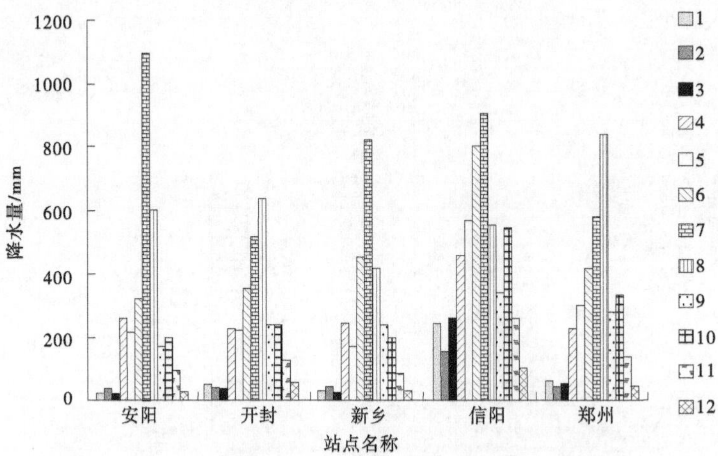

图 2-39　5 站逐月 2015~2019 年累计降水量

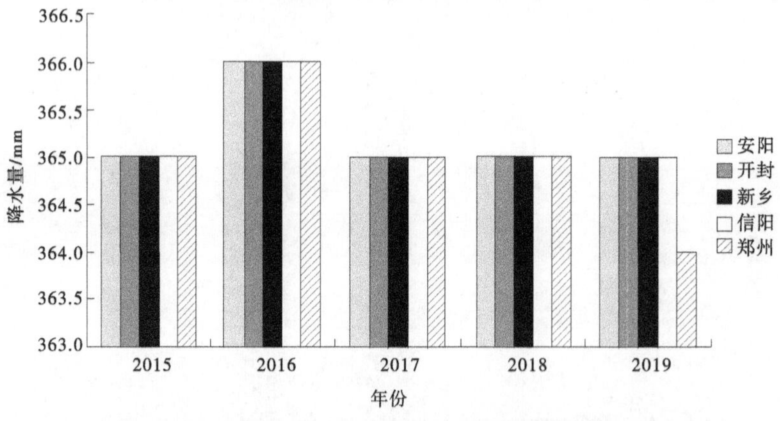

图 2-40　5 站点 2015~2019 年降水量数据记录量

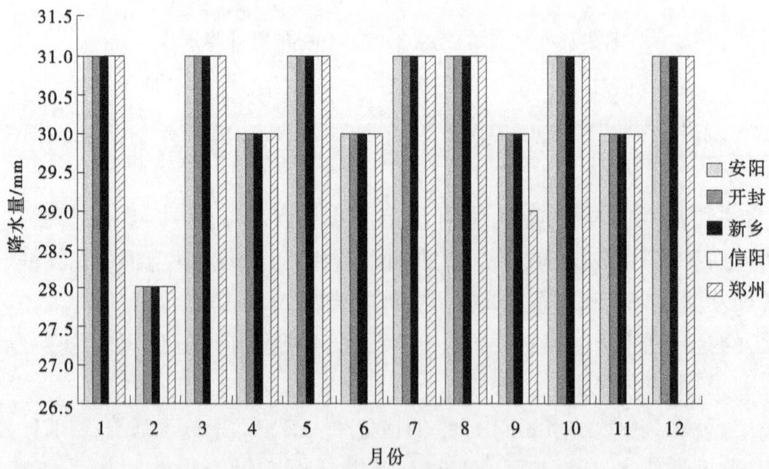

图 2-41　5 站点 2019 年降水量数据记录量

中 ET_0 数据→点击鼠标右键→更改系列图表类型，选择带数据标记的折线图，调整主次纵坐标轴格式，将最大值增大，使 ET_{rad} 和 ET_{aero} 数据柱形图不相交，为了对比 ET_0 分项 ET_{rad} 和 ET_{aero} 的影响，主次坐标轴最大值应保持一致，调整后的数据透视图如图 2-42 所示。从图 2-42 中可以直观地看出，安阳、新乡两站 ET_0 较高，开封、郑州两站次之，信阳站最低。也可单独筛选出站点分析：安阳站 2019 年 ET_0 最大，从 2016～2019 年 ET_0 呈上升趋势；开封站 ET_0 呈先上升后下降趋势，2017 年最高；新乡站、郑州站 ET_0 呈先上升后下降趋势，2018 年最高；信阳站 2019 年 ET_0 较高，2015 年较低，其他年份基本相同。

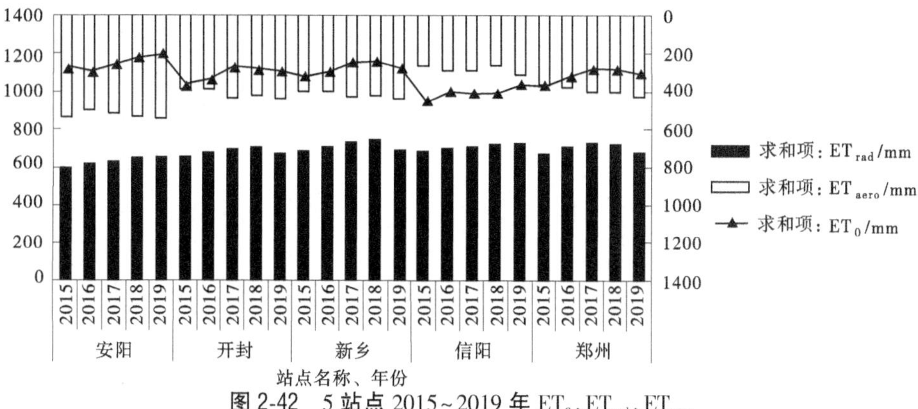

图 2-42　5 站点 2015～2019 年 ET_0、ET_{rad}、ET_{aero}

同时可根据 ET_{rad} 和 ET_{aero} 组成变化情况分析造成 ET_0 变化的原因。从图 2-42 中可以看出，辐射项 ET_{rad} 的占比明显高于空气动力项 ET_{aero}，5 站对比后发现，辐射项差异较小，空气动力项差异较大，安阳站最高、信阳站最低。继而可以根据辐射项与空气动力项的影响因子深入分析各站。

对于各站点辐射项与空气动力项在参考作物需水量的影响占比，也可以通过数据透视表功能块“选项”→“工具”菜单里的“公式”进行计算。点击“公式”→“计算字段”，弹出“插入计算字段”框（见图 2-43）。更改名称为“辐射项占比”，公式更改为“='ETrad(mm)'/'ET0(mm)'”，添加确定，再重复操作增加“动力项占比”，公式更改为“='ETaero(mm)'/'ET0(mm)'”，添加确定，这里“ETrad(mm)”“ETaero(mm)”“ET0(mm)”字段直接在字段列表中双击即可。

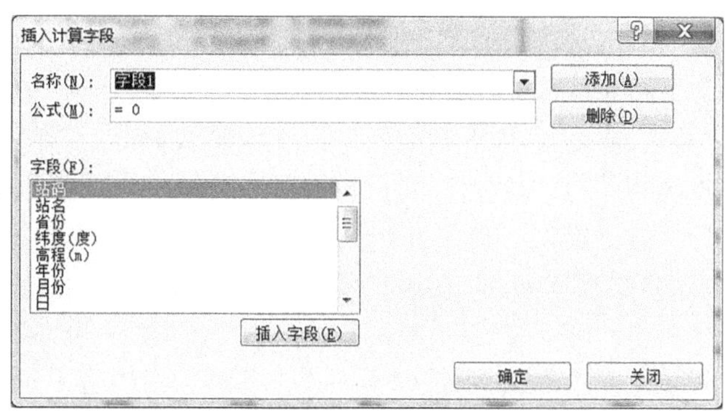

图 2-43　公式下的“插入计算字段”对话框

数据透视表中自动增加两列数据,分别为辐射项占比和动力项占比,并计算出各站逐年数据。当行标签为站名和月份字段,数值选用这两项,根据数据透视图(见图 2-44)可以看出,安阳站 5~10 月辐射项占比高于动力项,11 月至翌年 4 月空气动力项占比高;开封站 3~10 月辐射项占比高,11 月至翌年 2 月空气动力项占比高;新乡站 4~10 月辐射项占比高,11 月至翌年 3 月空气动力项占比高;信阳站全年均为辐射项占比高,8 月两者差异最大;郑州站 3~11 月辐射项占比高,12 月至翌年 2 月空气动力项占比高。

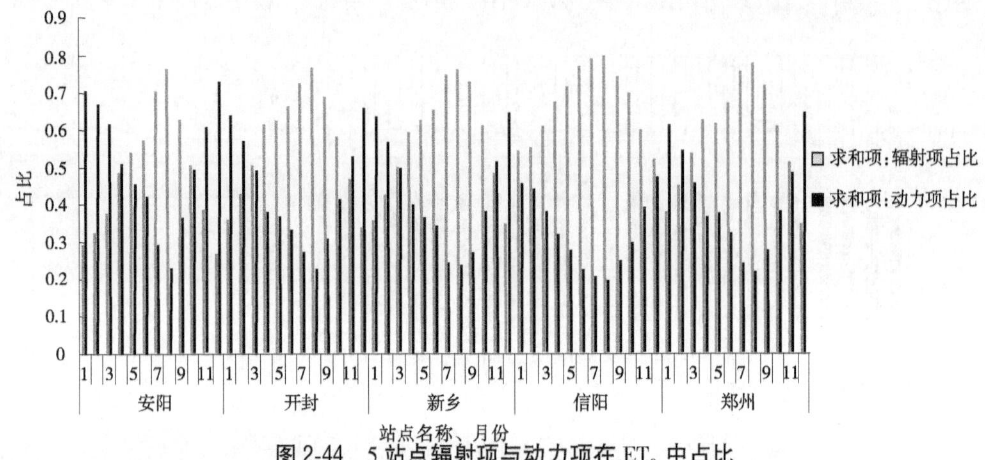

图 2-44　5 站点辐射项与动力项在 ET_0 中占比

2.7.3　土壤含水量变化分析

土壤含水量是灌溉试验中一个非常重要的指标,目前土壤水分传感器及土壤水分信息采集器技术已相对成熟,并在研究和实际生产中不断得到应用。本节以连续自动监测仪监测的土壤水分数据为例,介绍数据透视表在分析土壤水分数据中的应用。

HOBO 土壤水分数据采集器最大可连接 10 个水分传感器,数据下载后格式如表 2-5 所示,本节所用的数据采集周期为 30 min,每天可采集 48 组土壤水分信息。根据当地土壤质地、灌溉水量及耕作作物根系可能下扎深度,利用土壤水分连续监测系统分层(每 20 cm 埋设 1 个传感器)监测农田 0~100 cm 土壤含水率,标题名称以 20、40、60、80、100 代表。两个监测点的数据分别以 1、2 表示,每组 5 个传感器,两个监测点共 10 个传感器。表 2-5 为 2017 年 3 月 7~16 日在新乡七里营试验基地观测到的 502 条记录,在 Excel 中"图解标题:10843077"位于 A1 单元格。

这里需要注意的是,首先,原始下载数据是以文本格式储存的,在制作数据透视表前必须将所有文本格式数据转换为数值格式,否则,数据透视表中数值区域将只能进行计数项统计,其他函数计算结果错误。其次,由于数据透视表只能识别数据上方一行文本记录,即使选用的是表 2-5 中所有数据,在插入数据透视表后,也会自动取消表 2-5 中第一行记录,但该记录存在非常重要的信息,故需要交换表 2-5 中"1-20"~"2-100"与其下方"含水量/(m^3/m^3)"位置。最后,由于数据透视表中各列字段内容平行,无法直接进行统计计算,虽然可以使用"公式"命令增加字段用于计算 0~100 cm 土层平均土壤含水量,但在根据日期汇总时只能进行求和,无法求取平均值,故需要对原始数据增加一列,并采用

表 2-5　采用数据透视表处理的番茄试验数据存储格式

图解标题：10843077 #	日期（月-日 T 时）	时间（GMT+08:00）	1-20 土壤含水量/(m^3/m^3)	1-40 土壤含水量/(m^3/m^3)	1-60 土壤含水量/(m^3/m^3)	1-80 土壤含水量/(m^3/m^3)	1-100 土壤含水量/(m^3/m^3)	2-20 土壤含水量/(m^3/m^3)	2-40 土壤含水量/(m^3/m^3)	2-60 土壤含水量/(m^3/m^3)	2-80 土壤含水量/(m^3/m^3)	2-100 土壤含水量/(m^3/m^3)
1	03-07T17	上午 12 时 06 分 25 秒	0. 3895	0. 3934	0. 3274	0. 3476	0. 2776	0. 3978	0. 3481	0. 3394	0. 3441	0. 2911
2	03-07T17	上午 12 时 36 分 25 秒	0. 3883	0. 3927	0. 3277	0. 3476	0. 2773	0. 3978	0. 3481	0. 3397	0. 3437	0. 2914
3	03-07T17	上午 01 时 06 分 25 秒	0. 3883	0. 3927	0. 3277	0. 3476	0. 2773	0. 3985	0. 3481	0. 3397	0. 3441	0. 2914
4	03-07T17	上午 01 时 36 分 25 秒	0. 3883	0. 3927	0. 3282	0. 3476	0. 2773	0. 3978	0. 3481	0. 3402	0. 3441	0. 2914
5	03-07T17	上午 02 时 06 分 25 秒	0. 3877	0. 3934	0. 3286	0. 3476	0. 2776	0. 3971	0. 3481	0. 3406	0. 3437	0. 2914
6	03-07T17	上午 02 时 36 分 25 秒	0. 3877	0. 3920	0. 3286	0. 3481	0. 2776	0. 3978	0. 3476	0. 3406	0. 3437	0. 2914
7	03-07T17	上午 03 时 06 分 25 秒	0. 3872	0. 3920	0. 3286	0. 3481	0. 2776	0. 3978	0. 3476	0. 3406	0. 3437	0. 2919
8	03-07T17	上午 03 时 36 分 25 秒	0. 3872	0. 3915	0. 3290	0. 3486	0. 2776	0. 3971	0. 3471	0. 3410	0. 3437	0. 2919
⋮	⋮	⋮	⋮	⋮	⋮	⋮	⋮	⋮	⋮	⋮	⋮	⋮
495	03-16T17	下午 08 时 06 分 25 秒	0. 3561	0. 3561	0. 3252	0. 3471	0. 2851	0. 3782	0. 3352	0. 3308	0. 3348	0. 2967
496	03-16T17	下午 08 时 36 分 25 秒	0. 3556	0. 3563	0. 3251	0. 3471	0. 2849	0. 3787	0. 3349	0. 3308	0. 3351	0. 2967
497	03-16T17	下午 09 时 06 分 25 秒	0. 3558	0. 3559	0. 3250	0. 3471	0. 2850	0. 3782	0. 3352	0. 3308	0. 3351	0. 2967
498	03-16T17	下午 09 时 36 分 25 秒	0. 3554	0. 3559	0. 3249	0. 3471	0. 2849	0. 3787	0. 3349	0. 3304	0. 3349	0. 2967
499	03-16T17	下午 10 时 06 分 25 秒	0. 3552	0. 3561	0. 3249	0. 3471	0. 2850	0. 3782	0. 3352	0. 3304	0. 3349	0. 2967
500	03-16T17	下午 10 时 36 分 25 秒	0. 3550	0. 3561	0. 3249	0. 3469	0. 2850	0. 3785	0. 3348	0. 3307	0. 3349	0. 2967
501	03-16T17	下午 11 时 06 分 25 秒	0. 3550	0. 3561	0. 3249	0. 3469	0. 2850	0. 3782	0. 3352	0. 3308	0. 3349	0. 2967
502	03-16T17	下午 11 时 36 分 25 秒	0. 3550	0. 3559	0. 3249	0. 3469	0. 2850	0. 3780	0. 3348	0. 3305	0. 3349	0. 2967

公式 AVERAGE 求取采样点 0~100 cm 土层土壤含水量平均值。同样,由于 HOBO 土壤水分数据采集器采集的含水量数据为体积含水量,若需要计算质量含水量,则也在制作数据透视表前计算完成。本例只分析数据,故不做此项更改。

当轴字段选择日期、时间,对数据选择点 1 各层土壤含水量与平均含水量制作的数据透视图如图 2-45 所示,可明显看出各层土壤含水量随时间变化规律。

点 2 数据透视图的制作与点 1 相同,若要对比两点不同层次土壤含水量,则数值选择两字段即可。

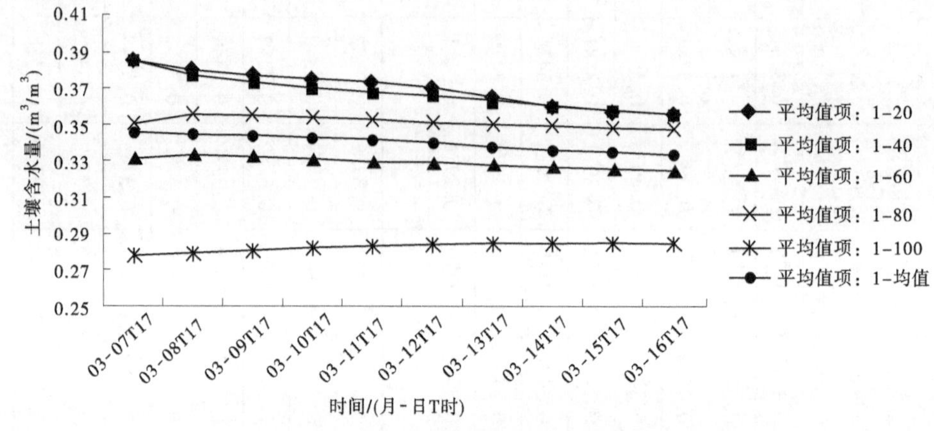

图 2-45　点 1 各层土壤含水量与平均值

本例中每天采集数据量最大为 48 条,若想对该数据进行不同时间段统计,则需要在原始数据中增加一列,对时间进行分类标记,比如将上午和下午数据分类统计,则需要增加一列:选择 D 列,右键插入,原先 D 列后的所有数据后移一列,D 列为空白,增加标题为上、下午,在单元格 D3 输入公式“=IF(C3>0.5,"下午","上午")”,虽然 C 列中时间以上下午表示,但却不能采用对字符串截取的 left 函数,因为所看到的 C 列中时间仅是由于对单元格格式采用了自定义类型“上午/下午 hh"时"mm"分"ss"秒"”所致,实际数据是以 1 表示 24 h,故 0.5 表示 12 h,大于 0.5 表示下午,小于 0.5 表示上午,函数运算是对数值的运算。同样,公式中上午和下午属于文字,需要用英文的引号""括起来。用该列替换数据透视图中的时间,就可以实现对数据采集日上午和下午的分类统计了,考虑到作物在白天和夜间的消耗不同,科学研究中有时需要对白天和夜晚的数据进行单独分析,其方法与上述上午、下午分类相同。

由于作物在不同生育期,根系下扎深度不同,若均选用 100 cm 土壤含水量均值可能与实际不符,故在不同生育期参与计算的各土层含水量数据不同,对此,数据透视表不能直接计算,可以采用变通的方法:增加根系深度列,以 1~5 数字代表深度 0~20 cm、0~40 cm、0~60 cm、0~80 cm、0~100 cm,放置在 I 列,在计算均值 J 列输入公式“IF(I3=1,D3,IF(I3=2,AVERAGE(D3:E3),IF(I3=3,AVERAGE(D3:F3),IF(I3=4,AVERAGE(D3:G3),AVERAGE(D3:H3)))))”,该公式比较长,但意思简单,容易理解。当然,这也是因为数字最大仅为 5,若采集层数较多,则需要编写一段代码,可参考本书第 5 章相关内容。

2.8　其他常用功能

2.8.1　选择性粘贴

拷贝数据时,在键盘上使用复制组合键(Ctrl+C),再粘贴(Ctrl+V)将更为高效,Excel 默认复制的不仅是单元格内容,还包括单元格公式和格式,但很多情况下仅需要将计算结果复制,这就需要使用选择性粘贴,选择性粘贴是指把剪贴板中的内容按照一定的规则粘贴到指定位置,而不是简单地拷贝。具体操作是:选择需复制的单元格内容,复制(Ctrl+C),选择需要填入的单元格,右键点击选择性粘贴,弹出“选择性粘贴”对话框,如图 2-46 所示,点选需要粘贴的规则,点击“确定”即可。此处还有一个很重要的功能“转置”,就是把横排或竖排的数行或数列单元格数据变为竖排或横排,该功能可在参考作物需水量数据的对比和进一步计算中使用。

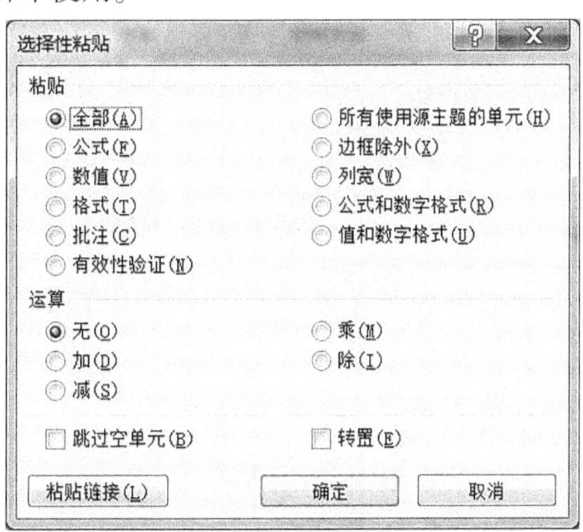

图 2-46　“选择性粘贴”对话框

“选择性粘贴”对话框中的“运算”部分可以实现复制单元格与粘贴单元格的简单运算。但因为数据被覆盖,不利于以后修改或检查出错误,因此一般选择“无”。“粘贴链接”可以直接调用复制单元格的内容,如果复制单元格内容发生变化,粘贴单元格内容也相应发生变化,这对于数据需要或将会发生更改的计算程序很重要,可以提高工作效率。该功能也可在两个工作簿中进行,但要注意,只有当两个工作簿都打开的状态下,原工作簿中的数据修改,新工作簿中才能相应修改,如果两个工作簿未同时打开,则新工作簿中的数据不能发生更改,但在编辑栏可显示原数据链接在电脑中的位置。

2.8.2　查找与替换

“开始”菜单栏中的“编辑”菜单中“查找和选择”命令可以实现对工作表内容的不同规则的查找,一般较常用的是“查找和替换”命令,点击查找或使用键盘组合键 Ctrl+F,弹出“查找和替换”对话框,键入查找内容即可。需要注意的是,“查找和替换”对话框右下角有一个“选项”命令，点击后“查找和替换”对话框将变为带有许多限定条件的“查找和替换”对话框，如图 2-47 所示。

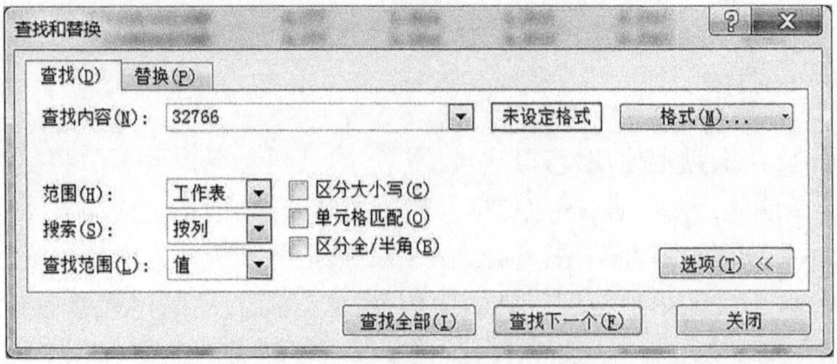

图 2-47 “查找和替换”对话框

如前所述，可以使用此功能查找气象数据中的缺测数据，搜索范围可以为工作表还可以为工作簿，可以按列或行查找，查找范围可以为值、公式、批注。“替换”命令是指对查出数据的替换，此功能与 Word 中的功能类似，不同的是可以对搜索方向和内容格式进行选择。

2.8.3 标题重复打印

在打印工作表时，如果表中内容很多，需要多页打印，而标题仅在第一行显示，打印第二页时不显示标题，这给工作带来极大的不便。Excel 提供了标题重复打印功能，使每页内容打印时都有标题。具体操作为：点击“页面布局”菜单栏中的“打印标题”命令，弹出“页面设置”对话框，如图 2-48 所示，选择“工作表”命令，设置打印区域及顶端行或左端标题列，点击“确定”即可，其他选项可按需要自行选择。

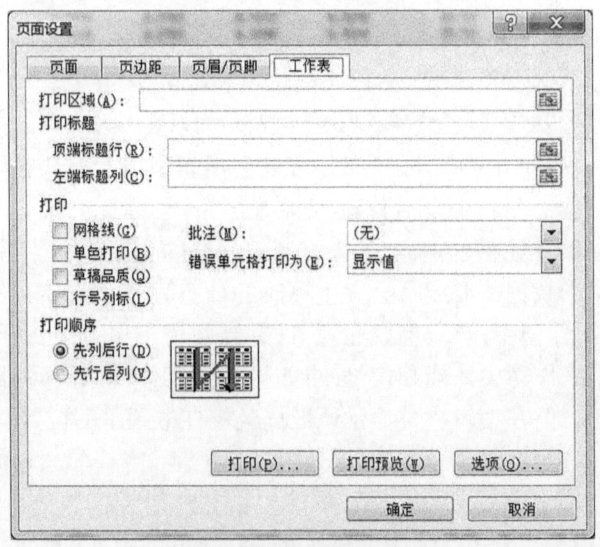

图 2-48 “页面设置”对话框

2.8.4　数据分列

有时下载的自动采集数据的记录格式被设定为日期和时间在同一个单元格内，比如“2017-3-6　13:06:25”，不利于对数据进行汇总分析，可使用分列功能。

首选，选择所要分列的整列或单个数据，在 Excel 功能区，点击“数据”→“数据工具”下的“分列”，进入分列向导菜单（见图 2-49），根据内容选择分隔符号或固定宽度，一般选择分隔符号，点击“下一步”，可看到“Tab 键”“分号”“逗号”“空格”4 种分隔符号，若不能确定文件所选用的分隔符号，可以将 4 种一一尝试，在数据预览页可看到选择是否正确，也可以都选中，只要分割符号有任一种均可，当然，也可以根据实际情况进行选择，比如原始设定的为“/”，则勾选其他，输入“/”，点击“下一步”，进入列数据格式设定，可在此对数据进行格式设定，也可不设定，在数据分列后再针对显示情况更改数据格式。

注意，这里在点击“完成”后系统会提示是否替换目标单元格内容？如果点击“取消”，则刚才的操作无效，文件不做任何改动，如果点击“确定”，则选中列数据将被分成两列，其右侧相邻列内容将被替换，故在做分列命令前应先在选中列右侧插入一空列。

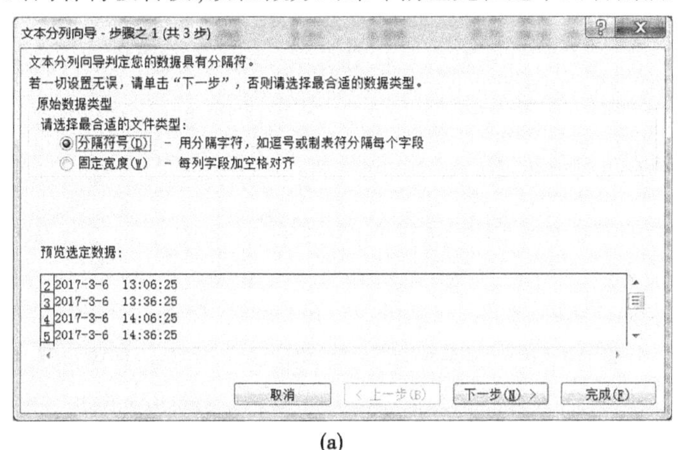

(a)

(b)

图 2-49　文本分列向导

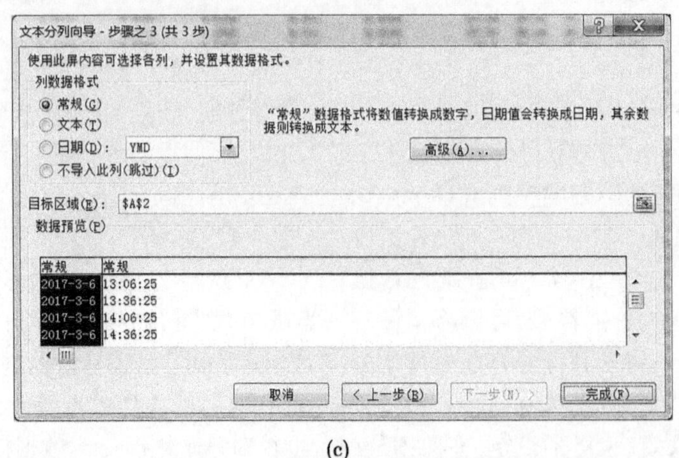

(c)

续图 2-49

该功能也在使用气象部门提供的气象数据时使用。自中华人民共和国成立以来，我国建立了几百个气象站点，历年采集的数据累积量极为巨大，而 Excel 存储量有限，故一般采用 txt 文件存储，其数据间通常以空格键分隔，使用分列功能可方便地将数据在 Excel 中分列显示，以便后续分析使用。

2.8.5 “Ctrl”键和“Shift”键

在 Excel 中输入公式后习惯上使用“Enter”键来执行该单元的编辑结束，需要向下填充公式时可使用拖移单元格右下角的填充柄“十”完成。此外，还可以使用“Ctrl+Enter”组合键。首先选中需要填充公式的所有区域，在编辑栏输入公式，完成后按组合键“Ctrl+Enter”，可发现刚才选中的所有区域都已填充入公式。注意，这里必须在编辑栏输入，完成后如果直接按“Enter”键，那仅能对第一个单元格进行编辑。若已经这样操作了，也可以再选择包含编辑过的单元格的所有填充区域，点击编辑栏，再使用组合键“Ctrl+Enter”。

组合键“Ctrl+Shift+Enter”可以将计算数据转换为数组。比如统计函数 Large(array, k)可以返回一组数据中第 k 个最大值，ROW(reference)函数可以返回引用的行号，假设在 A1:A10 单元格中存在 10 个数据，选择区域 B1:B3，并在编辑栏中输入公式“=LARGE(A1:A10,ROW(1:3))”，按组合键“Ctrl+ Shift+Enter”后可发现，单元格 B1、B2、B3 中分别为 A1:A10 单元格中的按从大到小排列的前 3 个数据，B1、B2、B3 单元格编辑栏公式被大括号“{}”括起来了，表示数组。另外，可与其他函数结合使用，比如在 C1 单元格中输入公式“=AVERAGE(LARGE(A1:A10,ROW(1:3)))”，按组合键“Ctrl+ Shift+Enter”，返回 A1:A10 单元格中的按从大到小排列的前 3 个数据的平均值，仅按“Enter”键，则返回 A1:A10 单元格中最大的数据。

需要注意的是，对于结果为数组的公式更改，“Enter”将失效，同时，Excel 将提示不能更改数据的某一部分，要确定修改，则仍需使用“Ctrl+Shift+Enter”组合键，若撤销，则可使用键盘左上角的“Esc”键。

2.8.6　显示公式命令

如果想展示或快速获取一个 Excel 文件中所用公式,可以使用 Excel 菜单栏中的公式,在公式审核功能块中,有一行命令“显示公式”,点击该命令,则当前 Sheet 表中使用的公式均显示出来,即仅显示公式,不显示结果。在这里,也可以使用“追踪引用单元格”,快速地找出当前单元格公式中引用的单元格为哪个。“移去箭头”命令可以取消为了显示前两个操作页面显示的箭头。

第 3 章　方差分析

灌溉试验是一项涉及农学、水利、土壤、栽培、气象等多方面、多因素的试验工作。为探索灌溉试验中试验因素与处理水平及试验结果之间的相应关系,用简单的对比方法难以科学反映,必须借助多种数理统计方法才能科学合理地揭示明确其中的定性和定量关系。本章将详细介绍灌溉试验中常用的数据分析方法——方差分析的计算原理及步骤。

在灌溉试验中,为了明确各处理间试验结果是否有差异,差异是否显著,进一步分析处理效应与误差效应,并对处理效应和误差效应进行概率上的估计,需要对试验结果进行方差分析。

根据试验设计类型选择相应的方差分析方法,单因素试验可用单因素方差分析或无重复双因素分析,双因素试验可用可重复双因素分析。

3.1　常用统计量

Excel 2007 中内置 83 个统计函数,具体指标与描述见附录 2.8,本节仅介绍灌溉试验中常用统计量。

3.1.1　算术平均数

算术平均数,又称均值,是统计学中最基本、最常用的一种平均指标,可分为简单算术平均数、加权算术平均数。简单算术平均数是加权算术平均数的一种特殊形式(特殊在于各项的权重相等)。在实际问题中,当各项权重不相等时,就需要采用加权算术平均数计算。

一组数据中各观测值的总和除以观测值个数所得的商数,称为简单算术平均数,通常所说的算术平均数指的就是简单算术平均数,其基本公式为

$$\bar{x} = \frac{x_1 + x_2 + \cdots + x_n}{n} = \frac{\sum_{i=1}^{n} x_i}{n} \quad (i = 1,2,\cdots,n) \tag{3-1}$$

式中:$\bar{x}$ 为均数;x_i 为变量(观测值);$\sum_{i=1}^{n} x_i$ 为变量(观测值)总和;n 为样本中个体数。

在 Excel 中采用统计函数 AVERAGE(number1,number2,…)表述。需要注意的是,如果区域或单元格引用参数包含文本、逻辑值或空单元格,这些值将被忽略,如果参数为错误值或不能转换为数字的文本,将会导致错误。若要在计算中包含引用中的逻辑值和代表数字的文本,需要采用 AVERAGEA 函数,若要只对符合某些条件的值计算平均值,需要使用 AVERAGEIF 函数或 AVERAGEIFS 函数。

为了减小试验误差,有时需要对数据集进行去除部分最高值、最低值,再计算平均值,

对该类情况,可以采用 TRIMMEAN 函数,即根据百分比去除数据集头部和尾部的数据点,再求平均值。语法为 TRIMMEAN(array,percent),array 为需要进行整理并求平均值的数组或数值区域,percent 为计算时所要除去的数据点的比例。如果 percent = 0.2,在 39 个数据点的集合中,就要除去 6 个数据点(头部除去 3 个,尾部除去 3 个)。这里数据的去除原则是向下取整,即 39×0.2=7.8,7.8÷2=3.9,向下取整为 3。

3.1.2　众数

众数,是指在统计分布上具有明显集中趋势点的数值,代表数据的一般水平,也是一组数据中出现次数最多的数值,主要应用于大面积普查研究。

如果所有数据出现的次数都一样,那么这组数据没有众数;如果有两个或两个以上的数出现次数相同,且最多,那么这几个数都是这组数据的众数,比如冬小麦分蘖数据 15、17、18、15、18、20 中,15 和 18 都出现了两次,它们都是这组数据中的众数。在 Excel 中采用统计函数 MODE(number1,number2,…)表述,当一组数据中有两个或两个以上众数时,在 Excel 2007 中仅能返回一个,其为一组数据中最先出现的数据,本例中将返回 15 而不是 18。即使选择两个单元格,使用了组合键“Ctrl+Shift+Enter”,也仅能得到 15 这 1 个结果。对此,在 Excel 2010 中提供了 MODE. MULT 函数,以数组形式输入数据,结果也以数组形式输出,显示在不同的单元格中。具体操作步骤为:首先选择 B1:B6 单元格,输入公式“=MODE. MULT(A1:A6)”,点击“Ctrl+Shift+Enter”组合键,B1、B2 单元格显示众数 15 和 18,B3:B6 单元格显示#N/A,表明输入数组中有 2 个众数(见图 3-1)。

	A	B	C
1	15	=MODE.MULT(A1:A6)	
2	17		
3	18		
4	15		
5	18		
6	20		

	A	B
1	15	15
2	17	18
3	18	#N/A
4	15	#N/A
5	18	#N/A
6	20	#N/A

图 3-1　利用 Excel 2010 计算众数

众数求法简便,不受极端数据的影响,当数值或被观察者没有明显次序时特别有用,如果个别数据有很大的变动,其可靠性较差,相比而言,中位数较适合。

3.1.3　中位数

中位数,即一组数据中间的数,表示这组数据的“集中趋势”,不受数据极大值或极小值的影响。对于一组有限个数的数据来说,它们的中位数是这样的一种数:这个数组中一半的数据值比它大,而另外一半的数据值比它小。计算有限个数据组成的中位数的方法是:把所有的同类数据按照大小顺序排列,如果数据的个数是奇数,则中间那个数据就是这个有限数据组的中位数;如果数据的个数是偶数,则中间那 2 个数据的算术平均值就是这个有限数据组的中位数。中位数用 $m_{0.5}$ 表示,一组数据从小到大排序为 $X_{(1)}$,…,

$X_{(N)}$，当 N 为奇数时，$m_{0.5}=X_{[(N+1)/2]}$；当 N 为偶数时，$m_{0.5}=\frac{X_{(N/2)}+X_{(N/2+1)}}{2}$。

在 Excel 中采用统计函数 MEDIAN(number1,number2,…)表述。

平均数、众数和中位数均可以作为一组数据的代表来反映问题的各种情况。所不同的是:平均数的大小与一组数据里的每个数据均有关系,其中任何数据的变动都会相应引起平均数的变动,对数据的变化比较敏感,与中位数和众数相比,平均数有时能够获得更多的信息,是一组数据的重心。与平均数相比,用众数代表一组数据,可靠性较差,但若对同样本进行统计,由于环境、观察者习惯等外界因素的影响导致的数据差异,用众数代表该组数据较为合适。在一组数据中,如果个别数据有很大的变动,选用中位数表示这组数据的"集中趋势"就比较适合。三种数据表示方法特点各异,只有准确理解每种方法所表述的意思,才能在灌溉试验中选用合适的表示方法,准确地表达一组数据的内涵。

3.1.4 相关系数

相关系数,是反映变量之间相关关系密切程度的统计指标,以两变量与各自平均值的离差为基础,通过两个离差相乘来反映两变量之间的相关程度。反映两变量间线性相关关系的统计指标称为简单相关系数,也叫线性相关系数,一般用字母 r 表示,其计算公式如式(3-2)所示;反映因变量与多个自变量之间的相关关系称为复相关系数,也叫多重相关系数;典型相关系数是先对原来各组变量进行主成分分析,得到新的线性关系的综合指标,再通过综合指标之间的线性相关系数来研究原各组变量间相关关系。在灌溉试验中,经常用到的相关系数即线性相关系数,如分析作物需水量的年际变化趋势;多重相关系数可以用来分析作物产量与穗数、小穗数、穗粒重等产量构成指标之间的关系;若前两种方法无法分析出各指标间的相关关系,可采用典型相关系数进行分析。

$$r=\frac{\sum_{i=1}^{n}(x_i-\bar{x})(y_i-\bar{y})}{\sqrt{\sum_{i=1}^{n}(x_i-\bar{x})^2\cdot\sum_{i=1}^{n}(y_i-\bar{y})^2}} \tag{3-2}$$

式中:r 为线性相关系数,其取值范围为$[-1,1]$;x、y 为变量。

$r>0$,表示两变量之间正相关;$r<0$,表示两变量之间负相关;$r=0$,表示两变量间无线性相关关系;$r=1$,表示两变量为完全线性正相关;$r=-1$,表示两变量为完全线性负相关,两变量存在函数关系。

$|r|$值越大,变量之间的线性相关程度越高;$|r|$值越接近 0,变量之间的线性相关程度越低。通常$|r|>0.75$时,认为两个变量有很强的线性相关性。

在 Excel 中采用统计函数 CORREL(array1,array2)表述。array1、array2 分别表示两个数组变量,要求数据点个数相同,否则将返回错误值#N/A;若 array1、array2 数组中或引用的参数包含文本、逻辑值、空白单元格,则这些值将被忽略,但包含零值的单元格将计算在内;若 array1 或 array2 为空,或任一个数组只有一个数据,或其数值的标准偏差等于零,则函数将返回错误值#DIV/0!。

另外,Excel 数据分析中还提供了另一种相关系数的计算方法,点击 Excel 功能区中的数据→数据分析→相关系数，打开“相关系数”对话框，如图 3-2 所示。

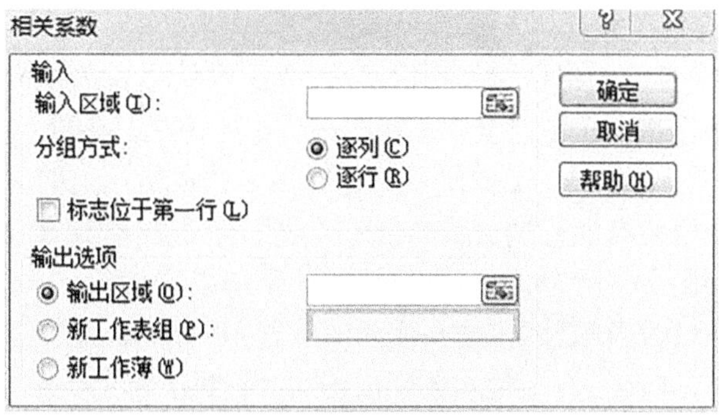

图 3-2　“相关系数”对话框

点击“输入区域”右侧，选择需要分析的数据，根据数据分组方式选择逐列或逐行，并根据选择数据时是否包含标题对“标志位于第一行”进行勾选，输出选项可以根据需要选择当前 Sheet 表空白区域、新 Sheet 表、新工作簿，点击“确定”，输出变量间相关系数(见图 3-3)。

	列 1	列 2	列 3
列 1	1		
列 2	-0.05188	1	
列 3	-0.14127	-0.48041	1

图 3-3　相关系数结果

在计算两变量相关系数时，统计函数 CORREL 较为方便，当变量较多时，采用第二种方法较好，可以得出任意两变量间的相关系数。

3.1.5　计数函数

在试验中，经常需要掌握一组数据的外部特性，Excel 提供有满足不同条件的五种函数：COUNT(value1,value2,…)用以计算区域中包含数字的单元格个数，COUNTA(value1,value2,…)用以计算区域中非空单元格个数，COUNTBLANK(range)用以计算区域中空单元格个数，COUNTIF(range,criteria)用以计算区域中满足给定条件的单元格数目，COUNTIFS(range1,criteria1,range2,criteria2,…)统计一组给定条件所指定的单元格个数。

单从函数本身功能来说，使用率不高，但其对于运用宏进行快速数据处理来说是非常重要的，在进行叶面积快速计算时，需要 COUNTA 函数计算每行数据量，确定程序转折点。

COUNTIF 函数可以用来统计一些特殊情况下的单元格个数，比如在气象数据中查找 Excel 缺测数据个数，或在作物需水量数据库中查找异常大或异常小的数据个数，此功能与功能栏中筛选命令较为相似。另外，条件中可以使用通配符问号(?)和星号(*)，问号(?)匹配任意单个字符，星号(*)匹配任意一串字符，如果要查找实际的问号或星号，只需在该字符前加上波形符(~)即可。

3.1.6　预测函数

试验研究的最终目的是将作物生长数据化，根据作物生长需要匹配最合适的方案获得最高的效益，根据作物生长情况准确预测未来作物所需是其中的关键。Excel 提供了三种预测函数 GROWTH、TREND、FORECAST，这三种函数在使用上的区别仅限于预测值输入位置的不同，拟合原则有所不同，GROWTH 使用的是曲线预测，而 TREND、FORECAST 是直线预测，取值偏向于平均再预测，两种方式计算结果有偏差，当数据系列趋势接近直线时，TREND、FORECAST 函数预测值与实际值接近，如果数据为严格的直线关系（$y=ax+b$），TREND、FORECAST 函数预测值与实际值相同，两者的不同仅为对截距的强制归零与否，TREND(known_y's,known_x's,new_x's,const)中的 const 参数可以使拟合直线的截距强制归零，而 FORECAST(x,known_y's,known_x's)无该功能；当数据系列趋势接近指数时，GROWTH 函数预测值与实际值接近，如果数据为严格的指数关系（$y=e^x$），GROWTH 函数预测值与实际值相同。需要注意的是，采用 GROWTH 函数计算的预测值并不等同于趋势线拟合公式计算值，也不等同于真实值。例如，以公式 $y=e^x+3$ 为例，x 为 1～31 的数字，带入公式计算出所有真实值，并计算得到 $x=0.003$ 时 $y=4.003$，绘图进行指数趋势拟合公式 $y=1.1769e^{(0.9925x)}$，当 $x=0.003$ 时 $y=1.180409$，采用 GROWTH 函数计算 $x=0.003$ 时 $y=1.180448$，GROWTH 函数计算值与趋势拟合值很接近，但与真实值相差甚远。

3.1.7　斜率与截距

SLOPE 函数可以计算一组数据点拟合的线性回归直线的斜率，格式为 SLOPE(known_y's,known_x's)，要求 known_y's 和 known_x's 数据点个数相同，如果不同或为空，则函数返回错误值#N/A。

计算公式为

$$b=\frac{n\sum xy-\sum x\sum y}{n\sum x^2-\left(\sum x\right)^2}\tag{3-3}$$

式中：b 为斜率；x、y 为变量；n 为样本量。

对于需水量的年际变化趋势，一般采用气候倾向率表示，即采用 SLOPE 函数计算，其为正值，表示需水量在计算时段内线性增加；其为负值，表示需水量在计算时段内线性减少。

INTERCEPT 函数可以计算一组数据点拟合的直线与 y 轴的截距。与 SLOPE 函数搭配使用可以直接得出一组数据拟合的直线方程。

通常对一组数据采用绘制散点图再添加线性趋势线的方法得到其拟合的线性方程及相关系数平方，其方程即采用 SLOPE 和 INTERCEPT 函数，相关系数采用上述介绍的 CORREL 函数计算：

Y=SLOPE(known_y's,known_x's)·X+INTERCEPT(known_y's,known_x's)

R^2=CORREL(array1,array2)^2

在方程中带入下一点的 x 值,可以预测相应的 y 值,其结果与预测函数 TREND、FORECAST 相同。

通过方程计算的 y 值与真实值之间有一定的误差,函数 STEYX(known_y's,known_x's)可以用来度量根据单个 x 变量计算出的 y 预测值的误差量,这里的预测方法是线性回归法。

计算公式为

$$S = \sqrt{\left[\frac{1}{n(n-2)}\right]\left[n\sum y^2 - \sum y^2 - \frac{\left(n\sum xy - \sum x\sum y\right)^2}{n\sum x^2 - \left(\sum x\right)^2}\right]} \tag{3-4}$$

式中:S 为以线性回归法计算的 y 预测值的误差量,在回归分析中称标准误差;x、y 为变量真实值;n 为样本量。

3.1.8　标准偏差

计算样本的标准偏差是对试验数据分析的基础变量,反映了数值相对于平均值的离散程度。格式为 STDEV(number1,number2,…),计算公式为

$$\sqrt{\frac{\sum (x-\bar{x})^2}{n-1}} = \sqrt{\frac{n\sum x^2 - \left(\sum x\right)^2}{n(n-1)}} \tag{3-5}$$

计算整个样本总体的标准偏差函数为 STDEVP(number1,number2,…),计算公式为

$$\sqrt{\frac{\sum (x-\bar{x})^2}{n}} = \sqrt{\frac{n\sum x^2 - \left(\sum x\right)^2}{n^2}} \tag{3-6}$$

STDEV 和 STDEVP 两个函数的区别在于数据量的认定,如果是整个样本总体,则选用 STDEVP 函数,仅为总体中的一部分,则选用 STDEV 函数,对于大样本容量,两个函数计算结果大致相等。在灌溉试验中,往往很难获取大容量样本,一般选用 STDEV 函数计算标准偏差。

函数 STDEVA 和 STDEV 的区别仅限于对文本值和逻辑值的处理,STDEV 函数要求参数为数字或包含数字的名称、数组或引用,数组或引用中的空白单元格、逻辑值、文本或错误值将被忽略;STDEVA 函数可以处理参数为逻辑值和代表数字的文本,包含逻辑值 TRUE 的参数被作为 1 计算,包含文本或逻辑值 FALSE 的参数被作为 0 计算。函数 STDEVP 和 STDEVPA 区别同上。

利用 STEYX 可以计算通过线性回归法计算的 y 预测值的误差量,该误差量也可通过 STDEV 函数计算,首先根据 SLOPE 函数和 INTERCEPT 函数计算线性回归方程,带入 x 值计算 y 预测值,逐一计算真实值与预测值之差,再采用 STDEV 函数计算其标准偏差,STEYX 函数与 STDEV 函数的转换关系如下:

$$\text{STEYX} = \sqrt{\frac{\text{STDEV}^2 \times (n-1)}{n-2}} = \text{STDEV} \cdot \sqrt{\frac{n-1}{n-2}} \tag{3-7}$$

根据式(3-4)、式(3-7)可写出 STEYX 函数和 STDEV 函数的数学表达式为

$$STEYX = \sqrt{\frac{1}{n(n-2)}} \cdot \sqrt{n\sum y^2 - (\sum y)^2 - \frac{(n\sum xy - \sum x\sum y)^2}{n\sum x^2 - (\sum x)^2}} \quad (3\text{-}8)$$

$$STDEV = \sqrt{\frac{1}{n(n-1)}} \cdot \sqrt{n\sum y^2 - (\sum y)^2 - \frac{(n\sum xy - \sum x\sum y)^2}{n\sum x^2 - (\sum x)^2}} \quad (3\text{-}9)$$

式中:STEYX函数计算的为以线性回归法计算的y预测值的误差;STDEV函数计算的为以线性回归法计算的y预测值与真实值的标准误差。

在Excel中,STEYX计算参数需要输入成对的x和y的真实观测值;STDEV函数仅需要输入一组观测值,匹配STEYX函数输入的为线性回归法的残差(真实值与预测值之差)。

式(3-8)和式(3-9)的后半部分完全相同,与式(3-5)相比,可发现其数学运算的核心是样本值与均值之差的平方和,不同的是对样本量的处理,这可理解为自由度不同,该内容与3.2节部分相似。

3.1.9 指定位置的数据

在灌溉试验中,经常需要对一组数据进行不同角度的对比分析,求平均值、最大值、最小值等。例如,在计算不同水文年降雨量时,首先需要对逐年降雨量进行排序,计算频率,寻找降雨量对应的水文年。函数MAX(number1,number2,…)可以求出一组数据中的最大值,函数MIN(number1,number2,…)可以求出一组数据中的最小值。函数LARGE(array,k)用于求取数据集中第k个最大值,当$k=1$时,函数LARGE等同于函数MAX,函数SMALL(array,k)用于求取数据集中第k个最小值,当$k=1$时,函数SMALL等同于函数MIN。函数RANK(number,ref,order)可以计算某数在一列数字中相对于其他数值的大小排名,如果列表已排过序,则数字的排位就是它当前的位置,number为需要找到排位的数字,ref为数字列表数组,order为0或省略,则数字列表以降序排列,order不为0,则数字列表以升序排列。RANK函数与LARGE函数、SMALL函数意义相似,以RANK函数计算任意一个数据以降序排列的排名,等于参数k时,LARGE函数计算结果即为RANK函数的number。同理,以RANK函数计算任意一个数据以升序排列的排名,等于参数k时,SMALL函数计算结果即为RANK函数的number。

3.1.10 方差

对试验中获取的数据进行分析时,经常需要计算样本方差。Excel提供内置函数VAR(number1,number2,…)可以直接对一组试验数据进行方差计算,这里number为样本参数,即参加样本估算的单元格。VAR函数假设其参数是样本总体中的一个样本,如果数据为整个样本总体,则应使用函数VARP计算方差。另外,VAR函数的计算不包含逻辑值或文本值,即遇到参数是逻辑值或代表数字的文本,则该单元格被忽略;如果要计算包含逻辑值或文本值的样本方差,则可用VARA函数,相对的VARPA函数用于计算整个样本总体的方差且包含逻辑值或文本值。

函数 VAR 的计算公式为 $\frac{n\sum x^2-(\sum x)^2}{n(n-1)}$，函数 VARP 的计算公式为 $\frac{n\sum x^2-(\sum x)^2}{n^2}$，其中 x 为样本观测值，n 为样本大小。

由 VAR 函数的数学表达与式(3-5)可知，VAR 函数与 STDEV 函数的关系为 STDEV = $\sqrt{\text{VAR}}$，同样，STDEVP = $\sqrt{\text{VARP}}$。

样本方差 VAR 和样本总体方差 VARP 的区别：假设采用大田试验，种植作物为冬小麦，试验面积为 60 m^2，而随机取样仅为 20 株，则应采用样本方差计算；如果采用桶栽试验，种植作物为西红柿或棉花等单株作物，对所有试验样本进行采样，则将使用 VARP 函数计算试验方差。

3.2　单因素方差分析

单因素方差分析可用于单因素完全随机试验，以不同施肥量对小麦植株含氮量的影响为例说明。

试验共设置 6 个施肥水平，即 6 个处理，每个处理重复 5 次，共 30 个处理，采样获得不同处理小麦植株含氮量见表 3-1。

表 3-1　不同施肥量下的小麦植株含氮量(重复数相同)　单位：mg/g

项目	处理 1	处理 2	处理 3	处理 4	处理 5	处理 6
重复 1	2.9	4.0	2.6	0.5	4.6	4.0
重复 2	2.3	3.8	3.2	0.8	4.6	3.3
重复 3	2.2	3.8	3.4	0.7	4.4	3.7
重复 4	2.5	3.6	3.4	0.8	4.4	3.5
重复 5	2.7	3.6	3.0	0.5	4.4	3.7

将所有数据输入 Excel 表中，点击菜单栏“数据”→数据分析→单因素方差分析，在弹出菜单栏(见图 3-4)中，输入区域选择单元格为“处理 1”与“3.7”间的所有单元格，分组方式选择“列”，勾选“标志位于第一行”，α 一般为 0.05 或 0.01，输出区域可以是页面上任意一个单元格，也可以是新工作表或新工作簿，本例选择当前工作表内任意空白区域。点击“确定”后，直接输出方差分析结果(见图 3-5)。

方差分析结果由两部分组成：SUMMARY 表和方差分析表。

SUMMARY 表提供各处理试验观测重复数、累计值、平均值和方差。观测数即各处理同一指标的观测次数，一般数据相同，不同时仅影响组内/误差自由度计算。求和列即根据函数 SUM(number1，number2，…)计算的结果，为各处理观察值的和。平均列即根据函数 AVERAGE(number1，number2，…)计算的结果，为各处理观察结果的平均值。求和列除以观测数列等于平均列。方差列为根据函数 VAR(number1，number2，…)计算的结果，

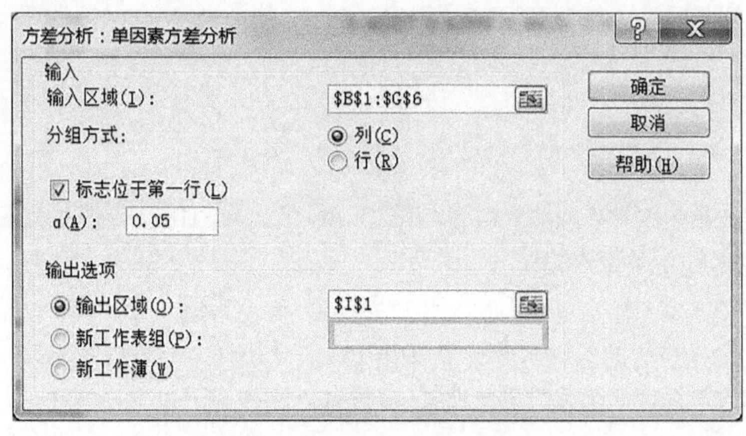

图 3-4　单因素方差分析选择框

方差分析：单因素方差分析

SUMMARY

组	观测数	求和	平均	方差
处理1	5	12.6	2.52	0.082
处理2	5	18.8	3.76	0.028
处理3	5	15.6	3.12	0.112
处理4	5	3.3	0.66	0.023
处理5	5	22.4	4.48	0.012
处理6	5	18.2	3.64	0.068

方差分析

差异源	SS	df	MS	F	P-value	F crit
组间	44.463	5	8.8926	164.1711	9.62346E-18	2.6206541
组内	1.3	24	0.0541667			
总计	45.763	29				

图 3-5　单因素方差分析结果

为各处理观察值的方差。

方差分析表中，组间表示处理间，组内表示误差项。SS 代表离差平方和，从上向下分别为组间离差平方和、组内离差平方和以及总离差平方和，分别以字母 SSA、SSE、SST 表示。“df”为自由度，组间自由度即处理间的变异，故“$df_A = a-1$”，a 为处理总数，本例 $a=6$，$df_A=5$；组内的变异是由每组/处理内的观察值个数/重复数引起的，每组/处理自由度 $r-1$，共有 a 组/处理，故组内自由度 $a(r-1)=n-a$，即误差“$df_E = n-a$”，本例 $r=5$，$df_E=6\times(5-1)=24$；总自由度=组间自由度+组内自由度 $=a-1+n-a=n-1$，即“$df_T=n-1$”，n 为样本总量 $=a\cdot r=6\times5=30$。MS 代表平均平方，即离差平方和除以各自自由度，从上向下分别为组间平均平方和组内平均平方，分别以字母 MSA 和 MSE 表示，“$MSA=SSA/df_A$，$MSE=SSE/df_E$”；“F”代表 F 值，为组间平均平方除以组内平均平方；P-value 代表 F 分布的概率，可用函数 FDIST(x,degrees_freedom1,degrees_freedom2)计算，x 为左侧计算的 F 值，其余两个为自由度，degrees_freedom1 为组间自由度，degrees_freedom2 为组内自由度；

F crit 为 F 临界值,可用函数 FINV(probability,degrees_freedom1,degrees_freedom2)计算,probability 为与 F 累积分布相关的概率值,可以是 0.05 或 0.01,degrees_freedom1 为组间自由度,degrees_freedom2 为组内自由度。

为了直观了解方差分析表中各指标的计算过程,提供图 3-6 以供参考。

方差分析

差异源	SS	df	MS	F	P-value	F crit
组间/处理	SSA	df_A=a-1	MSA=SSA/df_A	F=MSA/MSE	FDIST(F, df_A, df_E)	FINV(0.05, df_A, df_E)
组内/误差	SSE	df_E=n-a	MSE=SSE/df_E			
总计	SST	df_T=n-1				

图 3-6　单因素方差分析结果中各项计算方法

其中:

$$SSA = \sum \sum (\bar{x}_i - \bar{\bar{x}})^2 = \sum n_i(\bar{x}_i - \bar{\bar{x}})^2 \quad (3\text{-}10)$$

式中:i 为处理;$\bar{x}_i$ 为各处理均值;n_i 为各处理观察值个数;$\bar{\bar{x}}$ 为所有样本的均值。

用各组(处理)均值减去总均值的离差的平方,乘以各组(处理)观察值个数(重复数),再累加,可得到 SSA。可以看出,它所表现的是组间/处理间差异,其中既包括随机因素,也包括系统因素。

$$SSE = \sum \sum (x_{ij} - \bar{x}_i)^2 \quad (3\text{-}11)$$

式中:i 为处理;j 为重复;x_{ij} 为各处理样本观察值;$\bar{x}_i$ 为各处理均值。

先计算每个样本观察值减去相应组/处理内均值的离差的平方,再累加,可得 SSE。$\bar{x}_i$ 反映的是水平内部或组内观察值的离散状况,即反映了随机因素带来的影响。

$$SST = \sum \sum (x_{ij} - \bar{\bar{x}})^2 \quad (3\text{-}12)$$

式中:i 为处理;j 为重复;x_{ij} 为各处理样本观察值;$\bar{\bar{x}}$ 为所有样本的均值。

先计算每个样本观察值减去总均值的离差的平方,再累加,可得 SST。$\bar{\bar{x}}$ 反映了离差平方和的总体情况。

$$\begin{aligned} SST &= \sum \sum (x_{ij} - \bar{\bar{x}})^2 = \sum \sum [(x_{ij} - \bar{x}_i) + (\bar{x}_i - \bar{\bar{x}})]^2 \\ &= \sum \sum (x_{ij} - \bar{x}_i)^2 + \sum \sum (\bar{x}_i - \bar{\bar{x}})^2 + 2\sum \sum (x_{ij} - \bar{x}_i)(\bar{x}_i - \bar{\bar{x}}) \end{aligned} \quad (3\text{-}13)$$

在各组同为正态分布、等方差的条件下,等式右边最后一项为零,故有

$$SST = \sum \sum (x_{ij} - \bar{\bar{x}})^2 = \sum \sum (x_{ij} - \bar{x}_i)^2 + \sum \sum (\bar{x}_i - \bar{\bar{x}})^2 = SSE + SSA \quad (3\text{-}14)$$

对于 SST,自由度 df_T 为 $n-1$,因为它只有一个约束条件,即 $\sum \sum (x_{ij} - \bar{\bar{x}}) = 0$。

对于 SSA,自由度 df_A 为 $a-1$,这里 a 表示处理总数,它也有一个约束条件,即 $\sum n_i (\bar{x}_i - \bar{\bar{x}}) = 0$。

对于 SSE,自由度 df_E 为 $n-a$,因为对每一个处理而言,其观察值个数为 n_i,该处理下的自由度为 n_i-1,总共有 a 个处理,因此拥有自由度的个数为 $a(n_i-1)=n-a$。

与离差平方和一样,SST、SSA、SSE 之间的自由度也存在关系,即

$$df_T = n - 1 = (a - 1) + (n - a) = df_A + df_E \tag{3-15}$$

本例中，$i = 1,2,\cdots,6$；$\bar{x}_1 = 2.52, \bar{x}_2 = 3.76, \bar{x}_3 = 3.12, \bar{x}_4 = 0.66, \bar{x}_5 = 4.48, \bar{x}_6 = 3.64$；$\bar{\bar{x}} = 3.03$。

$$\begin{aligned} SSA &= \sum\sum(\bar{x}_i - \bar{\bar{x}})^2 = \sum n_i(\bar{x}_i - \bar{\bar{x}})^2 \\ &= 5 \times [(2.52 - 3.03)^2 + (3.76 - 3.03)^2 + (3.12 - 3.03)^2 + (0.66 - 3.03)^2 + \\ &\quad (4.48 - 3.03)^2 + (3.64 - 3.03)^2] = 5 \times 8.8926 = 44.463 \end{aligned}$$

$$\begin{aligned} SSE &= \sum\sum(x_{ij} - \bar{x}_i)^2 \\ &= (2.9 - 2.52)^2 + (2.3 - 2.52)^2 + (2.2 - 2.52)^2 + (2.5 - 2.52)^2 + (2.7 - 2.52)^2 + \\ &\quad (4.0 - 3.76)^2 + (3.8 - 3.76)^2 + (3.8 - 3.76)^2 + (3.6 - 3.76)^2 + (3.6 - 3.76)^2 + \\ &\quad (2.6 - 3.12)^2 + (3.2 - 3.12)^2 + (3.4 - 3.12)^2 + (3.4 - 3.12)^2 + (3.0 - 3.12)^2 + \\ &\quad (0.5 - 0.66)^2 + (0.8 - 0.66)^2 + (0.7 - 0.66)^2 + (0.8 - 0.66)^2 + (0.5 - 0.66)^2 + \\ &\quad (4.6 - 4.48)^2 + (4.6 - 4.48)^2 + (4.4 - 4.48)^2 + (4.4 - 4.48)^2 + (4.4 - 4.48)^2 + \\ &\quad (4.0 - 3.64)^2 + (3.3 - 3.64)^2 + (3.7 - 3.64)^2 + (3.5 - 3.64)^2 + (3.7 - 3.64)^2 \\ &= 0.33 + 0.11 + 0.45 + 0.09 + 0.05 + 0.27 = 1.3 \end{aligned}$$

$$\begin{aligned} SST &= \sum\sum(x_{ij} - \bar{\bar{x}})^2 \\ &= (2.9 - 3.03)^2 + (2.3 - 3.03)^2 + (2.2 - 3.03)^2 + (2.5 - 3.03)^2 + (2.7 - 3.03)^2 + \\ &\quad (4.0 - 3.03)^2 + (3.8 - 3.03)^2 + (3.8 - 3.03)^2 + (3.6 - 3.03)^2 + (3.6 - 3.03)^2 + \\ &\quad (2.6 - 3.03)^2 + (3.2 - 3.03)^2 + (3.4 - 3.03)^2 + (3.4 - 3.03)^2 + (3.0 - 3.03)^2 + \\ &\quad (0.5 - 3.03)^2 + (0.8 - 3.03)^2 + (0.7 - 3.03)^2 + (0.8 - 3.03)^2 + (0.5 - 3.03)^2 + \\ &\quad (4.6 - 3.03)^2 + (4.6 - 3.03)^2 + (4.4 - 3.03)^2 + (4.4 - 3.03)^2 + (4.4 - 3.03)^2 + \\ &\quad (4.0 - 3.03)^2 + (3.3 - 3.03)^2 + (3.7 - 3.03)^2 + (3.5 - 3.03)^2 + (3.7 - 3.03)^2 \\ &= 45.763 = 44.463 + 1.3 = SSA + SSE \end{aligned}$$

组间 $df_A = a - 1 = 5$，组内 $df_E = n - a = 30 - 6 = 24$，总计 $df_T = n - 1 = 30 - 1 = 29$。

MSA = SSA/df_A = 44.463/5 = 8.8926，MSE = SSE/df_E = 1.3/24 = 0.05416667

F = MSA/MSE = 8.8926/0.05416667 = 164.1711

P-value = FDIST(F, df_A, df_E) = FDIST(164.1711, 5, 24) = 9.6235×10^{-18}

F crit = FINV(0.05, df_A, df_E) = FINV(0.05, 5, 24) = 2.62

F crit = FINV(0.01, df_A, df_E) = FINV(0.01, 5, 24) = 3.90

根据方差分析结果，可以判断出处理间差异是否显著，有两种方法：第一种方法是根据 P-value 判断，当 P-value≤0.01，表示差异极显著；当 0.01<P-value≤0.05，表示差异显著；当 P-value>0.05，表示差异不显著。本例中，P-value = 9.6235×10^{-18} <0.01，即不同施肥处理直接影响小麦植株含氮量，而且处理间的差异达到了极显著水平。第二种方法是根据 F crit 判断，当 F≥F crit，表示在 α 水平上差异显著；当 F< F crit，表示在 α 水平上差异不显著。本例中，α = 0.05 时，F crit = 2.62，α = 0.01 时，F crit = 3.90，F = 164.1711 > 3.90，表示在 0.01 水平上差异显著，即不同施肥处理对小麦植株含氮量的差异达到了极显著水平。对差异显著的处理，需要进行多重比较，见 3.6 节内容。

若表 3-1 中各处理重复数不同，如表 3-2 所示，则计算结果如图 3-7 所示。正如前面所述,处理数不同仅影响自由度的计算。

表 3-2　不同施肥量下的小麦植株含氮量(重复数不同)　单位:mg/g

项目	处理 1	处理 2	处理 3	处理 4	处理 5	处理 6
重复 1	2.9	4.0	2.6	0.5	4.6	4.0
重复 2	2.3	3.8	3.2	0.8	4.6	3.3
重复 3	2.2	3.8	3.4	0.7	4.4	3.7
重复 4	2.5	3.6		0.8		3.5
重复 5	2.7					3.7

方差分析：单因素方差分析

SUMMARY

组	观测数	求和	平均	方差
处理1	5	12.6	2.52	0.082
处理2	4	15.2	3.8	0.02667
处理3	3	9.2	3.066667	0.17333
处理4	4	2.8	0.7	0.02
处理5	3	13.6	4.533333	0.01333
处理6	5	18.2	3.64	0.068

方差分析

差异源	SS	df	MS	F	P-value	F crit
组间	33.98	5	6.796	109.875	7.6889E-13	2.772853153
组内	1.11333	18	0.061852			
总计	35.0933	23				

图 3-7　单因素方差分析结果

本例中, $i=1,2,\cdots,6$; $\bar{x}_1=2.52$, $\bar{x}_2=3.8$, $\bar{x}_3=3.07$, $\bar{x}_4=0.7$, $\bar{x}_5=4.53$, $\bar{x}_6=3.64$; $\bar{\bar{x}}=2.98$。

$$\begin{aligned}SSA &= \sum\sum(\bar{x}_i-\bar{\bar{x}})^2=\sum n_i(\bar{x}_i-\bar{\bar{x}})^2\\ &=5\times(2.52-2.98)^2+4\times(3.8-2.98)^2+3\times(3.07-2.98)^2+4\times\\ &\quad(0.7-2.98)^2+3\times(4.53-2.98)^2+5\times(3.64-2.98)^2=33.98\end{aligned}$$

$$\begin{aligned}SSE &= \sum\sum(x_{ij}-\bar{x}_i)^2\\ &=(2.9-2.52)^2+(2.3-2.52)^2+(2.2-2.52)^2+(2.5-2.52)^2+(2.7-2.52)^2+\\ &\quad(4.0-3.8)^2+(3.8-3.8)^2+(3.8-3.8)^2+(3.6-3.8)^2+(2.6-3.07)^2+\\ &\quad(3.2-3.07)^2+(3.4-3.07)^2+(0.5-0.7)^2+(0.8-0.7)^2+(0.7-0.7)^2+\\ &\quad(0.8-0.7)^2+(4.6-4.53)^2+(4.6-4.53)^2+(4.4-4.53)^2+(4.0-3.64)^2+\\ &\quad(3.3-3.64)^2+(3.7-3.64)^2+(3.5-3.64)^2+(3.7-3.64)^2\\ &=0.33+0.08+0.35+0.06+0.03+0.27=1.11\end{aligned}$$

$$SST=\sum\sum(x_{ij}-\bar{\bar{x}})^2$$

$= (2.9-2.98)^2+(2.3-2.98)^2+(2.2-2.98)^2+(2.5-2.98)^2+(2.7-2.98)^2+(4.0-2.98)^2+(3.8-2.98)^2+(3.8-2.98)^2+(3.6-2.98)^2+(2.6-2.98)^2+(3.2-2.98)^2+(3.4-2.98)^2+(0.5-2.98)^2+(0.8-2.98)^2+(0.7-2.98)^2+(0.8-2.98)^2+(4.6-2.98)^2+(4.6-2.98)^2+(4.4-2.98)^2+(4.0-2.98)^2+(3.3-2.98)^2+(3.7-2.98)^2+(3.5-2.98)^2+(3.7-2.98)^2$

$=35.09=33.98+1.11=SSA+SSE$

组间 $df_A=a-1=5$。

组内自由度为每组/处理自由度 $r-1$ 之和，$(5-1)+(4-1)+(3-1)+(4-1)+(3-1)+(5-1)=18$。

总自由度=组间自由度+组内自由度=5+18=23，即 $df_T=n-1$，n 为样本总量=5+4+3+4+3+5=24，$df_T=n-1=24-1=23$。

$MSA=SSA/df_A=33.98/5=6.796$，$MSE=SSE/df_E=1.11/18=0.061851852$

$F=MSA/MSE=6.796/0.061851852=109.875$

P-value= FDIST(F,df_A,df_E)= FDIST(109.875,5,18)= 7.6889×10^{-13}

F crit= FINV(0.05,df_A,df_E)= FINV(0.05,5,18)= 2.77

F crit= FINV(0.01,df_A,df_E)= FINV(0.01,5,18)= 4.25

3.3　无重复双因素分析

无重复双因素分析可用于单因素随机区组试验和双因素无重复试验，但双因素试验一般都设置重复，故几乎不存在双因素无重复试验。因此，此处以单因素随机区组试验为例。

不同生育期干旱对春小麦产量有影响，根据不同时期干旱设置 7 个处理，每个处理重复 3 次，共 21 个处理，取样获得春小麦产量见表 3-3。

表 3-3　不同生育期干旱对春小麦产量的影响　　单位：kg/hm^2

处理	产量 1	产量 2	产量 3
适宜水分(对照)	6935.6	7064.7	6601.4
苗期旱	6500.2	6140.7	6625.2
分蘖期旱	5920.6	5882.2	5724.2
拔节期旱	4607.6	4781.2	5040.8
抽穗期旱	5749.6	5566.6	5481.7
灌浆期旱	6344.9	6268.6	6034.2
连续旱	4204.0	3974.5	4010.1

将所有数据输入 Excel 表中，点击菜单栏“数据”→数据分析→无重复双因素分析，在弹出菜单栏(见图 3-8)中，输入区域选择单元格为“处理”与“4010.1”间的所有单元格，勾选“标志”，α 一般为 0.05 或 0.01，输出区域可以是页面上任意一个单元格，也可以是

新工作表或新工作簿，本例选择当前工作表内任意空白区域。点击"确定"后，直接输出方差分析结果（见图 3-9）。

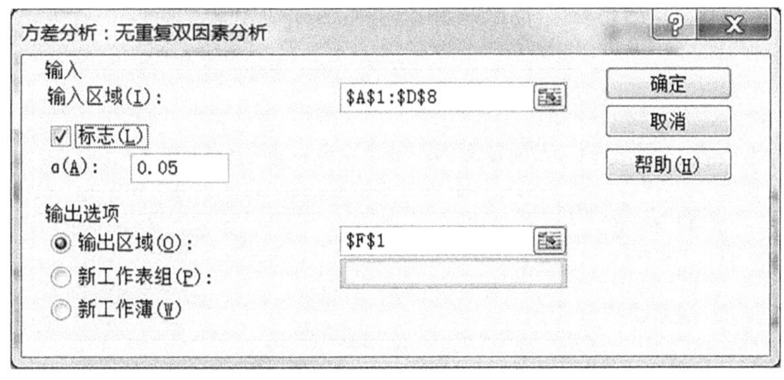

图 3-8　无重复双因素分析选择框

方差分析：无重复双因素分析

SUMMARY	观测数	求和	平均	方差
适宜水分	3	20601.7	6867.2333	57167.223
苗期旱	3	19266.1	6422.0333	63267.583
分蘖期旱	3	17527	5842.3333	10835.253
拔节期旱	3	14429.6	4809.8667	47531.893
抽穗期旱	3	16797.9	5599.3	18744.57
灌浆期旱	3	18647.7	6215.9	26216.59
连续旱	3	12188.6	4062.8667	15255.803
产量1	7	40262.5	5751.7857	1007771.6
产量2	7	39678.5	5668.3571	1040909.3
产量3	7	39517.6	5645.3714	849643.98

方差分析

差异源	SS	df	MS	F	P-value	F crit
行	16955807.36	6	2825967.9	78.111875	6.49191E-09	2.996120378
列	43896.22952	2	21948.115	0.6066624	0.561067124	3.885293835
误差	434141.6038	12	36178.467			
总计	17433845.19	20				

图 3-9　无重复双因素分析结果

方差分析结果由两部分组成：SUMMARY 表和方差分析表。

SUMMARY 表中各处理试验观测重复数、累计值、平均值和方差计算方法与单因素方差分析相同。增加的对产量 1、产量 2、产量 3 的分析是由于把它看成了另一个因素。

方差分析表中"SS、df、MS、F、P-value、F crit"表示内容与单因素方差分析相同，计算方法有所区别。

为了直观地了解方差分析表中各指标的计算过程，提供图 3-10 以供参考。

其中：

$$SSA = b\sum_{i=1}^{a}(\bar{x}_i - \bar{\bar{x}})^2 = \frac{1}{b}\sum_{i=1}^{a}(\sum_{j=1}^{b}x_{ij})^2 - \frac{1}{ab}(\sum\sum x_{ij})^2 \tag{3-16}$$

$$SSB = a\sum_{j=1}^{b}(\bar{x}_j - \bar{\bar{x}})^2 = \frac{1}{a}\sum_{j=1}^{b}(\sum_{i=1}^{a}x_{ij})^2 - \frac{1}{ab}(\sum\sum x_{ij})^2 \tag{3-17}$$

方差分析						
差异源	SS	df	MS	F	P-value	F crit
行/因素A	SSA	df_A=a-1	MSA=SSA/df_A	F_A=MSA/MSE	FDIST(F_A, df_A, df_E)	FINV(0.05, df_A, df_E)
列/因素B	SSB	df_B=b-1	MSB=SSB/df_B	F_B=MSB/MSE	FDIST(F_B, df_B, df_E)	FINV(0.05, df_B, df_E)
误差E	SSE	df_E=(a-1)(b-1)	MSE=SSE/df_E			
总计	SST	df_T=ab-1				

图 3-10　无重复双因素分析结果中各项计算方法

$$SST = \sum\sum (x_{ij} - \bar{\bar{x}})^2 = \sum\sum x_{ij}^2 - \frac{1}{ab}(\sum\sum x_{ij})^2 \tag{3-18}$$

$$SSE = \sum_i \sum_j (x_{ij} - \bar{x}_i - \bar{x}_j + \bar{\bar{x}})^2 = \sum\sum x_{ij}^2 - \frac{1}{b}\sum_{i=1}^{a}(\sum_{j=1}^{b} x_{ij})^2 - \frac{1}{a}\sum_{j=1}^{b}(\sum_{i=1}^{a} x_{ij})^2 + \frac{1}{ab}(\sum\sum x_{ij})^2 \tag{3-19}$$

式中：a、b 分别为因素 A、B 处理总数；$\bar{x}_i$、$\bar{x}_j$ 分别为因素 A、B 各处理均值；x_{ij} 为在 A、B 因素共同作用下的样本观察值；$\bar{\bar{x}}$ 为所有样本的均值。

SSA 反映了因素 A 对试验指标的影响；SSB 反映了因素 B 对试验指标的影响；SSE 为误差平方和，反映了试验误差对试验指标的影响。

$$SST = SSA + SSB + SSE \tag{3-20}$$

SSA 自由度 $df_A = a-1$，SSB 自由度 $df_B = b-1$，SSE 自由度 $df_E = (a-1)(b-1)$，SST 自由度为 $df_T = ab-1$。

与离差平方和一样，SST、SSA、SSB、SSE 之间的自由度也存在关系，即

$$df_T = ab - 1 = a - 1 + b - 1 + (a - 1)(b - 1) = df_A + df_B + df_E \tag{3-21}$$

本例中：$a=7$，$b=3$。

$i = 1,2,\cdots,7$；$\bar{x}_1 = 6867.23$，$\bar{x}_2 = 6422.03$，$\bar{x}_3 = 5842.33$，$\bar{x}_4 = 4809.87$，$\bar{x}_5 = 5599.3$，$\bar{x}_6 = 6215.9$，$\bar{x}_7 = 4062.87$

$j = 1,2,3$；$\bar{x}_1 = 5751.79$，$\bar{x}_2 = 5668.36$，$\bar{x}_3 = 5645.37$；$\bar{\bar{x}} = 5688.50$。

$$\begin{aligned} SSA &= b\sum_{i=1}^{a}(\bar{x}_i - \bar{\bar{x}})^2 \\ &= 3 \times [(6867.23 - 5688.50)^2 + (6422.03 - 5688.50)^2 + \\ &\quad (5842.33 - 5688.50)^2 + (4809.87 - 5688.50)^2 + (5599.3 - 5688.50)^2 + \\ &\quad (6215.9 - 5688.50)^2 + (4062.87 - 5688.50)^2] \\ &= 3 \times 5651935.79 = 16955807.36 \end{aligned}$$

$$\begin{aligned} SSB &= a\sum_{j=1}^{b}(\bar{x}_j - \bar{\bar{x}})^2 \\ &= 7 \times [(5751.79 - 5688.50)^2 + (5668.36 - 5688.50)^2 + (5645.37 - 5688.50)^2] \\ &= 7 \times 6270.89 = 43896.23 \end{aligned}$$

$$\begin{aligned} SSE &= \sum_i \sum_j (x_{ij} - \bar{x}_i - \bar{x}_j + \bar{\bar{x}})^2 \\ &= (6935.6 - 6867.23 - 5751.79 + 5688.50)^2 + \end{aligned}$$

$$(7064.7-6867.23-5668.36+5688.50)^2+$$
$$(6601.4-6867.23-5645.37+5688.50)^2+$$
$$(6500.2-6422.03-5751.79+5688.50)^2+$$
$$(6140.7-6422.03-5668.36+5688.50)^2+$$
$$(6625.2-6422.03-5645.37+5688.50)^2+$$
$$(5920.6-5842.33-5751.79+5688.50)^2+$$
$$(5882.2-5842.33-5668.36+5688.50)^2+$$
$$(5724.2-5842.33-5645.37+5688.50)^2+$$
$$(4607.6-4809.87-5751.79+5688.50)^2+$$
$$(4781.2-4809.87-5668.36+5688.50)^2+$$
$$(5040.8-4809.87-5645.37+5688.50)^2+$$
$$(5749.6-5599.30-5751.79+5688.50)^2+$$
$$(5566.6-5599.30-5668.36+5688.50)^2+$$
$$(5481.7-5599.30-5645.37+5688.50)^2+$$
$$(6344.9-6215.90-5751.79+5688.50)^2+$$
$$(6268.6-6215.90-5668.36+5688.50)^2+$$
$$(6034.2-6215.90-5645.37+5688.50)^2+$$
$$(4204.0-4062.87-5751.79+5688.50)^2+$$
$$(3974.5-4062.87-5668.36+5688.50)^2+$$
$$(4010.1-4062.87-5645.37+5688.50)^2=434141.6038$$

$$SST=\sum\sum(x_{ij}-\bar{\bar{x}})^2$$
$$=(6935.6-5688.50)^2+(7064.7-5688.50)^2+(6601.4-5688.50)^2+$$
$$(6500.2-5688.50)^2+(6140.7-5688.50)^2+(6625.2-5688.50)^2+$$
$$(5920.6-5688.50)^2+(5882.2-5688.50)^2+(5724.2-5688.50)^2+$$
$$(4607.6-5688.50)^2+(4781.2-5688.50)^2+(5040.8-5688.50)^2+$$
$$(5749.6-5688.50)^2+(5566.6-5688.50)^2+(5481.7-5688.50)^2+$$
$$(6344.9-5688.50)^2+(6268.6-5688.50)^2+(6034.2-5688.50)^2+$$
$$(4204.0-5688.50)^2+(3974.5-5688.50)^2+(4010.1-5688.50)^2$$
$$=17433845.19=SSA+SSB+SSE$$

$$df_A=a-1=7-1=6$$
$$df_B=b-1=3-1=2$$
$$df_E=(a-1)(b-1)=6\times2=12$$
$$df_T=ab-1=7\times3-1=20$$
$$MSA=SSA/df_A=\frac{16955807.36}{6}=2825967.9$$
$$MSB=SSB/df_B=\frac{43896.23}{2}=21948.115$$

$$MSE = SSE/df_E = \frac{434141.6038}{12} = 36178.467$$

$$F_A = \frac{MSA}{MSE} = \frac{2825967.9}{36178.467} = 78.111875$$

$$F_B = \frac{MSB}{MSE} = \frac{21948.115}{36178.467} = 0.6066624$$

行/因素 A P-vaule 值采用 Excel 内置函数 FDIST(F_A, df_A, df_E)= FDIST(78.111875, 6,12)= 6.49191×10^{-9},列/因素 B P-vaule 值采用 Excel 内置函数 FDIST(F_B, df_B, df_E)= FDIST(0.6066624,2,12)= 0.561067124。

行/因素 A F crit 值采用 Excel 内置函数 FINV(0.05, df_A, df_E)= FINV(0.05,6,12)= 2.99612,行/因素 B F crit 值采用 Excel 内置函数 FINV(0.05, df_B, df_E)= FINV(0.05,2, 12)= 3.88529。

根据方差分析结果,可以判断出处理间差异是否显著,有两种方法:第一种方法是根据 P-value 判断,当 P-value≤0.01,表示差异极显著;当 0.01<P-value≤0.05,表示差异显著;当 P-value>0.05,表示差异不显著。本例中,行/因素 A P-value = 6.49191×10^{-9}<0.01,表明行间/处理差异极显著,即不同生育期干旱直接影响春小麦产量,且处理间差异达到了极显著水平;列/因素 B P-value = 0.56>0.05,表明列间/重复间差异不显著,即 3 个产量间无差异。第二种方法是根据 F crit 判断,当 F≥F crit,表示在 α 水平上差异显著;当 F< F crit,表示在 α 水平上差异不显著。本例中,α=0.01 时,行/因素 A F crit = 4.82,F_A = 78.11>4.82,表示行间/处理间差异极显著;α=0.05 时,列/因素 B F crit = 3.885,F_B = 0.56<3.885,表明列间/重复间差异不显著,对差异显著的处理,需要进行多重比较,见 3.6 节内容。

本例的分析结果根据单因素随机区组分析,如果按单因素完全随机分析,即按单因素方差分析,将产量数据看作重复,输入区域选择单元格为“适宜水分(对照)”与“4010.1”间的所有单元格,分组方式选择行,勾选标志位于第一列,α 为 0.05,输出区域选择任意一个单元格。方差分析结果见图 3-11。

方差分析:单因素方差分析

SUMMARY

组	观测数	求和	平均	方差
适宜水分	3	20601.7	6867.2333	57167.2
苗期旱	3	19266.1	6422.0333	63267.6
分蘖期旱	3	17527	5842.3333	10835.3
拔节期旱	3	14429.6	4809.8667	47531.9
抽穗期旱	3	16797.9	5599.3	18744.6
灌浆期旱	3	18647.7	6215.9	26216.6
连续旱	3	12188.6	4062.8667	15255.8

方差分析

差异源	SS	df	MS	F	P-value	F crit
组间	16955807.4	6	2825967.9	82.7624	3.997E-10	2.847726
组内	478037.833	14	34145.56			
总计	17433845.2	20				

图 3-11　单因素方差分析结果

与无重复双因素方差分析结果对比可知，组间离差平方和、自由度、平均平方与行间各项相同，单因素方差分析中组内代表误差项，在无重复双因素分析中误差项被单独计算。如果仅从方差分析的作用来看，本例利用单因素方差分析依然可以得到处理间差异极显著的结论，故在实际中可根据情况灵活使用两种方法。

3.4　可重复双因素分析

可重复双因素分析可用于双因素完全随机试验，以 2 因素（施肥和灌水）3 水平（施肥设置高肥、中肥、低肥 3 个水平，水分设置低水、中水、高水 3 个水平）完全组合试验为例，分析不同水肥处理对西红柿产量的影响，2 因素 3 水平完全组合共 9 个处理，每个处理重复 3 次共 27 个处理，收获时各处理测产结果见表 3-4。

表 3-4　水肥耦合对西红柿产量的影响　　单位：t/hm^2

重复数	水分处理	高肥	中肥	低肥
重复 1	高水	91.5	96.2	93.7
重复 2		90.2	95.2	94.9
重复 3		92.7	96.0	94.3
重复 1	中水	87.7	98.0	90.0
重复 2		88.7	98.5	91.5
重复 3		87.1	98.0	89.7
重复 1	低水	87.5	94.1	83.7
重复 2		89.1	96.3	84.5
重复 3		88.9	95.1	83.8

将所有数据以表 3-4 格式输入 Excel 表中，点击菜单栏“数据”→数据分析→可重复双因素分析，在弹出菜单栏（见图 3-12）中，输入区域选择单元格为“水分处理”与“83.8”间的所有单元格，每一样本的行数即重复数，此处为 3，α 为 0.05，输出区域选择页面上任意一个空白单元格。点击“确定”后，Excel 直接输出方差分析结果如图 3-13 所示。

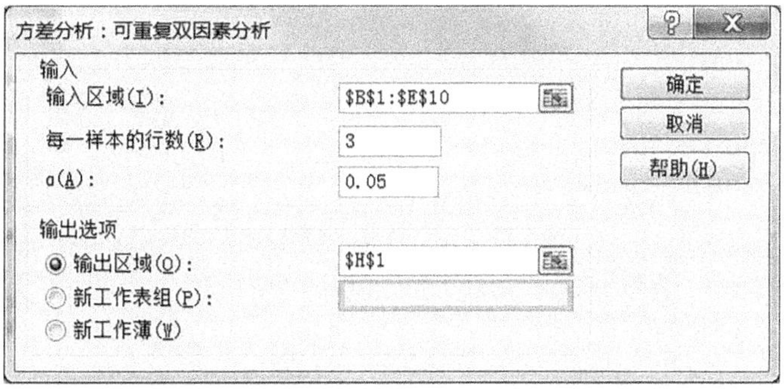

方差分析：可重复双因素分析
输入
输入区域(I)：$B$1:$E$10
每一样本的行数(R)：3
α(A)：0.05
输出选项
输出区域(O)：$H$1
新工作表组(P)：
新工作薄(W)
确定
取消
帮助(H)

图 3-12　可重复双因素分析选择框

方差分析：可重复双因素分析						
SUMMARY	高肥	中肥	低肥	总计		
高水						
观测数	3	3	3	9		
求和	274.4	287.4	282.9	844.7		
平均	91.4667	95.8	94.3	93.8556		
方差	1.56333	0.28	0.36	4.18278		
中水						
观测数	3	3	3	9		
求和	263.5	294.5	271.2	829.2		
平均	87.8333	98.1667	90.4	92.1333		
方差	0.65333	0.08333	0.93	22.1275		
低水						
观测数	3	3	3	9		
求和	265.5	285.5	252	803		
平均	88.5	95.1667	84	89.2222		
方差	0.76	1.21333	0.19	24.2144		
总计						
观测数	9	9	9			
求和	803.4	867.4	806.1			
平均	89.2667	96.3778	89.5667			
方差	3.55	2.26944	20.6525			
方差分析						
差异源	SS	df	MS	F	P-value	F crit
样本	98.7252	2	49.3626	73.6348	2.2E-09	3.55456
列	291.147	2	145.574	217.154	2.5E-13	3.55456
交互	100.984	4	25.2459	37.6597	1.6E-08	2.92774
内部	12.0667	18	0.67037			
总计	502.923	26				

图 3-13　可重复双因素分析结果

注意：表 3-4 前两列位置不可交换，若交换，则 Excel 方差输出结果中的数据虽相同，但文字高水、中水、低水将变为重复 1，不便于对处理的理解，故在设计和输入原始数据时要注意。

方差分析结果由两部分组成：SUMMARY 表和方差分析表。

SUMMARY 表中各处理试验观测重复数、累计值、平均值和方差计算方法与单因素方差分析相同。各处理的总计是不考虑肥料因素，对该处理下所有数据进行求和、平均和方差的计算结果。同样，对肥料因素的总计是不考虑水分因素，对该施肥量下所有数据进行求和、平均和方差的计算结果。

方差分析表中“SS、df、MS、F、P-value、F crit”表示内容与单因素方差分析相同，计算方法有所区别。

为了直观地了解方差分析表中各指标的计算过程，提供图 3-14 以供参考。

其中：

$$SSA = bm\sum_{i=1}^{a}(\bar{x}_i - \bar{\bar{x}})^2 \tag{3-22}$$

方差分析						
差异源	SS	df	MS	F	P-value	F crit
样本/因素A	SSA	df_A=a-1	MSA=SSA/df_A	F_A=MSA/MSE	FDIST(F_A, df_A, df_E)	FINV(0.05, df_A, df_E)
列/因素B	SSB	df_B=b-1	MSB=SSB/df_B	F_B=MSB/MSE	FDIST(F_B, df_B, df_E)	FINV(0.05, df_B, df_E)
交互/因素AB	SSAB	df_{AB}=(a-1)(b-1)	MSAB=SSAB/df_{AB}	F_{AB}=MSAB/MSE	FDIST(F_{AB}, df_{AB}, df_E)	FINV(0.05, df_{AB}, df_E)
内部/误差E	SSE	df_E=ab(m-1)	MSE=SSE/df_E			
总计	SST	df_T=abm-1				

图 3-14　可重复双因素分析结果中各项计算方法

$$SSB = am\sum_{j=1}^{b}(\bar{x}_j - \bar{\bar{x}})^2 \tag{3-23}$$

$$SSAB = m\sum_{i=1}^{a}\sum_{j=1}^{b}(\bar{x}_{ij} - \bar{x}_i - \bar{x}_j + \bar{\bar{x}})^2 \tag{3-24}$$

$$SST = \sum\sum\sum(x_{ijl} - \bar{\bar{x}})^2 \tag{3-25}$$

$$SSE = \sum_i\sum_j\sum_l(x_{ijl} - \bar{x}_{ij})^2 \tag{3-26}$$

式中：a、b 分别为行因素 A、列因素 B 的处理总数；m 为行因素 A 每个处理的重复数；$\bar{x}_i$、$\bar{x}_j$ 分别为行因素 A、列因素 B 各处理（包括重复）均值；$\bar{x}_{ij}$ 为在 A、B 因素共同作用下的重复均值；x_{ijl} 为样本观察值；$\bar{\bar{x}}$ 为所有样本的总均值。

SSA 反映了因素 A 对试验指标的影响；SSB 反映了因素 B 对试验指标的影响；SSAB 反映了因素 A 和 B 交互作用对试验指标的影响；SSE 为误差平方和，反映了试验误差对试验指标的影响。

$$SST = SSA + SSB + SSAB + SSE \tag{3-27}$$

SSA 自由度 $df_A = a-1$，SSB 自由度 $df_B = b-1$，SSAB 自由度 $df_{AB} = (a-1)(b-1)$，SSE 自由度 $df_E = ab(m-1)$，SST 自由度 $df_T = abm-1$。

与离差平方和一样，SST、SSA、SSB、SSAB、SSE 之间的自由度也存在关系，即

$$\begin{aligned} df_T &= abm - 1 = a - 1 + b - 1 + (a-1)(b-1) + ab(m-1) \\ &= df_A + df_B + df_{AB} + df_E \end{aligned} \tag{3-28}$$

本例中：$a=3, b=3, m=3$。

$i = 1,2,3$；$\bar{x}_1 = 93.86$，$\bar{x}_2 = 92.13$，$\bar{x}_3 = 89.22$。

$j = 1,2,3$；$\bar{x}_1 = 89.27$，$\bar{x}_2 = 96.38$，$\bar{x}_3 = 89.57$。

$i = 1$ 时，$j = 1$，$\bar{x}_{ij} = 91.47$；$j = 2$，$\bar{x}_{ij} = 95.8$；$j = 3$；$\bar{x}_{ij} = 94.3$。

$i = 2$ 时，$j = 1$，$\bar{x}_{ij} = 87.83$；$j = 2$，$\bar{x}_{ij} = 98.17$；$j = 3$；$\bar{x}_{ij} = 90.4$。

$i = 3$ 时，$j = 1$，$\bar{x}_{ij} = 88.5$；$j = 2$，$\bar{x}_{ij} = 95.17$；$j = 3$；$\bar{x}_{ij} = 84$。

$\bar{\bar{x}} = 91.74$。

$$\begin{aligned} SSA &= bm\sum_{i=1}^{a}(\bar{x}_i - \bar{\bar{x}})^2 \\ &= 3 \times 3 \times [(93.86 - 91.74)^2 + (92.13 - 91.74)^2 + (89.22 - 91.74)^2] \\ &= 9 \times 10.97 = 98.7252 \end{aligned}$$

$$\begin{aligned}SSB &= am\sum_{j=1}^{b}(\bar{x}_j - \bar{\bar{x}})^2 \\ &= 3\times3\times[(89.27-91.74)^2+(96.38-91.74)^2+(89.57-91.74)^2] \\ &= 9\times32.35 = 291.147\end{aligned}$$

$$\begin{aligned}SSAB &= m\sum_{i=1}^{a}\sum_{j=1}^{b}(\bar{x}_{ij}-\bar{x}_i-\bar{x}_j+\bar{\bar{x}})^2 \\ &= 3\times[(91.47-93.86-89.27+91.74)^2+(95.8-93.86-96.38+91.74)^2+ \\ &\quad (94.3-93.86-89.57+91.74)^2+(87.83-92.13-89.27+91.74)^2+ \\ &\quad (98.17-92.13-96.38+91.74)^2+(90.4-92.13-89.57+91.74)^2+ \\ &\quad (88.5-89.22-89.27+91.74)^2+(95.17-89.22-96.38+91.74)^2+ \\ &\quad (84-89.22-89.57+91.74)^2] = 3\times33.66 = 100.984\end{aligned}$$

$$\begin{aligned}SSE &= \sum_i\sum_j\sum_l(x_{ijl}-\bar{x}_{ij})^2 \\ &= (91.5-91.47)^2+(90.2-91.47)^2+(92.7-91.47)^2+(96.2-95.8)^2+ \\ &\quad (95.2-95.8)^2+(96.0-95.8)^2+(93.7-94.3)^2+(94.9-94.3)^2+ \\ &\quad (94.3-94.3)^2+(87.7-87.83)^2+(88.7-87.83)^2+(87.1-87.83)^2+ \\ &\quad (98.0-98.17)^2+(98.5-98.17)^2+(98.0-98.17)^2+(90.0-90.4)^2+ \\ &\quad (91.5-90.4)^2+(89.7-90.4)^2+(87.5-88.5)^2+(89.1-88.5)^2+ \\ &\quad (88.9-88.5)^2+(94.1-95.17)^2+(96.3-95.17)^2+(95.1-95.17)^2+ \\ &\quad (83.7-84)^2+(84.5-84)^2+(83.8-84)^2 = 12.0667\end{aligned}$$

$$\begin{aligned}SST &= \sum\sum\sum(x_{ijl}-\bar{\bar{x}})^2 \\ &= (91.5-91.74)^2+(90.2-91.74)^2+(92.7-91.74)^2+(96.2-91.74)^2+ \\ &\quad (95.2-91.74)^2+(96.0-91.74)^2+(93.7-91.74)^2+(94.9-91.74)^2+ \\ &\quad (94.3-91.74)^2+(87.7-91.74)^2+(88.7-91.74)^2+(87.1-91.74)^2+ \\ &\quad (98.0-91.74)^2+(98.5-91.74)^2+(98.0-91.74)^2+(90.0-91.74)^2+ \\ &\quad (91.5-91.74)^2+(89.7-91.74)^2+(87.5-91.74)^2+(89.1-91.74)^2+ \\ &\quad (88.9-91.74)^2+(94.1-91.74)^2+(96.3-91.74)^2+(95.1-91.74)^2+ \\ &\quad (83.7-91.74)^2+(84.5-91.74)^2+(83.8-91.74)^2 \\ &= 502.923 = SSA+SSB+SSAB+SSE\end{aligned}$$

$$df_A = a-1 = 3-1 = 2$$

$$df_B = b-1 = 3-1 = 2$$

$$df_{AB} = (a-1)(b-1) = 2\times2 = 4$$

$$df_E = ab(m-1) = 3\times3\times2 = 18$$

$$df_T = abm-1 = 3\times3\times3-1 = 26$$

$$MSA = SSA/df_A = \frac{98.7252}{2} = 49.3626$$

$$MSB = SSB/df_B = \frac{291.147}{2} = 145.574$$

$$MSAB = SSAB/df_{AB} = \frac{100.984}{4} = 25.2459$$

$$MSE = SSE/df_E = \frac{12.0667}{18} = 0.6704$$

$$F_A = \frac{MSA}{MSE} = \frac{49.3626}{0.6704} = 73.6348$$

$$F_B = \frac{MSB}{MSE} = \frac{145.574}{0.6704} = 217.154$$

$$F_{AB} = \frac{MSAB}{MSE} = \frac{25.2459}{0.6704} = 37.6597$$

样本/因素 A P-vaule 值采用 Excel 内置函数 FDIST(F_A, df_A, df_E) = FDIST(73.6348, 2,18) = 2.1563×10^{-9},列/因素 B P-vaule 值采用 Excel 内置函数 FDIST(F_B, df_B, df_E) = FDIST(217.154,2,18) = 2.5035×10^{-13};交互/因素 AB 交互作用 P-vaule 值采用 Excel 内置函数 FDIST(F_{AB}, df_{AB}, df_E) = FDIST(37.6597,4,18) = 1.6255×10^{-8}。

样本/因素 A F crit 值采用 Excel 内置函数 FINV(0.05, df_A, df_E) = FINV(0.05,2,18) = 3.5546,列/因素 B F crit 值采用 Excel 内置函数 FINV(0.05, df_B, df_E) = FINV(0.05,2, 18) = 3.5546;交互/因素 AB 交互作用 F crit 值采用 Excel 内置函数 FINV(0.05, df_{AB}, df_E) = FINV(0.05,4,18) = 2.9277。

根据方差分析结果,可以判断出试验结果差异是否显著,有两种方法:第一种方法是根据 P-value 判断,当 P-value≤0.01,表示差异极显著;当 0.01<P-value≤0.05,表示差异显著;当 P-value>0.05,表示差异不显著。本例中,样本/因素 A P-value = $2.1563\times10^{-9}<0.01$,表明水分处理直接影响西红柿产量,且处理间达到了极显著水平;列/因素 B P-value = $2.5035\times10^{-13}<0.01$,表明肥料处理直接影响西红柿产量,且处理间达到了极显著水平;交互/因素 AB 交互作用 P-value = $1.6255\times10^{-8}<0.01$,表明不同水分和肥料组合处理直接影响西红柿产量,且处理间达到了极显著水平。

第二种方法是根据 F crit 判断,当 $F\geq$F crit,表示在 α 水平上差异显著;当 $F<$ F crit,表示在 α 水平上差异不显著。本例中,$\alpha=0.01$ 时,行/因素 A F crit = 6.01, $F_A = 73.63 > 6.01$,表明水分对西红柿产量的影响极显著;$\alpha=0.05$ 时,列/因素 B F crit = 6.01, $F_B = 217.15 > 6.01$,表明肥料对西红柿产量的影响极显著;交互/因素 AB 交互作用 F crit = 4.58, $F_{AB} = 37.66 > 4.58$,表明不同水分和肥料组合对西红柿产量的影响极显著。对差异显著的处理,需要进行多重比较,见 3.6 节内容。

3.5　正交试验的方差分析

第 1 章介绍了可以利用正交表进行正交试验方案的设计,在所有因素试验组合中选取有代表性的试验组合进行试验,以部分试验结果代替全面试验结果。根据试验目的的不同,若正交试验的各个试验处理仅有一个观察值,则称为单个观察值正交试验;若有两个或两个以上观察值,则称为有重复观察值正交试验。其方差分析有所区别。

3.5.1 单个观察值正交试验(等水平)

以不同施肥时期(1、2、3 分别代表苗期、拔节期、孕穗期)、施肥量(1、2、3 分别代表低、中、高)和施肥深度(1、2、3 分别代表浅、中、深)对玉米产量的影响研究为例。选用正交表 $L_9(3^4)$ 安排 3 因素 3 水平试验方案,测得各处理下产量如表 3-5 所示。

表 3-5　采用正交表 $L_9(3^4)$ 设计不同施肥因素对玉米产量的影响试验方案

试验处理号	施肥时期 A	施肥量 B	施肥深度 C	产量 x_i/(kg/80 m²)
1	1	1	1	63
2	1	2	2	73
3	1	3	3	73
4	2	1	2	67
5	2	2	3	71
6	2	3	1	65
7	3	1	3	49
8	3	2	1	50
9	3	3	2	58
方差计算				
K_1	209	179	178	$K = \sum x_i = 569$
K_2	203	194	198	
K_3	157	196	193	
$\overline{K_1}$	69.67	59.67	59.33	
$\overline{K_2}$	67.67	64.67	66.00	
$\overline{K_3}$	52.33	65.33	64.33	
R	17.33	5.67	6.67	

Excel 中不提供正交试验的方差分析,但其计算方法同可重复双因素分析相似,首先需要计算每个因素在同一个水平下的指标(产量)之和。本例中,A 因素的第 1 个水平产量之和为 $AK_1=63+73+73=209$(kg),第 2 个水平产量之和为 $AK_2=67+71+65=203$(kg),第 3 个水平产量之和为 $AK_3=49+50+58=157$(kg)。同样,计算 B 因素的第 1 个水平产量之和为 $BK_1=63+67+49=179$(kg),第 2 个水平产量之和为 $BK_2=73+71+50=194$(kg),第 3 个水平产量之和为 $BK_3=73+65+58=196$(kg)。同样,计算 C 因素的第 1 个水平产量之和为 $CK_1=63+65+50=178$(kg),第 2 个水平产量之和为 $CK_2=73+67+58=198$(kg),第 3 个水平产量之和为 $CK_3=73+71+49=193$(kg)。计算所有处理产量之和 $K=63+73+73+67+71+65+49+50+58=569$(kg),继而计算矫正数 $C=\dfrac{K^2}{n}=\dfrac{569^2}{9}=35973.44$。

$$SSA = \frac{1}{K_a}\sum_{i=1}^{a} AK_i^{\ 2} - C = \frac{1}{3} \times (209^2 + 203^2 + 157^2) - 35973.44$$
$$= 36513 - 35973.44 = 539.5556$$

$$SSB = \frac{1}{K_b}\sum_{i=1}^{b} BK_i^{\ 2} - C = \frac{1}{3} \times (179^2 + 194^2 + 196^2) - 35973.44$$
$$= 36031 - 35973.44 = 57.5556$$

$$SSC = \frac{1}{K_c}\sum_{i=1}^{c} CK_i^{\ 2} - C = \frac{1}{3} \times (178^2 + 198^2 + 193^2) - 35973.44$$
$$= 36045.7 - 35973.44 = 72.2222$$

$$SST = \sum_{i=1}^{n} x_i^{\ 2} - C = (63^2+73^2+73^2+67^2+71^2+65^2+49^2+50^2+58^2) - 35973.44$$
$$= 36647 - 35973.44 = 673.5556$$

$SSE = SST - SSA - SSB - SSC = 673.5556 - 539.5556 - 57.5556 - 72.2222 = 4.2222$

式中：a、b、c 为 A、B、C 因素的水平数，$a=b=c=3$；K_a、K_b、K_c 为 A、B、C 因素各水平重复数，$K_a=K_b=K_c=3$；n 为试验总处理数，$n=9$。

$df_A = a-1 = 3-1 = 2$

$df_B = b-1 = 3-1 = 2$

$df_C = c-1 = 3-1 = 2$

$df_T = n-1 = 9-1 = 8$

$df_E = df_T - df_A - df_B - df_C = 8-2-2-2 = 2$

$MSA = SSA/df_A = 539.5556/2 = 269.7778$

$MSB = SSB/df_B = 57.5556/2 = 28.7778$

$MSC = SSC/df_C = 72.2222/2 = 36.1111$

$MSE = SSE/df_E = 4.2222/2 = 2.1111$

$F_A = MSA/MSE = 269.7778/2.1111 = 127.7895$

$F_B = MSB/MSE = 28.7778/2.1111 = 13.6316$

$F_C = MSC/MSE = 36.1111/2.1111 = 17.1053$

$F_{0.01} = FINV(0.01, 2, 2) = 99$

$F_{0.05} = FINV(0.05, 2, 2) = 19$

FINV 为 Excel 内置函数。

计算结果仿照前述列于方差分析表（见表 3-6）中。

表 3-6　正交试验方差分析结果（等水平单观察值）

差异源	SS	df	MS	F	$F_{0.01}$	$F_{0.05}$
施肥时期/A	539.5556	2	269.7778	127.7895	99	19
施肥量/B	57.5556	2	28.7778	13.6316		
施肥深度/C	72.2222	2	36.1111	17.1053		
误差	4.2222	2	2.1111			
总体	673.5556	8				

F 检验结果中,$F_A>F_{0.01}$,表明 3 个因素中 A 因素(施肥时期)对玉米产量的影响极显著,其他 2 个因素(施肥量和施肥深度)对玉米产量无影响。对于影响显著的因素,需要对其水平间进行多重比较,见 3.6 节内容。对于影响不显著的因素,可根据其产量均值的大小选择,也可根据成本、是否容易推行等经济因素选择。本例中 B 因素(施肥量)3 水平(低、中、高)产量均值分别为 59.67 kg、64.67 kg、65.33 kg,极差 R(65.33-59.67)占总平均产量的 8.96%>5%,去除产量最低的 1 水平,剩余两水平间差值(65.33-64.67)占总平均产量的 1.05%<5%,表明水平 3 产量与水平 2 产量均值差异不大,但施肥量 3 高于施肥量 2,产量的增加不足以抵偿成本的增加,故应选择水平 2 的施肥量。同样,C 因素 3 水平产量均值分别为 59.33 kg、66.00 kg、64.33 kg,极差 R(66.00-59.33)占总平均产量的 10.55%>5%,去除产量最低的水平,其余两个施肥深度,水平 2 耕作深度较水平 3 浅,但产量较高,故应选择水平 2 的施肥深度。综上所述,应选择 B2C2 处理,对 A 因素进行多重比较后,结合 B、C 因素再择优选择。

3.5.2 单个观察值正交试验(混合水平)

以第 1 章中研究棉花在不同水分调控下喷施不同次数和浓度的化控产品对产量的影响为例,选用混合水平正交表 $L_8(4^1×2^4)$,其籽棉产量如表 3-7 所示。

表 3-7 采用正交表 $L_8(4^1×2^4)$ 设计不同化控措施对棉花产量的影响试验方案

试验处理号	化控产品与次数 A	水分调控 B	喷施浓度 C	籽棉产量/(g/株)
1	1(清水)	1(70%~100%)	1(常规)	523.52
2	1(清水)	2(50%~80%)	2(稀释)	314.07
3	2(DPC1 次)	1(70%~100%)	1(常规)	579.91
4	2(DPC1 次)	2(50%~80%)	2(稀释)	332.30
5	3(AFD1 次)	1(70%~100%)	2(稀释)	493.80
6	3(AFD1 次)	2(50%~80%)	1(常规)	198.44
7	4(AFD2 次)	1(70%~100%)	2(稀释)	427.56
8	4(AFD2 次)	2(50%~80%)	1(常规)	354.27
方差计算				
K_1	837.59	2024.79	1656.14	
K_2	912.21	1199.08	1567.73	
K_3	692.24			
K_4	781.83			

本例中,A 因素有 4 个水平,B、C 因素分别有 2 个水平,a、b、c 为 A、B、C 因素的水平数,$a=4$,$b=c=2$;K_a、K_b、K_c 为 A、B、C 因素各水平重复数,$K_a=2$,$K_b=K_c=4$;n 为试验总处理数,$n=8$。

计算 A 因素的第 1 个水平产量之和为 $AK_1=523.52+314.07=837.59$(g),第 2 个水平产量之和为 $AK_2=579.91+332.30=912.21$(g),第 3 个水平产量之和为 $AK_3=493.80+$

198.44=692.24(g),第 4 个水平产量之和为 AK_4=427.56+354.27=781.83(g)。同样,计算 B 因素的第 1 个水平产量之和为 BK_1=523.52+579.91+493.80+427.56=2024.79(g),第 2 个水平产量之和为 BK_2=314.07+332.30+198.44+354.27=1199.08(g)。同样,计算 C 因素的第 1 个水平产量之和为 CK_1=523.52+579.91+198.44+354.27=1656.14(g),第 2 个水平产量之和为 CK_2=314.07+332.30+493.80+427.56=1567.73(g)。计算所有处理产量之和 K=523.52+314.07+579.91+332.30+493.80+198.44+427.56+354.27=3223.87(g),继而计算矫正数 $C=\dfrac{K^2}{n}=\dfrac{3223.87^2}{8}=1299167.22$。

$$
\begin{aligned}
\text{SSA} &= \frac{1}{K_a}\sum_{i=1}^{a}\text{AK}_i{}^2 - C \\
&= \frac{1}{2}\times(837.59^2+912.21^2+692.24^2+781.83^2) - 1299167.22 \\
&= 1312069.2 - 1299167.22 = 12902.01
\end{aligned}
$$

$$
\begin{aligned}
\text{SSB} &= \frac{1}{K_b}\sum_{i=1}^{b}\text{BK}_i{}^2 - C = \frac{1}{4}\times(2024.79^2+1199.08^2) - 1299167.22 \\
&= 1384391.85 - 1299167.22 = 85224.63
\end{aligned}
$$

$$
\begin{aligned}
\text{SSC} &= \frac{1}{K_c}\sum_{i=1}^{c}\text{CK}_i{}^2 - C = \frac{1}{4}\times(1656.14^2+1567.73^2) - 1299167.22 \\
&= 1300144.3 - 1299167.22 = 977.04
\end{aligned}
$$

$$
\begin{aligned}
\text{SST} &= \sum_{i=1}^{n} x_i{}^2 - C \\
&= (523.52^2+314.07^2+579.91^2+332.30^2+493.80^2+198.44^2+427.56^2+ \\
&\quad 354.27^2) - 1299167.22 \\
&= 1410963.71 - 1299167.22 = 111796.5
\end{aligned}
$$

SSE=SST−SSA−SSB−SSC=111796.5−12902.01−85224.63−977.04=12692.82

$df_A=a-1=4-1=3$

$df_B=b-1=2-1=1$

$df_C=c-1=2-1=1$

$df_T=n-1=8-1=7$

$df_E=df_T-df_A-df_B-df_C=7-3-1-1=2$

MSA=SSA/df_A=12902.01/3=4300.67

MSB=SSB/df_B=85224.63/1=85224.63

MSC=SSC/df_C=977.04/1=977.04

MSE=SSE/df_E=12692.82/2=6346.41

F_A=MSA/MSE=4300.67/6346.41=0.68

F_B=MSB/MSE=85224.63/6346.41=13.43

F_C=MSC/MSE=977.04/6346.41=0.15

$F_{0.01}$=FINV(0.01,3,2)=99.17

$F_{0.05}$ = FINV(0.05,3,2) = 19.16

$F_{0.01}$ = FINV(0.01,1,2) = 98.50

$F_{0.05}$ = FINV(0.05,1,2) = 18.51

FINV 为 Excel 内置函数。

计算结果仿照前述列于方差分析表(见表 3-8)中。

表 3-8　正交试验方差分析结果(混合水平单观察值)

差异源	SS	df	MS	F	$F_{0.01}$	$F_{0.05}$
化控产品与次数/A	12902.01	3	4300.67	0.68	99.17	19.16
水分调控/B	85224.63	1	85224.63	13.43	98.50	18.51
喷施浓度/C	977.04	1	977.04	0.15		
误差	12692.82	2	6346.41			
总体	111796.5	7				

F 检验结果表明,3 个因素对籽棉产量的影响都不显著,究其原因可能是本例中试验误差大且误差自由度小,检验的灵敏度低,掩盖了考察因素的显著性。

由于各因素对产量的影响都不显著,故不必进行各因素水平间的多重比较。此时,可以从表 3-7 中选择平均数大的水平 A2、B1、C1 组合成最优水平组合,且从表 3-7 中可以看出该方案为处理 3,产量为所有处理中最高值。若选择出的最优水平组合在设定的试验方案中不存在,则需要将最优水平组合与试验方案中产量最高的试验处理再做一次验证性试验。但在农业生产中,试验周期长,且考虑到是次要因素,在试验中不同水平对试验指标的影响差异很小,故可直接选用试验方案表中产量最高的水平组合。另外,可考虑生产成本的投入,选择生产成本较低或者是生态效益较高的处理。总之,当试验结果影响不显著时,可根据关注点的重要性进行选择。

3.5.3　多个观察值正交试验(等水平)

以滴灌条件下不同支管间距(LS)(因素 A)、灌溉制度水平(ISL)(因素 B)和氮肥施用模式(NAM)(因素 C)对冬小麦产量的影响为例,每个因素各有 3 个水平:支管间距分别为 40 cm、60 cm、80 cm,三种灌溉制度分别在灌溉需水量达到 20 mm、35 mm、50 mm 时进行灌溉,三个氮肥施用模式分别为基肥和追肥比例 50∶50、25∶75、0∶100。每个处理重复 2 次,随机区组设计。选用正交表 $L_9(3^4)$,测得各处理下产量如表 3-9 所示。

同上相似,计算方差分析表。对于有重复且重复采用随机组设计的正交试验,总变异可以划分为处理间、区组间和误差变异 3 部分,而处理间变异可进一步划分为 A 因素、B 因素、C 因素和模型误差变异 4 部分。

本例中,3 因素 A、B、C 分别有 3 个水平,a、b、c 为 A 因素、B 因素、C 因素的水平数,$a=b=c=3$;K_a、K_b、K_c 为 A 因素、B 因素、C 因素各水平重复数,$K_a=K_b=K_c=3\times2=6$;m 为试验处理数;r 为区组数,即试验重复数;n 为试验总处理数,$n=m\times r=9\times2=18$。

表 3-9　采用正交表 $L_9(3^4)$ 设计不同滴灌施肥对产量的影响试验方案

试验处理号	LS/因素 A	ISL/因素 B	NAM/因素 C	产量 x_i/(t/hm²)	
				区组 Ⅰ	区组 Ⅱ
1	1(40 cm)	1(20 mm)	1(50:50)	7.06	7.16
2	1(40 cm)	2(35 mm)	2(25:75)	8.76	8.92
3	1(40 cm)	3(50 mm)	3(0:100)	8.51	8.60
4	2(60 cm)	1(20 mm)	2(25:75)	7.50	7.39
5	2(60 cm)	2(35 mm)	3(0:100)	8.53	8.27
6	2(60 cm)	3(50 mm)	1(50:50)	8.08	7.93
7	3(80 cm)	1(20 mm)	3(0:100)	7.09	7.01
8	3(80 cm)	2(35 mm)	1(50:50)	7.90	7.85
9	3(80 cm)	3(50 mm)	2(25:75)	7.83	7.95
方差计算					
K_1	49.01	43.21	45.98		
K_2	47.70	50.23	48.35		
K_3	45.63	48.90	48.01		

首先计算 A 因素的第 1 个水平产量之和为 $AK_1=7.06+7.16+8.76+8.92+8.51+8.60=49.01$(t/hm²),第 2 个水平产量之和为 $AK_2=7.50+7.39+8.53+8.27+8.08+7.93=47.70$(t/hm²),第 3 个水平产量之和为 $AK_3=7.09+7.01+7.90+7.85+7.83+7.95=45.63$(t/hm²)。同样,计算 B 因素的第 1 个水平产量之和为 $BK_1=7.06+7.16+7.50+7.39+7.09+7.01=43.21$(t/hm²),第 2 个水平产量之和为 $BK_2=8.76+8.92+8.53+8.27+7.90+7.85=50.23$(t/hm²),第 3 个水平产量之和为 $BK_3=8.51+8.60+8.08+7.93+7.83+7.95=48.90$(t/hm²)。同样,计算 C 因素的第 1 个水平产量之和为 $CK_1=7.06+7.16+8.08+7.93+7.90+7.85=45.98$(t/hm²),第 2 个水平产量之和为 $CK_2=8.76+8.92+7.50+7.39+7.83+7.95=48.35$(t/hm²),第 3 个水平产量之和为 $CK_3=8.51+8.60+8.53+8.27+7.09+7.01=48.01$(t/hm²)。

分别计算每个处理的产量之和 $T_1=7.06+7.16=14.22$(t/hm²),$T_2=8.76+8.92=17.68$(t/hm²),$T_3=8.51+8.60=17.11$(t/hm²),$T_4=7.50+7.39=14.89$(t/hm²),$T_5=8.53+8.27=16.80$(t/hm²),$T_6=8.08+7.93=16.01$(t/hm²),$T_7=7.09+7.01=14.1$(t/hm²),$T_8=7.90+7.85=15.75$(t/hm²),$T_9=7.83+7.95=15.78$(t/hm²)。

分别计算区组 Ⅰ 和区组 Ⅱ 中各自 m 个处理产量之和 $K_1=7.06+8.76+8.51+7.50+8.53+8.08+7.09+7.90+7.83=71.26$(t/hm²),$K_2=7.16+8.92+8.60+7.39+8.27+7.93+$

7. 01+7. 85+7. 95=71. 08(t/hm²)。

计算区组Ⅰ和区组Ⅱ中所有处理产量之和为 $K=K_1+K_2=71.26+71.08=142.34$ (t/hm²),继而计算矫正数 $C=\frac{K^2}{n}=\frac{142.34^2}{2\times 9}=1125.5931$。

总平方和 $SST=\sum_{i=1}^{n}x_i^{\,2}-C=(7.06^2+7.16^2+8.76^2+8.92^2+8.51^2+8.60^2+7.50^2+7.39^2+8.53^2+8.27^2+8.08^2+7.93^2+7.09^2+7.01^2+7.90^2+7.85^2+7.83^2+7.95^2)-1125.5931=1131.9326-1125.5931=6.3395$。

区组间平方和 $SS_r=\frac{1}{m}\sum K_r^{\,2}-C=\frac{1}{9}(K_1^{\,2}+K_2^{\,2})-C=\frac{1}{9}\times(71.26^2+71.08^2)-1125.5931=1125.5949-1125.5931=0.0018$。

处理间平方和 $SS_t=\frac{1}{r}\sum T_i^{\,2}-C=\frac{1}{2}\times(14.22^2+17.68^2+17.11^2+14.89^2+16.80^2+16.01^2+14.1^2+15.75^2+15.78^2)-1125.5931=1131.848-1125.5931=6.2549$。

A 因素平方和 $SSA=\frac{1}{K_a}\sum_{i=1}^{a}AK_i^{\,2}-C=\frac{1}{3\times 2}\times(49.01^2+47.70^2+45.63^2)-1125.5931=1126.5612-1125.5931=0.9681$。

B 因素平方和 $SSB=\frac{1}{K_b}\sum_{i=1}^{b}BK_i^{\,2}-C=\frac{1}{3\times 2}\times(43.21^2+50.23^2+48.90^2)-1125.5931=1130.2378-1125.5931=4.6347$。

C 因素平方和 $SSC=\frac{1}{K_c}\sum_{i=1}^{c}CK_i^{\,2}-C=\frac{1}{3\times 2}\times(45.98^2+48.35^2+48.01^2)-1125.5931=1126.1405-1125.5931=0.5474$。

模型误差平方和 $SSE_1=SS_t-SSA-SSB-SSC=6.2549-0.9681-4.6347-0.5474=0.1047$。

试验误差平方和 $SSE_2=SST-SS_t-SS_r=6.3395-6.2549-0.0018=0.0828$。

$df_A=a-1=3-1=2$

$df_B=b-1=3-1=2$

$df_C=c-1=3-1=2$

$df_r=r-1=2-1=1$

$df_T=n-1=18-1=17$

$df_{E2}=m-1=9-1=8$

$df_{E1}=df_T-df_r-df_{E2}-df_A-df_B-df_C=17-1-8-2-2-2=2$

$MSA=SSA/df_A=0.9681/2=0.4840$

$MSB=SSB/df_B=4.6347/2=2.3174$

$MSC=SSC/df_C=0.5474/2=0.2737$

$MSr=SS_r/df_r=0.0018/1=0.0018$

$MSE1=SSE_1/df_{E1}=0.1047/2=0.0523$

$MSE2=SSE_2/df_{E2}=0.0828/8=0.0104$

$F_E=MSE1/MSE2=0.0523/0.0104=5.06$

$F_{0.05}=FINV(0.05,2,10)=4.10$

$F_{0.01}=FINV(0.01,2,10)=7.56$

$F_{0.05}=FINV(0.05,1,10)=4.96$

FINV 为 Excel 内置函数。

注意:这里误差项的自由度应为模型误差和试验误差自由度之和。

计算结果仿照前述列于方差分析表(见表 3-10)中。

表 3-10　正交试验方差分析结果(等水平多观察值)

差异源	SS	df	MS	F	$F_{0.05}$	$F_{0.01}$
支管间距/A	0.9681	2	0.4840	46.77	4.10	7.56
灌溉制度/B	4.6374	2	2.3174	223.90		
氮肥施用模式/C	0.5474	2	0.2737	26.44		
区组间/重复	0.0018	1	0.0018	0.17	4.96	
模型误差 E1	0.1047	2	0.0523	5.06		
试验误差 E2	0.0828	8	0.0104			
总体	6.3395	17				

由于存在模型和试验两种误差,故先检验模型误差均方与试验误差均方比值的显著性,即计算 MSE1/MSE2 并检验其显著性,结果显著,说明试验因素间存在交互作用,应以试验误差均方 MSE2 进行 F 检验与多重比较。本例中 $MSE1/MSE2=0.0523/0.0104=5.06>4.96$,表明试验因素间存在交互作用,故只能以试验误差均方 MSE2 进行 F 检验与后续的多重比较。

$F_A=MSA/MSE2=0.4840/0.0104=46.77$

$F_B=MSB/MSE2=2.3174/0.0104=223.90$

$F_C=MSC/MSE2=0.2737/0.0104=26.44$

$F_r=MSr/MSE2=0.0018/0.0104=0.17$

如果 MSE1/MSE2 经 F 检验不显著,则合并模型误差和试验误差的平方和与自由度,计算出合并后的误差均方,再进行 F 检验与多重比较,提高分析精度。

本例中,$F_A=46.77$,$F_B=223.90$,$F_C=26.44$,均大于 7.56,表明 3 个因素均对冬小麦产量的影响极显著;$F_r=0.17<4.96$,表明区组间差异不显著。

混合水平下的多个观察值正交试验与等水平的差异仅在各因素水平数、重复数的不同,其区别在单个观察值正交试验中已讲述,此处不再重复举例。

3.6　多重比较

上述三种方差分析结果仅提供 F 值用于检验其显著性，F 检验只是一个整体的概念，F 值显著，只是表明了试验中各个处理的平均数间存在显著差异，但是，是否各个平均数彼此间都有显著差异？F 测验未曾提供任何信息。为了明确各个平均数彼此间的差异显著性，还需要进一步对两两平均数做相互比较，即多重比较。

多重比较的方法很多，但基本上都是以“比较”错误率和“试验”的错误率作为判断差异是否达到显著水平的标准，常用的方法包括：Fisher 氏保护最小显著差数测验法（PLSD 法）、邓肯氏（Duncan）新复极差测验法（LSR 法/SSR 法）和 Tukey 氏固定极差测验法（FR 法）。

一个试验资料，采用哪种多重比较方法，主要应根据否定一个正确的无效假设和接受一个不正确的无效假设的相对重要性而定。如果否定正确的假设（犯 α 错误）事关重大或后果严重，应用 Tukey 氏固定极差测验法，这就是宁愿使犯 β 错误的风险较大而不使犯 α 错误有较大风险。如果接受不正确的假设（β 错误）是事关重大或后果严重的，则采用 PLSD 法或 LSR 法，这是宁愿冒较大的 α 错误的风险，而不愿冒较大的 β 错误的风险。在一般的灌溉试验研究中，很少出现严重后果，故该领域应用较多的是 PLSD 和 LSR 检验法。

3.6.1　Fisher 氏保护最小显著差数测验法（PLSD 法）

这一方法是 R. A. Fisher（1966）提出的，简称 PLSD（protected least significant difference）法。它以“试验”错误率保护下的“比较”错误率为准，其程序为：在处理间的 F 测验为显著的前提下，计算出显著水平为 α 的最小显著差 $PLSD_\alpha$。与任何两个处理平均数的差的绝对值相比较，如果 $|\bar{x}_1 - \bar{x}_2| > PLSD_{0.01}$，则差异极显著；若 $PLSD_{0.01} > |\bar{x}_1 - \bar{x}_2| \geq PLSD_{0.05}$，则差异显著；若 $|\bar{x}_1 - \bar{x}_2| < PLSD_{0.05}$，则差异不显著。据此，PLSD 检验法步骤如下：

首先，根据式（3-29）计算最小显著差：

$$PLSD_\alpha = S_{x_1 - x_2} \times t_\alpha = \sqrt{\frac{2 \times MS}{n}} \times t_\alpha \tag{3-29}$$

式中：$PLSD_\alpha$ 为最小显著差；$S_{x_1 - x_2}$ 为两个平均数差数的标准误；MS 为误差项的均方，即方差分析表中的 MSE；n 为样本容量，即各处理观察值个数；$t_\alpha = TINV(\alpha, df_E)$，$\alpha$ 为显著水平，可取 0.05 或 0.01，df_E 为误差项的自由度。

其次，将计算的平均数从大到小排列，计算各处理与对照的均值差并与 $PLSD_\alpha$ 进行比较，差值 $\geq LSD_\alpha$ 表示在 α 水平上显著；反之，则表示在 α 水平上不显著。

在实际应用时，比如论文中，一般用符号“ ** ”表示在 0.01 水平上差异显著，符号“ * ”表示在 0.05 水平上差异显著。

以 3.3 节的无重复双因素分析为例，F 检验结果表示处理间差异达极显著水平，故对处理间进行多重比较。

误差项的均方 MSE = 36178.467, $n=b=3$, $t_{0.05}$ = TINV(0.05,12) = 2.1788, $t_{0.01}$ = TINV(0.01,12) = 3.0545,计算得 $PLSD_{0.05}$ = 338.38, $LSD_{0.01}$ = 474.38。

计算所有处理平均产量,按照从大到小顺序排列,列于表 3-11 中,计算对照处理与其他处理平均产量差值,并与 $PLSD_{0.05}$ = 338.38 和 $LSD_{0.01}$ = 474.38 比较,苗期旱处理与对照差值为 445.20,数据介于 338.38 和 474.38,故其与对照差异在 0.05 水平上显著,其他处理与对照差值均大于 474.38,表明其他处理与对照差异均在 0.01 水平上显著。

表 3-11 PLSD 法计算表格

处理	平均产量/(kg/hm²)	与对照差值	差异显著水平	
适宜水分(对照)	6867.23			
苗期旱	6422.03	445.20	474.38>445.20>338.38	*
灌浆期旱	6215.90	651.33	651.33>474.38	**
分蘖期旱	5842.33	1024.90	1024.90>474.38	**
抽穗期旱	5599.30	1267.93	1267.93>474.38	**
拔节期旱	4809.87	2057.37	2057.37>474.38	**
连续旱	4062.87	2804.37	2804.37>474.38	**

注: 表中符号 * 表示在 0.05 水平上显著,符号 ** 表示在 0.01 水平上显著。

根据 PLSD 原理,它以比较任意两个平均数的差值同显著差异临界值 $PLSD_\alpha$ 关系为基准判断两者之间差异是否显著,有学者将之推广于多个样本平均数的任两个平均数之间的比较。但根据其原理,在农业领域目前更适用于各处理与对照的比较,不扩展到多处理之间的比较,各处理之间的比较采用 LSR 法。

PLSD 法比较简单,但其基本程序仍是 t 检验,故在发现显著差数时,犯 α 错误的概率仍将随着秩次距 k 的增大而增大。但是,由于事先规定它必须在 F 检验为显著的基础上进行,而 F 检验的显著水平则是试验错误率,因而对减少 PLSD 法的 α 错误是一种有力的保护。

3.6.2 邓肯氏(Duncan)新复极差测验法(LSR 法/SSR 法)

这是 D. B. Duncan(1955)提出的一种多重比较方法。这种测验法以"比较"错误率为准,又叫最短显著极差法,简记作 SSR(shortest significant ranges),或叫最小显著极差法,记作 LSR(least significant ranges)。其特点是:依平均数秩次距的不同而采用一系列不同的显著值,这些显著值叫作多重极差,也叫显著极差,记作 LSR。平均数的秩次距是指某两平均数间所包含的平均数的个数(含此两个平均数),比如说,有 10 个平均数要相互比较,则 10 个平均数依大小次序排列后的两极端平均数的差数(极差)的显著性,由 $\bar{x}_1-\bar{x}_{10}$ 是否大于 $k=10$ 时的 LSR_α 决定;而其中 9 个平均数的极差的显著性,则由 $\bar{x}_1-\bar{x}_9$ 和 $\bar{x}_2-\bar{x}_{10}$ 是否大于 $k=9$ 时的 LSR_α 决定,这样逐次下降,直到任何两个相邻平均数差数(如 $\bar{x}_1-\bar{x}_2$、$\bar{x}_2-\bar{x}_3$、…、$\bar{x}_9-\bar{x}_{10}$)的显著性,由这些差数是否大于 $k=2$ 时的 LSR_α 决定为止。因此,如有 k 个平均数要相互比较,需求得 $k-1$ 个 LSR_α,以作为各秩次距平均数的极差是否显著的标准。

据此，计算步骤如下：

首先，根据式(3-30)计算最小显著极差：

$$LSR_{\alpha} = SE \times SSR_{\alpha} \tag{3-30}$$

式中：LSR_{α} 为最小显著极差；SE 为平均数的标准误；SSR_{α} 为保护水平为 $P=(1-\alpha)^{k-1}$、显著水平为 α 时，以平均数的标准误为单位的标准化最小极差。

这里的保护水平是指不犯 α 错误的概率，当以 α 为显著水平测验两个平均数的差数时，不犯 α 错误的概率为 $P=1-\alpha$，即保护水平为 $1-\alpha$，故在 k 个平均数时，$k-1$ 个独立极差的联合包含水平为 $P=(1-\alpha)^{k-1}$。附录 3 列出了两种显著水平（$\alpha=0.05$ 和 0.01）和保护水平（0.95^{k-1}、0.99^{k-1}）下的 SSR 值，可根据不同的 k 和误差项的自由度（df_E）查用，k 为某两个极差之间所包含的平均数的个数，$k=2,3,4,\cdots,m$（处理数）。

$$SE = \sqrt{\frac{MS}{n}} \tag{3-31}$$

式中：MS 为误差项的均方，即方差分析表中的 MSE；n 为样本容量，即各处理观察值个数。

其次，将平均数从大到小排列，用两个平均值的差值与相应的 LSR_{α} 进行比较，差值 $\geqslant LSR_{\alpha}$ 表示在 α 水平上显著；反之，表示在 α 水平上不显著。

在实际应用时，一般用大写字母"A、B、C…"表示在 0.01 水平上显著，小写字母"a、b、c…"表示在 0.05 水平上显著。

以 3.2 节的单因素方差分析为例，F 检验结果表示差异达极显著水平，可以进行多重比较。

MS，即组内平均平方 MSE = 0.0542，n 为各处理观察值个数，即方差分析表中的 $n_i=5$，计算 SE = 0.104。有 6 个平均数要相互比较，需求得 6−1 = 5（个）LSR_{α}，查 SSR 表（附录 3），$df_E=n-a=24$，$k=2,3,4,5,6$ 时 $SSR_{0.05}$ 和 $SSR_{0.01}$ 值，列于表 3-12 中，并计算 $LSR_{0.05}$ 和 $LSR_{0.01}$。

表 3-12 新复极差法（LSR）计算表格 1

$df_E=24$	检验极差的平均值个数 k				
SSR_{α}	2	3	4	5	6
$SSR_{0.05}$	2.920	3.070	3.160	3.230	3.280
$SSR_{0.01}$	3.960	4.130	4.240	4.320	4.390
$LSR_{0.05}$	0.304	0.320	0.329	0.336	0.341
$LSR_{0.01}$	0.412	0.430	0.441	0.450	0.457

计算每个处理平均值并从大到小排列，列于表 3-13 中，根据横纵交叉位置计算两个均值数值差，并与相应 $LSR_{0.05}$ 和 $LSR_{0.01}$ 比较，判断显著性。

表 3-13　新复极差法(LSR)计算表格 2

从大到小排列		处理 5	处理 2	处理 6	处理 3	处理 1	差异显著水平	
		4.48	3.76	3.64	3.12	2.52	0.01	0.05
处理 5	4.48						A	a
处理 2	3.76	0.72>0.412 极显著					B	b
处理 6	3.64	0.84>0.430 极显著	0.12<0.304 不显著				B	b
处理 3	3.12	1.36>0.441 极显著	0.64>0.430 极显著	0.52>0.412 极显著			C	c
处理 1	2.52	1.96>0.450 极显著	1.24>0.441 极显著	1.12>0.430 极显著	0.6>0.412 极显著		D	d
处理 4	0.66	3.82>0.457 极显著	3.1>0.450 极显著	2.98>0.441 极显著	2.46>0.430 极显著	1.86>0.412 极显著	E	e

根据表 3-13 中两两处理间显著性关系对 6 个处理的显著水平以大写英文字母和小写英文字母标识。首先，将均值最大处理在 0.01 水平和 0.05 水平上的显著性分别以字母“A”和“a”表示；均值排列第 2 的处理 2 与处理 5 间差异极显著，故处理 2 的显著性标识字母“B”和“b”；均值排列第 3 的处理 6 与处理 2 差异不显著，与处理 5 差异极显著，故处理 6 的显著性标识字母“B”和“b”；均值排列第 4 的处理 3 与处理 5、2、6 差异均极显著，故处理 3 的显著性标识字母“C”和“c”；均值排列第 5 的处理 1 与处理 5、2、6、3 差异均极显著，故处理 1 的显著性标识字母“D”和“d”，均值排列第 6 的处理 4 与处理 5、2、6、3、1 差异均极显著，故处理 4 的显著性标识字母“E”和“e”。

以 3.4 节的可重复双因素方差分析为例，F 检验结果表示水分、肥料、水肥组合对西红柿产量的影响均达极显著水平，故分项进行多重比较。

各水分处理平均值的比较：

MS=MSE=0.67，n 为各水分处理观察值个数 $=b\times m=3\times 3=9$，计算 SE=0.2729。$a=3$，有 3 个平均数要相互比较，需求得 3−1=2(个) LSR_{α}，查 SSR 表(附录 3)，$df_E=ab(m-1)=18$，$k=2,3$ 时 $SSR_{0.05}$ 和 $SSR_{0.01}$ 值，列于表 3-14，并计算 $LSR_{0.05}$ 和 $LSR_{0.01}$。

各肥料处理平均值的比较：

MS=MSE=0.67，n 为各肥料处理观察值个数 $=a\times m=3\times 3=9$，计算 SE=0.2729。$b=3$，有 3 个平均数要相互比较，需求得 3−1=2(个) LSR_{α}，查 SSR 表(附录 3)，$df_E=ab(m-1)=18$，$k=2,3$ 时 $SSR_{0.05}$ 和 $SSR_{0.01}$ 值，列于表 3-14，并计算 $LSR_{0.05}$ 和 $LSR_{0.01}$。

各水肥组合平均值的比较：

MS=MSE=0.67，n 为不同水肥组合观察值个数 $=m=3$，计算 SE=0.4727。$a\times b=9$，有 9 个平均数要相互比较，需求得 9−1=8(个) LSR_{α}，查 SSR 表(附录 3)，$df_E=ab(m-1)=18$，$k=2,3,\cdots,9$ 时 $SSR_{0.05}$ 和 $SSR_{0.01}$ 值，列于表 3-15，并计算 $LSR_{0.05}$ 和 $LSR_{0.01}$。

表 3-14　新复极差法(LSR)计算表格 3

$df_E=18$		$LSR_\alpha=SE\times SSR_\alpha$		SE=0.2729	
检验极差的平均值个数 k		$SSR_{0.05}$	$SSR_{0.01}$	$LSR_{0.05}$	$LSR_{0.01}$
2		2.97	4.07	0.811	1.111
3		3.12	4.25	0.852	1.160
水分处理					
从大到小排列		高水	中水	差异显著水平	
		93.856	92.133	0.01	0.05
高水	93.856			A	a
中水	92.133	1.722>1.111 极显著		B	b
低水	89.222	4.633>1.160 极显著	2.9111>1.111 极显著	C	c
肥料处理					
从大到小排列		中肥	低肥	差异显著水平	
		96.38	89.57	0.01	0.05
中肥	96.38			A	a
低肥	89.57	6.811>1.111 极显著		B	b
高肥	89.27	7.111>1.160 极显著	0.3<0.811 不显著	B	b

计算不同水分、肥料处理下西红柿产量平均值并从大到小排列，列于表 3-14，不同水肥组合下西红柿产量平均值并从大到小排列，列于表 3-15，根据横纵交叉位置计算两个均值数值差，并与相应 $LSR_{0.05}$ 和 $LSR_{0.01}$ 比较，判断显著性。

根据表 3-14 中两两处理间显著性关系对 3 个处理的显著水平以大写英文字母和小写英文字母标识。首先，将均值最大的高水处理在 0.01 水平和 0.05 水平上的显著性分别以字母“A”和“a”表示；均值排列第 2 的中水处理与高水处理间差异极显著，故中水处理的显著性标识字母“B”和“b”；均值排列第 3 的低水处理与高水、中水处理差异均极显著，故低水处理的显著性标识字母“C”和“c”。

对肥料处理，先将均值最大的中肥处理在 0.01 水平和 0.05 水平上的显著性分别以字母“A”和“a”表示；均值排列第 2 的低肥处理与中肥处理间差异极显著，故低肥处理的显著性标识字母“B”和“b”；均值排列第 3 的高肥处理与中肥处理差异极显著，与低肥处理差异不显著，故高肥处理的显著性标识字母“B”和“b”。

根据表 3-15 中两两处理间显著性关系对 9 个处理的显著水平以大写英文字母和小写英文字母标识。首先，将均值最大的中肥中水处理在 0.01 水平和 0.05 水平上的显著性分别以字母“A”和“a”表示，再与均值排列第 2 的中肥高水处理相比，差异极显著，故中肥高水处理显著性标识字母“B”和“b”。

以均值排列第 2 的中肥高水处理为基准，与均值排列第 3 的中肥低水处理相比，差异不显著，故中肥低水处理显著性标识字母“B”和“b”，再与均值排列第 4 的低肥高水处理相比，差异在 0.05 水平上显著，故低肥高水处理显著性标识字母“B”和“c”，再与均值排列第 5 的高肥高水处理相比，差异极显著，故高肥高水处理显著性标识字母“C”。

表 3-15　新复极差法(LSR)计算表格 4

$df_E=18$	检验极差的平均值个数 k							
SSR_α	2	3	4	5	6	7	8	9
$SSR_{0.05}$	2.97	3.12	3.21	3.27	3.32	3.36	3.38	3.40
$SSR_{0.01}$	4.07	4.25	4.36	4.45	4.51	4.56	4.60	4.64
$LSR_{0.05}$	1.404	1.475	1.517	1.546	1.569	1.588	1.598	1.607
$LSR_{0.01}$	1.924	2.009	2.061	2.104	2.132	2.156	2.174	2.193
$LSR_\alpha=SE\times SSR_\alpha$，水肥组合 SE=0.4727								

水肥组合											
从大到小排列		中肥中水	中肥高水	中肥低水	低肥高水	高肥高水	低肥中水	高肥低水	高肥中水	差异显著水平	
		98.17	95.80	95.17	94.30	91.47	90.40	88.50	87.83	0.01	0.05
中肥中水	98.17									A	a
中肥高水	95.80	2.37>1.924 极显著								B	b
中肥低水	95.17	3.00>2.009 极显著	0.63<1.404 不显著							B	bc
低肥高水	94.30	3.87>2.061 极显著	1.475<1.50<2.009 显著	0.87<1.404 不显著						B	c
高肥高水	91.47	6.70>2.104 极显著	4.33>2.061 极显著	3.70>2.009 极显著	2.83>1.924 极显著					C	d
低肥中水	90.40	7.77>2.132 极显著	5.40>2.104 极显著	4.77>2.061 极显著	3.90>2.009 极显著	1.07<1.404 不显著				CD	d
高肥低水	88.50	9.67>2.156 极显著	7.30>2.132 极显著	6.67>2.104 极显著	5.80>2.061 极显著	2.97>2.009 极显著	1.404<1.90<1.924 显著			D	e
高肥中水	87.83	10.33>2.174 极显著	7.97>2.156 极显著	7.33>2.132 极显著	6.47>2.104 极显著	3.63>2.061 极显著	2.57>2.009 极显著	0.67<1.404 不显著		D	e
低肥低水	84.00	14.17>2.193 极显著	11.80>2.174 极显著	11.17>2.156 极显著	10.30>2.132 极显著	7.47>2.104 极显著	6.40>2.061 极显著	4.50>2.009 极显著	3.83>1.924 极显著	E	f

以均值排列第 4 的低肥高水处理为基准,与均值排列第 3 的中肥低水处理相比,差异不显著,故中肥低水处理显著性标识字母增加“c”变为“bc”,再与均值排列第 2 的中肥高水处理相比,差异在 0.05 水平上显著,故中肥高水处理显著性标识字母仍为“B”和“b”,再与均值排列第 1 的中肥中水处理相比,差异极显著,故中肥中水处理显著性标识字母仍为“A”和“a”;再与均值排列第 5 的高肥高水处理相比,差异极显著,故高肥高水处理显著性标识字母为“C”和“d”。

以均值排列第 5 的高肥高水处理为基准,与均值排列第 4、3、2、1 的各组合处理相比,差异均为极显著,原显著性标识字母均已体现此差异,故不变;再与均值排列第 6 的低肥中水处理相比,差异不显著,故低肥中水处理显著性标识字母为“C”和“d”,再与均值排列第 7 的高肥低水处理相比,差异极显著,故高肥低水处理显著性标识字母为“D”和“e”。

以均值排列第 7 的高肥低水处理为基准,与均值排列第 6 的低肥中水处理相比,差异在 0.05 水平上显著,故低肥中水处理显著性标识字母增加“D”变为“CD”,与均值排列第 5、4、3、2、1 的各组合处理相比,差异均为极显著,原显著性标识字母均已体现此差异,故不变;再与均值排列第 8 的高肥中水处理相比,差异不显著,故高肥中水处理显著性标识字母“D”和“e”,再与均值排列第 9 的低肥低水处理相比,差异极显著,故低肥低水处理显著性标识字母“E”和“f”。

以均值排列第 9 的低肥低水处理为基准,与均值排列第 8、7、6、5、4、3、2、1 的各组合处理相比,差异均为极显著,原显著性标识字母均已体现此差异,故不变。

综上所述,显著性比较的过程为:先将全部处理的各处理平均数从大到小依次排列,在最大的平均数上标上字母 A/a,并将该平均数与比它小的各平均数比较,凡差异不显著的,都标上字母 A/a,直至某一个与之差异显著的平均数则标以字母 B/b(向下过程);再以该标有 B/b 的平均数为标准,与上方比它大的平均数比较,凡不显著的也一律标以字母 B/b(向上过程),再与下方比它小的平均数比较,凡不显著的继续标以字母 B/b,直至某一个与之相差显著的平均数则标以字母 C/c……如此重复进行下去,直到最小的一个平均数有了标记字母且与上方比它大的平均数进行了比较为止。这样,各平均数间,凡有一个相同标记字母的即为差异不显著,凡没有相同标记字母的即为差异显著。

根据 Duncan 意愿,LSR 测验并不要求 F 检验显著后才可进行,但是,如果 F 检验不显著,LSR 测验却仍有可能发现某些极差是显著的。所以,LSR 法还是应在 F 检验为显著的基础上进行,这样,LSR 法就不是纯粹以比较错误率为准的检验,而是有了以试验错误率保护的性质。

就同一资料而言,LSR 检验法所能发现的显著差异比较有时少于 PLSD 检验所发现的,最多是一样的。

LSR 检验法是一种极差检验,因此如果一个平均数大集合的极差不显著,则其中所包含的各个较小集合的极差应一概做不显著处理(尽管其中可能有些极差大于相应的 LSR_{α})。

PLSD 法和 LSR 法/SSR 法均需要方差分析结果达到显著水平才可使用。

PLSD 法适用于设置对照处理的试验,各处理均同对照相比较,LSR 法/SSR 法适用于无对照的试验,各处理间进行比较。

在实际应用时，PLSD 法一般用符号“ ** ”表示各处理与对照在 0.01 水平上显著，符号“ * ”表示在 0.05 水平上显著。LSR 法一般用大写字母“A、B、C…”表示两处理间在 0.01 水平上显著，用小写字母“a、b、c…”表示在 0.05 水平上显著。

3.6.3　正交试验的多重比较

对于只有一个观察值的正交试验，当方差分析结果显示各因素对试验指标的影响显著或极显著时，需要进行各因素水平间的多重比较，常采用 LSR 法/SSR 法进行。

以 3.5.1 节等水平单个观察值正交试验为例，F 检验结果显示 3 个因素中 A 因素对玉米产量的影响极显著，故采用 LSR 法/SSR 法对 A 因素水平间进行多重比较。

首先，计算最小显著极差：

$$LSR_{\alpha} = SE \times SSR_{\alpha} = \sqrt{\frac{MS}{n}} \times SSR_{\alpha} = \sqrt{\frac{2.1111}{3}} \times SSR_{\alpha} = 0.8389SSR_{\alpha}$$

MS 选用试验误差均方 MSE=2.1111，由于进行的是水平间比较，故这里 n 为 A 因素各水平重复数=3，计算 SE=1.0274。有 3 个平均数要相互比较，需求得 3-1=2(个) LSR_{α}，查 SSR 表(附录 3)，$df_E=2$，$k=2$、3 时 $SSR_{0.05}$ 和 $SSR_{0.01}$ 值，列于表 3-16，并计算 $LSR_{0.05}$ 和 $LSR_{0.01}$。

表 3-16　新复极差法(LSR)计算表格 1

$df_E=2$	检验极差的平均值个数 k	
SSR_{α}	2	3
$SSR_{0.05}$	6.09	6.09
$SSR_{0.01}$	14.04	14.04
$LSR_{0.05}$	5.109	5.109
$LSR_{0.01}$	11.778	11.778

计算 A 因素 3 个水平产量平均值并从大到小排列，列于表 3-17 中，根据横纵交叉位置计算两个均值数值差，并与相应 $LSR_{0.05}$ 和 $LSR_{0.01}$ 比较，判断显著性。

表 3-17　新复极差法(LSR)计算表格 2

从大到小排列		A1	A2	差异显著水平	
		69.67	67.67	0.01	0.05
A1	69.67			A	a
A2	67.67	2.00<5.109 不显著		A	a
A3	52.33	17.34>11.778 极显著	15.34>11.778 极显著	B	b

根据 LSR 法/SSR 法显著性比较过程，将均值最大的 A 因素 1 水平在 0.01 水平和 0.05 水平上的显著性分别以字母“A”和“a”表示，再向下与各处理比较：与均值排列第 2 的 A 因素 2 水平间差异不显著，故 A 因素 2 水平的显著性标识字母“A”和“a”，与均值排列第 3 的 A 因素 3 水平间差异极显著，故 A 因素 3 水平的显著性标识字母“B”和“b”。再以 A 因素 3

水平为标准,向上与各水平比较,均为极显著水平,故所有水平显著性水平确定。

结合3.5.1节中对次要因素(施肥量、施肥深度)的分析,可得到本试验的最优组合为A1B2C2和A2B2C2,其中A1B2C2处理在正交试验表中,产量73 kg,A2B2C2处理未进行试验,故可继续进行两处理的对比试验,以确定最优方案。由于A因素为施肥时期,非定量因素,且在实际操作中对经济成本等影响较小,故在两处理中任选其一也可。

有多个重复观察值的正交试验在F检验后的多重比较分两种情况:

(1)若模型误差显著,说明试验因素间存在交互作用,各因素所在列有可能出现交互作用的混杂,此时各试验因素水平间的差异已不能真正反映因素的主效,因而进行各因素水平间的多重比较无多大实际意义,但应进行试验处理间的多重比较以寻求最佳处理,即最优水平组合。进行各试验处理间多重比较时选用试验误差均方MSE2。模型误差显著,还应进一步试验,以分析因素间的交互作用。

(2)若模型误差不显著,说明试验因素间交互作用不显著,各因素所在列有可能未出现交互作用的混杂,此时各因素水平间的差异能真正反映因素的主效,因而进行各因素水平间的多重比较有实际意义,并从各因素水平间的多重比较中选出各因素的最优水平相组合,得到最优水平组合。进行各因素水平间的多重比较时,用合并的误差均方$MSE=\frac{SSE_1+SSE_2}{df_{E1}+df_{E2}}$。此时可不进行试验处理间的多重比较。

在3.5.3节中,3因素3水平的正交试验,有两个重复观察值,其模型误差显著,说明3因素间存在交互作用,不必进行各因素水平间的多重比较,应进行试验处理间的多重比较,寻求最优水平组合,常选用LSR法/SSR法进行多重比较。若模型误差不显著,则需要进行各因素水平间的多重比较,可参考上述单个观察值的正交试验A因素水平间的多重比较过程,此处不再举例说明。

首先计算最小显著极差:

$$LSR_\alpha = SE \times SSR_\alpha = \sqrt{\frac{MS}{n}} \times SSR_\alpha = \sqrt{\frac{0.0104}{2}} \times SSR_\alpha = 0.0721SSR_\alpha$$

MS选用试验误差均方MSE2=0.0104,n为各处理观察值个数=2,计算SE=0.0721。有9个平均数要相互比较,需求得9-1=8(个)LSR_α,查SSR表(附录3),$df_{E2}=8$,$k=2$,3,4,5,6,7,8,9时$SSR_{0.05}$值和$SSR_{0.01}$值,列于表3-18,并计算$LSR_{0.05}$和$LSR_{0.01}$。

表3-18 新复极差法(LSR)计算表格1

$df_E=8$	检验极差的平均值个数k							
SSR_α	2	3	4	5	6	7	8	9
$SSR_{0.05}$	3.26	3.40	3.48	3.52	3.55	3.57	3.58	3.58
$SSR_{0.01}$	4.75	4.94	5.06	5.13	5.19	5.23	5.26	5.28
$LSR_{0.05}$	0.235	0.245	0.251	0.254	0.256	0.257	0.258	0.258
$LSR_{0.01}$	0.343	0.356	0.365	0.370	0.374	0.377	0.379	0.381

计算每个处理平均值并从大到小排列,列于表3-19中,根据横纵交叉位置计算两个均值数值差,并与相应$LSR_{0.05}$和$LSR_{0.01}$比较,判断显著性。

表 3-19　新复极差法(LSR)计算表格 2

从大到小排列		处理 2	处理 3	处理 5	处理 6	处理 9	处理 8	处理 4	处理 1	差异显著水平	
		8.84	8.56	8.40	8.01	7.89	7.88	7.45	7.11	0.01	0.05
处理 2	8.84									A	a
处理 3	8.56	0.343>0.28> 0.235 显著								AB	b
处理 5	8.40	0.44>0.356 极显著	0.16<0.235 不显著							B	b
处理 6	8.01	0.83>0.365 极显著	0.55>0.356 极显著	0.39>0.343 极显著						C	c
处理 9	7.89	0.95>0.370 极显著	0.67>0.365 极显著	0.51>0.356 极显著	0.12<0.235 不显著					C	c
处理 8	7.88	0.96>0.374 极显著	0.68>0.370 极显著	0.52>0.365 极显著	0.13<0.245 不显著	0.01<0.235 不显著				C	c
处理 4	7.45	1.39>0.377 极显著	1.11>0.374 极显著	0.95>0.370 极显著	0.56>0.365 极显著	0.44>0.356 极显著	0.43>0.343 极显著			D	d
处理 1	7.11	1.73>0.379 极显著	1.45>0.377 极显著	1.29>0.374 极显著	0.90>0.370 极显著	0.78>0.365 极显著	0.77>0.356 极显著	0.343>0.34> 0.235 显著		DE	e
处理 7	7.05	1.79>0.381 极显著	1.51>0.379 极显著	1.35>0.377 极显著	0.96>0.374 极显著	0.84>0.370 极显著	0.83>0.365 极显著	0.40>0.356 极显著	0.06<0.235 不显著	E	e

根据 LSR 法/SSR 法的显著性比较过程，在 0.01 水平上，对平均数最大的处理 2，标识字母“A”，并向下与各处理比较：处理 3 与之在 0.01 水平上差异不显著，显著性标识字母“A”，处理 5 与之差异显著，显著性标识字母“B”；再以处理 5 为标准，向上与处理 2、3 比较：与处理 3 差异不显著，故处理 3 显著性标识字母增加“B”变为“AB”，向下与处理 6 差异显著，故处理 6 显著性标识字母“C”；再以处理 6 为标准，向上与处理 2、3、5 比较，差异均显著，向下与处理 9、8 差异不显著，与处理 4 差异显著，故处理 9、8 显著性标识字母“C”，处理 4 显著性标识字母“D”；再以处理 4 为标准，向上与处理 2、3、5、6、9、8 相比，差异均极显著，向下与处理 1 相比，在 0.01 水平上差异不显著，故处理 1 显著性标识字母“D”，与处理 7 差异显著，故处理 7 显著性标识字母“E”；再以处理 7 为标准，向上与各处理相比，与处理 1 差异不显著，故处理 1 显著性标识字母增加“E”变为“DE”。

同样，在 0.05 水平上，对平均数最大的处理 2，标识字母“a”，并向下与各处理比较：与处理 3 差异显著，故处理 3 显著性标识字母“b”；再以处理 3 为标准，向上与处理 2 差异显著，向下与处理 5 差异不显著，与处理 6 差异显著，故处理 5 显著性标识字母“b”，处理 6 标识字母“c”；再以处理 6 为标准，向上与处理 2、3、5 相比，均在 0.05 水平上差异显著，向下与处理 9、8 差异不显著，与处理 4 差异显著，故处理 9、8 显著性标识字母“c”，处理 4 标识字母“d”；再以处理 4 为标准，向上与处理 2、3、5、6、9、8 相比，差异均显著，向下与处理 1 差异显著，故处理 1 显著性标识字母“e”，再以处理 1 为标准，向上与处理 2、3、5、6、9、8、4 相比，差异均显著，向下与处理 7 相比，差异不显著，故处理 7 显著性标识字母“e”。

根据多重比较结果，处理 2 冬小麦产量最高，处理 3 次之，两各处理的差异在 0.05 水平上达到了显著水平，在 0.01 水平上差异不显著，故选择处理 2(滴灌支管间距为 40 cm，在灌溉需水量达到 35 mm 时进行灌溉，氮肥施用时基肥和追肥比例 25:75)，为当地冬小麦灌溉施肥的最优方案，若两者在 0.05 水平上差异不显著，则两个方案均可。

第 4 章　回归分析

回归分析与相关关系的区别主要在于自变量与因变量的关系。相关关系两者间没有依存关系，两者处于同等的地位，自变量(x)、因变量(y)间可以互变。而回归关系是不能互变的，比如，作物需水量(y)与空气温度(x)之间，随着 x 的变化，y 也发生变化，但 y 变化时 x 不一定变化，因为需水量的大小还取决于其他因素。

回归分析通常用来确定两种或两种以上变量间相互依赖的定量关系。按照涉及变量的多少，分为一元回归分析和多元回归分析；按照自变量和因变量之间的关系类型，可分为线性回归分析和非线性回归分析；在线性回归中，按照因变量的多少，可分为简单回归分析和多重回归分析。在回归分析中，只包括一个自变量和一个因变量，且二者的关系可用一条直线近似表示，这种回归分析称为一元线性回归分析；如果回归分析中包括两个或两个以上的自变量，且自变量之间存在线性相关，则称为多元线性回归分析。

在灌溉试验中，所要研究的问题都是错综复杂的，如探求作物产量与灌水量之间的关系，由于影响作物产量的因素除灌水外还有气象条件、土壤条件及农业耕作措施等，它们之间的关系通常不是简单的函数关系，而是统计关系。试验中寻找事物内在规律时，要选择互相有一定内在联系的因子作为变量，不能将联系不密切甚至互不相关的因子放在一起分析。

在回归分析中要解决三个主要问题：一是拟合出变量间的数学表达式，即回归方程；二是确定回归方程的可靠性；三是明确回归方程的预报精度。

4.1　一元线性回归分析

一元线性回归是最基本的定量分析工具，建立成对的两个变量之间的定量关系式，并采用最小二乘法确定其中的未知参数。

以新乡地区 1953~2010 年蒸发皿蒸发量与同时段参考作物需水量为基础数据，建立回归方程。

首先，录入数据，并作散点图(见图 4-1)。

其次，调整横、纵坐标轴格式，放大数据显示区域。点击图中任意数据→右键→添加趋势线→选择线性，勾选“显示公式”显示 R 平方值(见图 4-2)。从图 4-3 可以看到新乡地区 1953~2010 年蒸发皿蒸发量与同时期参考作物需水量两变量之间的回归方程为 $y=0.2819x+432.11$，$R^2=0.775$。

也可根据前面介绍的统计函数得出回归方程与相关系数：

$$y=\text{SLOPE}(y,\ x)\cdot \text{X}+\text{INTERCEPT}(y,\ x)=\ 0.2819x+432.11$$

$$R^2=\text{CORREL}(\text{array1},\text{array2})^2=0.880315^2=0.7749$$

采用以上介绍的两种方法可以快速获取回归方程和相关系数，但无法得出方程的统

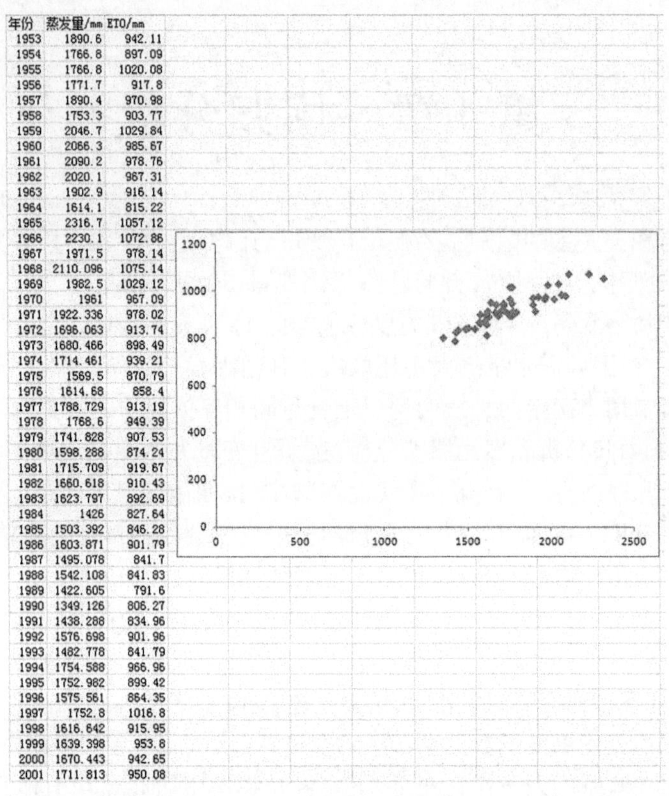

年份	蒸发量/mm	ETO/mm
1953	1890.6	942.11
1954	1766.8	897.09
1955	1766.8	1020.08
1956	1771.7	917.8
1957	1890.4	970.98
1958	1753.3	903.77
1959	2046.7	1029.84
1960	2066.3	985.67
1961	2090.2	978.76
1962	2020.1	967.31
1963	1902.9	916.14
1964	1614.1	815.22
1965	2316.7	1057.12
1966	2230.1	1072.86
1967	1971.5	978.14
1968	2110.096	1075.14
1969	1982.5	1029.12
1970	1961	967.09
1971	1922.336	978.02
1972	1696.063	913.74
1973	1680.466	898.49
1974	1714.461	939.21
1975	1569.5	870.79
1976	1614.68	858.4
1977	1788.729	913.19
1978	1768.6	949.39
1979	1741.828	907.53
1980	1598.288	874.24
1981	1715.709	919.67
1982	1660.618	910.43
1983	1623.797	892.69
1984	1426	827.64
1985	1503.392	846.28
1986	1603.871	901.79
1987	1495.078	841.7
1988	1542.108	841.83
1989	1422.605	791.6
1990	1349.126	806.27
1991	1438.288	834.96
1992	1576.698	901.96
1993	1482.778	841.79
1994	1754.588	966.96
1995	1752.982	899.42
1996	1575.561	864.35
1997	1752.8	1016.8
1998	1616.642	915.95
1999	1639.398	953.8
2000	1670.443	942.65
2001	1711.813	950.08

图 4-1　新乡地区 1953~2010 年蒸发皿蒸发量与参考作物需水量

计检验结果。对此,Excel 内置回归分析模块,点击菜单栏“数据”→数据分析→回归,在弹出菜单栏(见图 4-4)中选择相应数据区域,如果选择数据时包含标题,则勾选“标志”,勾选“置信度”,一般为 95%或 99%,输出区域可以是页面上任意一个单元格,也可以是新工作表或新工作簿,对话框下面的残差与正态分布栏一般不勾选,若实际需要,可以勾选。点击“确定”后,Excel 直接输出回归结果如图 4-5 所示。

输出结果由四部分组成:回归统计表、方差分析表、回归参数表、残差输出结果。一般根据回归参数表可直接得到回归方程为 $y=0.2819x+432.11$,评价建立方程的质量则需根据其他指标。

回归统计表中,Multiple R 为相关系数,计算公式见第 3 章,可用函数 CORREL 计算,用来衡量两个变量相关程度的大小;R Square 为测定系数,也叫判定系数,它是相关系数的平方,用来说明用自变量解释因变量变差的程度,描述与因变量的拟合效果;Adjusted R Square 为校正测定系数,或调整判定系数,用于衡量加入独立变量后模拟的拟合程度,仅在描述多元回归拟合效果时使用,其计算公式为 $\overline{R}^2 = 1 - \dfrac{(n-1)(1-R^2)}{n-m-1}$,$m$ 为变量数,取为 1;标准误差采用函数 STEYX(known_y′s,known_x′s)计算的结果,其计算公式见第 3 章,以 S 表示,用来衡量拟合程度的好坏,此值越小,说明拟合程度越好;观测值指用于确定回归方程的数据的观测值个数,即样本总数。

方差分析表中,第一行回归分析,计算的是估计值与均值之差的各项指标;第二行残

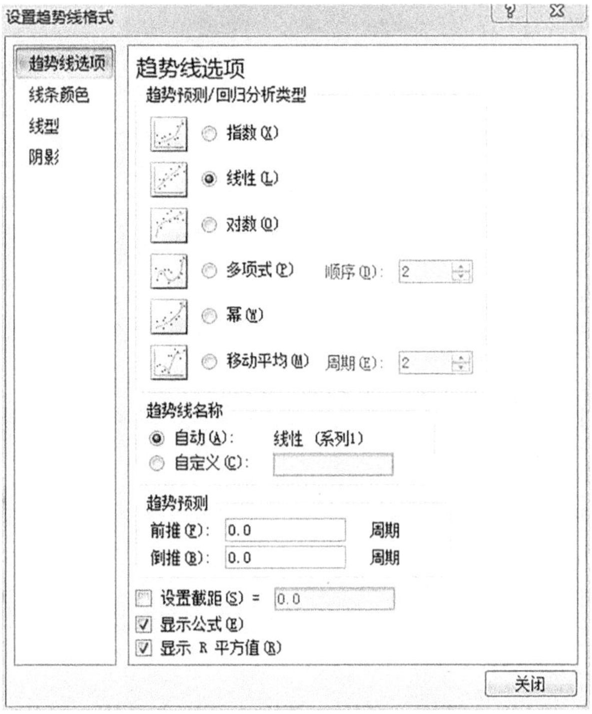

设置趋势线格式

趋势线选项
线条颜色
线型
阴影

趋势线选项
趋势预测/回归分析类型
指数(X)
线性(L)
对数(O)
多项式(P)　顺序(D):　2
幂(W)
移动平均(M)　周期(E):　2
趋势线名称
自动(A):　线性 (系列1)
自定义(C):
趋势预测
前推(F):　0.0　周期
倒推(B):　0.0　周期
设置截距(S) = 0.0
显示公式(E)
显示 R 平方值(R)
关闭

图 4-2　调整散点图横、纵坐标轴格式

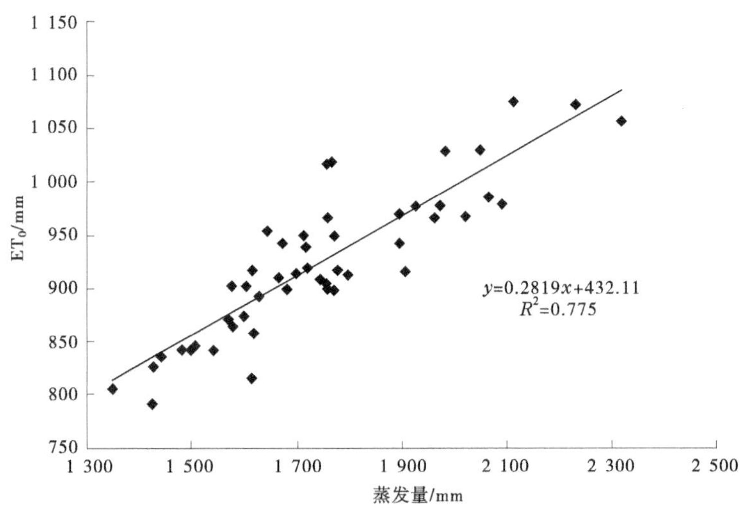

图 4-3　新乡地区 1953~2010 年蒸发皿蒸发量与参考作物需水量散点图

差,用于计算每个样本观察值与估计值之差的各项指标;第三行总计,用于计算每个样本观察值与均值之差的各项指标。第一列 df 为自由度,第一行是回归自由度 df_r,等于变量数 m,取为 1;第二行为残差自由度 df_e,等于样本总数减去变量数再减 1,即 $n-m-1$;第三行为总自由度 df_t,等于样本总数减 1,即 $n-1$。$df_r+df_e=df_t$。第二列 SS 对应的是误差平方和,第一行为回归平方和或称回归变差 SSR,表示预测值 $\hat{y}$ 与其均值 $\bar{y}$ 之差的平方和;第二

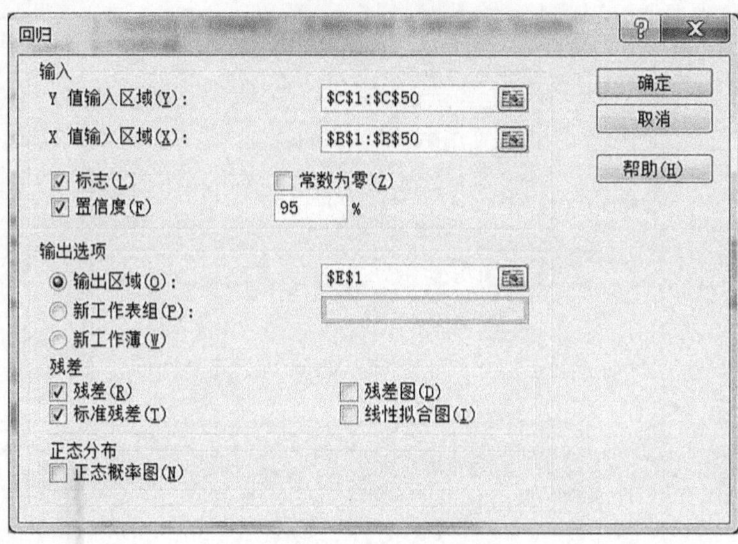

图 4-4　“回归”选择框

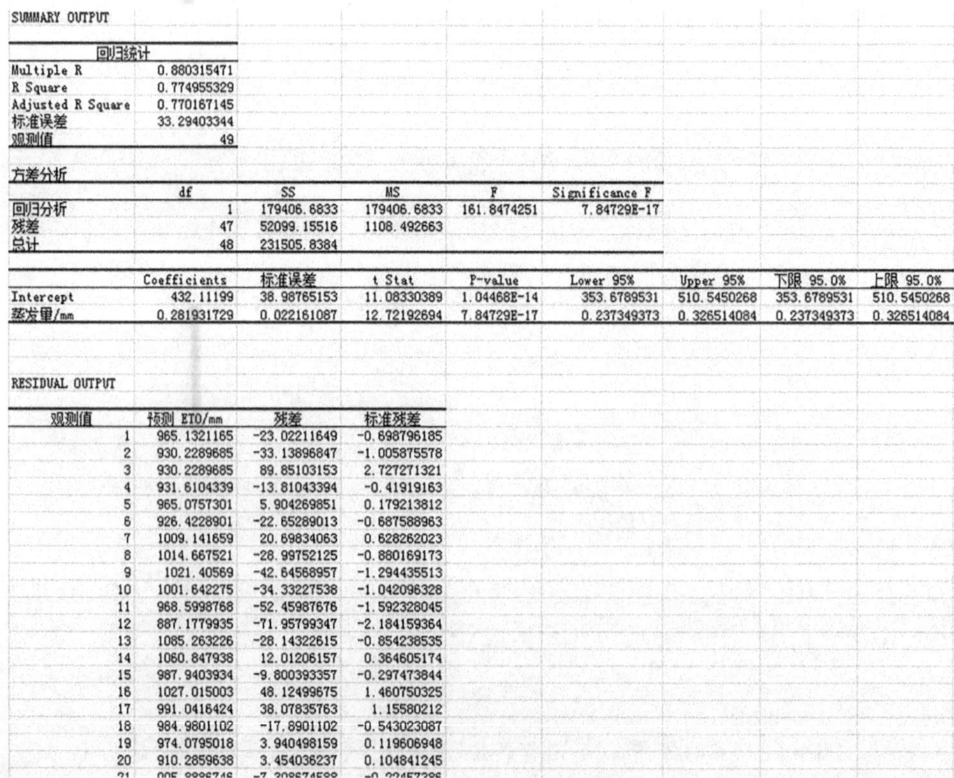

SUMMARY OUTPUT

回归统计	
Multiple R	0.880315471
R Square	0.774955329
Adjusted R Square	0.770167145
标准误差	33.29403344
观测值	49

方差分析

	df	SS	MS	F	Significance F
回归分析	1	179406.6833	179406.6833	161.8474251	7.84729E-17
残差	47	52099.15516	1108.492663		
总计	48	231505.8384			

	Coefficients	标准误差	t Stat	P-value	Lower 95%	Upper 95%	下限 95.0%	上限 95.0%
Intercept	432.11199	38.98765153	11.08330389	1.04468E-14	353.6789531	510.5450268	353.6789531	510.5450268
蒸发量/mm	0.281931729	0.022161087	12.72192694	7.84729E-17	0.237349373	0.326514084	0.237349373	0.326514084

RESIDUAL OUTPUT

观测值	预测 ET0/mm	残差	标准残差
1	965.1321165	-23.02211649	-0.698796185
2	930.2289685	-33.13896847	-1.005875578
3	930.2289685	89.85103153	2.727271321
4	931.6104339	-13.81043394	-0.41919163
5	965.0757301	5.904269851	0.179213812
6	926.4228901	-22.65289013	-0.687588963
7	1009.141659	20.69834063	0.628262023
8	1014.667521	-28.99752125	-0.880169173
9	1021.40569	-42.64568957	-1.294435513
10	1001.642275	-34.33227538	-1.042096328
11	968.5998768	-52.45987676	-1.592328045
12	887.1779935	-71.95799347	-2.184159364
13	1085.263226	-28.14322615	-0.854238535
14	1060.847938	12.01206157	0.364605174
15	987.9403934	-9.800393357	-0.297473844
16	1027.015003	48.12499675	1.460750325
17	991.0416424	38.07835763	1.15580212
18	984.9801102	-17.8901102	-0.543023087
19	974.0795018	3.940498159	0.119606948
20	910.2859638	3.454036237	0.104841245
21	[illegible]	[illegible]	[illegible]

图 4-5　一元线性方程回归结果

行为残差平方和或剩余平方和 SSE，表示原始值 y 与预测值 $\hat{y}$ 之差的平方和，表征因变量对其预测值的总偏差，这个数值越大，意味着拟合的效果越差；第三行为总平方和或称总变差 SST，表示原始值 y 与其均值 $\bar{y}$ 之差的平方和。第三列 MS 对应的是均方差，它是误差平方和除以相应的自由度得到的商。第一行为回归均方差 MSR，第二行为剩余均方差

MSE,该值越小,拟合得效果越好。第四列对应的是 F 值,用于线性关系的判定。对于一元线性回归,F 值的计算公式为 $F=\dfrac{R^2}{\dfrac{1}{n-m-1}(1-R^2)}=\dfrac{(n-2)R^2}{1-R^2}$。第五列为在显著性水平下的 F_α 临界值,也就是 P 值,即弃真概率。弃真概率即方程为假的概率,显然 $1-P$ 便是方程为真的概率。可见,P 值越小越好。此处 $P=7.84729\times10^{-17}<0.0001$,故置信度达到 99.99%以上。

各指标之间存在一些特定关系:SST=SSE+SSR, $R^2=\dfrac{SSR}{SST}=1-\dfrac{SSE}{SST}$, $\bar{y}=\bar{\hat{y}}$,MSE$=S^2$。

回归参数表包括回归方程的斜率、截距及其相关的检验参数。第一列为方程的回归系数,第一行为截距,可采用函数 INTERCEPT 计算,第二行为斜率,可采用函数 SLOPE 计算。第二列为回归系数的标准误差,误差值越小,表明参数的精确度越高。第三列为统计量 t 值,即假设截距和斜率为 0 时的样本统计量,用于对方程参数的检验,需要查表才能确定其显著性,一般来说,$t<1$,表示指标间无影响,可不参加回归;$t>1$,表示有一定影响;$t>2$,表示有重要影响。t 值是回归系数与其标准误差的比值,对于一元线性回归,t 值也可用相关系数计算,公式为 $t=\dfrac{R}{\sqrt{\dfrac{1-R^2}{n-2}}}=\sqrt{\dfrac{n-2}{1-R^2}}R=12.7219$。与方差分析表中 F 值计算公式对比可发现,$t=\sqrt{F}$。第四列为参数的 P 值(双侧),当 $P<0.05$ 时,可以认为方程在 $\alpha=0.05$ 的水平上显著,或者置信度达到 95%;当 $P<0.01$ 时,可以认为方程在 $\alpha=0.01$ 的水平上显著,或者置信度达到 99%;当 $P<0.001$ 时,可以认为方程在 $\alpha=0.001$ 的水平上显著,或者置信度达到 99.9%。这里 $P=7.84729\times10^{-17}<0.0001$,故可认为在 $\alpha=0.0001$ 的水平上显著,或者置信度达到 99.99%。P 值检验与 t 值检验是等价的,但 P 值不用查表,显然要方便得多。最后 4 列为回归系数以 95%为置信区间的上限和下限。可以利用 Excel 内置函数 TINV 计算,该函数可以返回作为概率和自由度函数的学生 t 分布的 t 值,语法为 TINV(probability,degrees_freedom),probability 对应于双尾学生 t 分布的概率,95%置信度输入 0.05,99%置信度输入 0.01;degrees_freedom 为分布的自由度数值,即残差自由度 $df_e=n-m-1$,公式:回归系数-TINV(0.05,df_e)×标准误差,计算出下限 95%,公式:回归系数+TINV(0.05, df_e)×标准误差,计算出上限 95%。本例中,截距回归系数 432.11199,标准误差 38.98765,计算出上限 95%为 510.5450268,下限 95%为 353.6789531,斜率回归系数 0.2819317,标准误差 0.022161087,计算出上限 95%为 0.326514084,下限 95%为 0.237349373,即为后四列数据。

第四部分,残差输出结果。这一部分为选择输出内容,如果在“回归”分析选项框中没有选中有关内容,则输出结果不会给出这部分结果。残差输出中包括观测值序号(第一列,用 i 表示)、因变量的预测值(第二列,用 $\hat{y}$ 表示)、残差(第三列,用 e 表示)以及标准残差。预测值是用回归方程 $y=0.2819x+432.11$ 计算的结果,残差的计算公式为 $e_i=y_i-\hat{y}_i$。残差表示预测值与实际值之差,数据应越小越好,残差值大的数据应该进行校核。标准残差即残差的数据标准化结果,可借助残差的均值和标准偏差计算,其公式为 $z_i = \frac{e_i - \mathrm{average}(e)}{\mathrm{stdev}(e)}$,也可利用函数 STANDARDIZE(x,mean,standard_dev),x 为需要进行正态化的数值,mean 为残差数列的算术平均值,standard_dev 为其标准偏差。

另外,可以采用蒸发量(横坐标)与残差(纵坐标)作散点图(见图 4-6)。残差值系列的分布越是没有趋势(没有规则),即越是随机,回归的结果就越可靠。

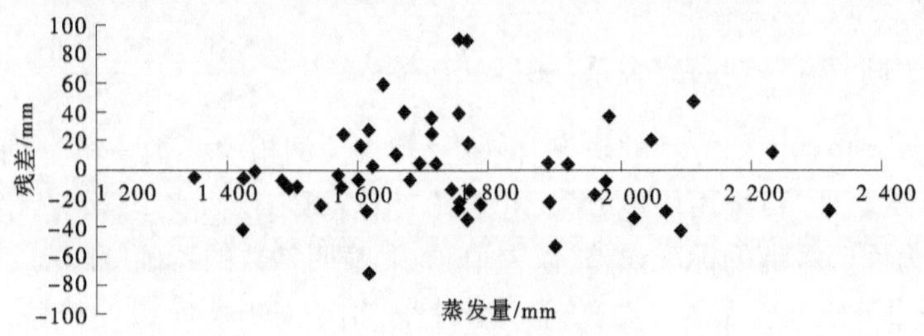

图 4-6　蒸发量与残差散点图

4.2　一元指(对)数回归分析

指数回归和对数回归本质上是一致的,仅是表达形式不同。以降雨量与有效降雨系数间关系为例。表 4-1 为降雨量与有效降雨系数数据,原始数据位于降雨量指数模型列(第 1 列)和有效降雨系数对数模型列(第 4 列),降雨量对数模型列(第 2 列)= ln 降雨量指数模型列(第 1 列),有效降雨系数指数模型列(第 3 列)= ln 有效降雨系数对数模型列(第 4 列)。

表 4-1　降雨量与有效降雨系数

序号	降雨量(自变量 x)		有效降雨系数(因变量 y)	
	指数模型(1)	对数模型(2)	指数模型(3)	对数模型(4)
	原始数据 x/mm	$\ln x$	$\ln y$	原始数据 y
1	569	6.3439	-0.4943	0.61
2	416	6.0307	-0.6539	0.52
3	451	6.1115	-0.4155	0.66
4	433	6.0707	-0.2485	0.78
5	367	5.9054	-0.3567	0.70
6	433	6.0707	-0.2485	0.78
7	551	6.3117	-0.3711	0.69
8	416	6.0307	-0.3147	0.73
9	499	6.2126	-0.2744	0.76

续表 4-1

序号	降雨量(自变量 x)		降雨有效系数(因变量 y)	
	指数模型(1)	对数模型(2)	指数模型(3)	对数模型(4)
	原始数据 x/mm	$\ln x$	$\ln y$	原始数据 y
10	429	6.0615	-0.2485	0.78
11	489	6.1924	-0.6349	0.53
12	606	6.4069	-0.7133	0.49
13	347	5.8493	-0.1054	0.90
14	348	5.8522	-0.4155	0.66
15	484	6.1821	-0.4620	0.63
16	602	6.4003	-0.6931	0.50

由于 Excel 回归分析结果实质是对线性关系 $y = ax + b$ 的描述,故所有的模型需要转变为线性模型。对指数模型:$y = ce^{bx}$ 两边取对数后:$\ln y = \ln c + bx$,$\ln y$ 即为线性模型的 y,亦即回归模型的因变量,自变量仍为 x,因此指数模型的自变量和因变量分别为表 4-1 中第 1 列和第 3 列数据,点击菜单栏“数据”→数据分析→回归,y 值区域选择第 3 列数据,x 值区域选择第 1 列数据,置信度 95%,输出结果如图 4-7 所示。

SUMMARY OUTPUT

回归统计	
Multiple R	0.607357576
R Square	0.368883225
Adjusted R Square	0.323803455
标准误差	0.149310173
观测值	16

方差分析

	df	SS	MS	F	Significance F
回归分析	1	0.1824257	0.182426	8.182899509	0.012584578
残差	14	0.3121094	0.022294		
总计	15	0.4945351			

	Coefficients	标准误差	t Stat	P-value	Lower 95%	Upper 95%	下限 95.0%	上限 95.0%
Intercept	0.198696447	0.2179807	0.911532	0.377443489	-0.268825988	0.666218882	-0.268826	0.66621888
X Variable 1	-0.001321161	0.0004619	-2.86058	0.012584578	-0.002311734	-0.00033059	-0.0023117	-0.0003306

图 4-7 一元线性模型(原指数模型)回归结果

因此,回归建立模型为 $\ln y = 0.198696 - 0.001321x$,方程两边取反对数后,指数模型为 $e^{\ln y} = e^{0.198696} \times e^{-0.001321x} \Rightarrow y = 1.219812e^{-0.001321x}$ 。该模型也可通过 Excel 函数计算,-0.00132=SLOPE(有效降雨系数,降雨量),函数 INTERCEPT(有效降雨系数,降雨量)计算结果为回归结果截距 0.198696,求指数得 1.219812,即可求出指数模型公式。

若选择对数模型:$y = a + b\ln x$,根据回归分析实质,需要将自变量先取对数,即为表 4-1 中第 2 列数据,而因变量为原始数据,点击菜单栏“数据”→数据分析→回归,y 值区域选择第 4 列数据,x 值区域选择第 2 列数据,置信度 95%,输出结果如图 4-8 所示。

因此,建立的对数模型为 $y = 3.074151 - 0.392384\ln x$ 。

SUMMARY OUTPUT

回归统计	
Multiple R	0.591799516
R Square	0.350226667
Adjusted R Square	0.303814286
标准误差	0.09895965
观测值	16

方差分析

	df	SS	MS	F	Significance F
回归分析	1	0.0738978	0.073898	7.545975022	0.015737597
残差	14	0.1371022	0.009793		
总计	15	0.211			

	Coefficients	标准误差	t Stat	P-value	Lower 95%	Upper 95%	下限 95.0%	上限 95.0%
Intercept	3.074151152	0.8755431	3.511136	0.003457834	1.196297949	4.952004355	1.19629795	4.95200436
X Variable 1	-0.392384484	0.1428414	-2.74699	0.015737597	-0.69874885	-0.08602012	-0.6987488	-0.0860201

图 4-8　一元线性模型(原对数模型)回归结果

对比两模型回归结果,对数模型 $R^2=0.35$,指数模型 $R^2=0.37$,指数模型略高于对数模型,拟合效果略好;将自变量原始数据带入拟合后的指数和对数模型,分别计算出各自的因变量预测值,采用函数 STEYX(known_y′s,known_x′s)计算指数模型标准误差 $S=0.0039$,对数模型标准误差 $S=0.0063$,指数模型标准误差较小,拟合效果较好;同样的,计算对数模型残差平方和 SSE=0.1371,指数模型残差平方和 SSE=0.1366,指数模型残差平方和较小,表示拟合效果较好;对数模型剩余均方差 MSE=0.00979,指数模型剩余均方差 MSE=0.00976,指数模型剩余均方差较小,表示拟合效果较好。综合上述分析,表明降雨量与有效降雨系数间关系采用指数模型相对较好。

这里需要注意的是,标准误差计算结果与上述回归统计表(见图 4-7、图 4-8)中不同,这是因为在进行回归前,已经对指数模型取对数,回归分析的结果只表明取对数后的模型的结果,同样的,对数模型的自变量也进行了对数处理,故回归分析表中的标准误差不代表真实值。而对数模型计算的 SSE 和 MSE 与方差分析表(见图 4-8)中相同,这是因为对数模型仅对自变量取对数,因变量未变化,SSE 和 MSE 计算公式仅涉及因变量,故两者相同。

4.3　多元线性回归分析

多元回归,即多个自变量、1 个因变量的模型,多元线性回归模型,即所用模型为 $y=k_1x_1+k_2x_2+\cdots+k_nx_n$。例如,自变量为光合有效辐射、温度、相对湿度 3 个气象因子,因变量为光合速率,拟合线性模型。表 4-2 为 3 个气象因子与光合速率数据。

首先,将数据输入 Excel 中,点击菜单栏“数据”→数据分析→回归,在弹出菜单栏中选择相应数据区域,注意,此时 x 值输入区域应选择表 4-2 中单元格为“光合有效辐射”与“45.0”间区域的所有单元格,并勾选标志,置信度为 95%;y 值输入区域为光合速率列,结果输出区域选择页面上任意一个单元格,残差与正态分布栏不勾选,点击“确定”,回归结果如图 4-9 所示。

表 4-2　气象因子与光合速率

序号	光合有效辐射 x_1 /(μmol · m^{-2} · s^{-1})	温度 x_2/℃	相对湿度 x_3/%	光合速率 y /(μmol · m^{-2} · s^{-1})
1	362	15.8	84.5	6.8
2	307	15.8	84.5	9.9
3	949	27.0	57.0	14.6
4	901	27.0	57.0	15.8
5	923	33.0	47.0	12.4
6	1030	33.4	45.0	16.0
7	872	36.3	38.0	14.3
8	901	36.3	38.0	13.1
9	601	35.5	38.0	7.7
10	656	35.5	38.0	9.2
11	329	30.5	40.0	7.3
12	337	30.4	40.0	5.9
13	47	25.4	43.5	1.2
14	58	25.0	45.0	1.8

SUMMARY OUTPUT

回归统计	
Multiple R	0.965787688
R Square	0.932745859
Adjusted R Square	0.912569617
标准误差	1.440359858
观测值	14

方差分析

	df	SS	MS	F	Significance F
回归分析	3	287.73078	95.91026	46.22991	3.61875E-06
残差	10	20.746365	2.074637		
总计	13	308.47714			

	Coefficients	标准误差	t Stat	P-value	Lower 95%	Upper 95%	下限 95.0%	上限 95.0%
Intercept	3.763822089	11.906489	0.316115	0.758414	-22.76548875	30.293133	-22.765489	30.293133
光合有效辐射	0.014824425	0.002516	5.891971	0.000153	0.009218342	0.0204305	0.00921834	0.0204305
温度	-0.127683691	0.281117	-0.4542	0.659383	-0.754051419	0.498684	-0.7540514	0.498684
相对湿度	0.018143088	0.1026924	0.176674	0.863291	-0.210669942	0.2469561	-0.2106699	0.2469561

图 4-9　多元线性模型回归结果

回归参数表中第一列数据即为模型中各未知值前系数 k，因此建立的多元线性回归模型为 $y = 0.0148x_1 - 0.12768x_2 + 0.01814x_3 + 3.76382$，$R^2=0.93$，$\overline{R}^2=0.91$，$S=1.44$，$P=3.61875\times10^{-6}<0.0001$，表明该模型建立质量较高。

4.4　多元线性回归分析——指数和幂函数组合

从 4.2 节可知,Excel 回归分析结果实质是对线性关系的描述,所有非线性的模型都需要转变为线性模型,非线性的多元回归同样需要转变为线性模型。以刘浩 2006 年 12 月发表于农业工程学报的文章《间作种植模式下冬小麦棵间蒸发变化规律及估算模型研究》中建立的间作冬小麦棵间土壤蒸发模型为例说明。根据气象因素、作物自身因素、土壤因素对棵间土壤蒸发的影响机制,建立的模型为指数和幂函数组合形式:

$$E = a \cdot ET_0 \cdot e^{-bLAI} \cdot \theta^c \tag{4-1}$$

式中:E 为作物棵间土壤蒸发量,mm/d;ET_0 为参考作物需水量,mm/d;LAI 为作物叶面积指数,m^2/m^2;θ 为表层(0~10 cm)土壤含水率,cm^3/cm^3;a、b、c 为待定系数。

E、LAI、θ 值由实测资料获得,ET_0 采用 FAO 推荐的 Penman-Monteith 公式(见 6.1 节)计算。冬小麦播种后在关键时间点监测棵间土壤蒸发及影响因素如表 4-3 所示。

表 4-3　冬小麦棵间土壤蒸发及影响因素

播后天数/d	棵间土壤蒸发量 E/(mm/d)	参考作物需水量 ET_0/(mm/d)	叶面积指数 LAI/(m^2/m^2)	表层土壤含水率 θ/(cm^3/cm^3)
25	0.39	0.88	0.459825	0.1972
38	0.69	0.64	1.250875	0.3440
49	0.64	0.58	1.778938	0.2960
143	0.43	1.03	2.173431	0.2159
162	0.59	0.62	2.993185	0.3554
175	0.27	1.85	5.982525	0.1518
183	0.38	1.23	6.366495	0.2272
190	1.18	1.93	7.289625	0.3450
196	0.65	1.97	5.879087	0.2612
209	0.46	1.97	4.240741	0.1507

由于建立的模型为指数和幂函数组合形式,故先将式(4-1)转化为式(4-2)。

$$\frac{E}{ET_0} = a \cdot e^{-bLAI} \cdot \theta^c \tag{4-2}$$

式(4-2)两边取对数,有

$$\ln \frac{E}{ET_0} = \ln a - bLAI + c\ln\theta \tag{4-3}$$

$\ln \frac{E}{ET_0}$ 即为线性模型的 y,亦即回归模型的因变量,自变量有两个(LAI 和 $\ln\theta$),故先对表 4-3 中数据进行处理,计算后的因变量和自变量如表 4-4 所示。

表 4-4　不同处理下冬小麦各生育阶段耗水量、产量与充分供水比值

因变量 $\ln\frac{E}{ET_0}$	自变量	
	叶面积指数 LAI/(m^2/m^2)	$\ln\theta$
-0. 815560800	0. 459825	-1. 62354
0. 067696392	1. 250875	-1. 06711
0. 105678555	1. 778938	-1. 21740
-0. 874054270	2. 173431	-1. 53294
-0. 050802730	2. 993185	-1. 03451
-1. 921958450	5. 982525	-1. 88519
-1. 174577290	6. 366495	-1. 48192
-0. 492333720	7. 289625	-1. 06421
-1. 107586060	5. 879087	-1. 34247
-1. 454792230	4. 240741	-1. 89246

点击菜单栏“数据”→数据分析→回归，y 值区域选择第 1 列数据，x 值区域选择第 2~3 列数据，置信度 95%，输出结果如图 4-10 所示。

SUMMARY OUTPUT

回归统计	
Multiple R	0. 975018424
R Square	0. 950660928
Adjusted R	0. 93656405
标准误差	0. 171016047
观测值	10

方差分析

	df	SS	MS	F	Significance F
回归分析	2	3. 944631	1. 972316	67. 43769	2. 66789E-05
残差	7	0. 204725	0. 029246		
总计	9	4. 149357			

	Coefficients	标准误差	t Stat	P-value	Lower 95%	Upper 95%	下限 95. 0%	上限 95. 0%
Intercept	2. 150772955	0. 262769	8. 185036	7. 87E-05	1. 529423191	2. 7721227	1. 5294232	2. 772122718
LAI	-0. 121904207	0. 023606	-5. 1642	0. 001303	-0. 177722705	-0. 066086	-0. 177723	-0. 06608571
ln θ	1. 735505879	0. 176974	9. 806541	2. 43E-05	1. 317028121	2. 1539836	1. 3170281	2. 153983638

图 4-10　多元线性模型回归结果

图 4-10 中回归参数表中第一列数据即为式(4-3)中 $\ln a$、$-b$、c，计算得 $a = e^{\ln a} = 8.59150$，$b = 0.12190$，$c = 1.73551$，因此建立的组合模型为 $E = 8.59150 \cdot ET_0 \cdot e^{-0.12190LAI} \cdot \theta^{1.73551}$。$R^2 = 0.95$，$\overline{R}^2 = 0.94$，$S = 0.171$，$P = 2.66789 \times 10^{-5} < 0.0001$，表明该模型建立质量较高。

4.5　多元线性回归分析——多项式

众所周知，给作物适时适量供水可以获得理想的产量。但产量与作物耗水量之间的关系是否为线性？本节以冬小麦产量与耗水量实测数据(见表 4-5)为例。分别利用线性回归和多项式回归描述作物产量和耗水量之间的定量关系。

表 4-5　冬小麦耗水量与产量

序号	产量/kg	耗水量 x/mm	耗水量的平方 x^2
1	100.0	174.6	30485.16
2	499.8	265.4	70437.16
3	409.5	294	86436.00
4	840.0	451	203401.00
5	576.0	262	68644.00
6	427.0	366.4	134248.96
7	183.0	189.7	35986.09
8	672.0	265.1	70278.01
9	562.0	277	76729.00
10	612.0	341	116281.00
11	318.0	262.8	69063.84
12	548.0	250.2	62600.04
13	545.0	270.6	73224.36
14	339.0	203.7	41493.69
15	632.9	307.9	94802.41

首先选用一元线性模型，点击菜单栏“数据”→数据分析→回归，y 值区域选择第 2 列数据产量，x 值区域选择第 3 列数据耗水量，置信度 95%，输出结果如图 4-11 所示。

SUMMARY OUTPUT

回归统计	
Multiple R	0.748257656
R Square	0.55988952
Adjusted R Square	0.526034868
标准误差	132.5138922
观测值	15

方差分析

	df	SS	MS	F	Significance F
回归分析	1	290406.813	290406.81	16.5380378	0.001333891
残差	13	228279.111	17559.932		
总计	14	518685.924			

	Coefficients	标准误差	t Stat	P-value	Lower 95%	Upper 95%	下限 95.0%	上限 95.0%
Intercept	-89.6738602	145.223189	-0.61749	0.54757597	-403.4094843	224.061764	-403.40948	224.061764
X Variable 1	2.058953437	0.50629605	4.0666986	0.00133389	0.965167333	3.15273954	0.96516733	3.15273954

图 4-11　一元线性模型回归结果

拟合的一元线性模型为 $y = - 2.058953x - 89.67386$。

再选用多项式关系进行回归分析，计算耗水量的平方列于表 4-5 的第 4 列中，点击菜单栏“数据”→数据分析→回归，y 值区域选择第 2 列数据产量，x 值区域选择第 3、4 列数据耗水量和耗水量的平方，置信度 95%，输出结果如图 4-12 所示。

拟合的多项式模型为 $y = - 0.006645x^2 + 6.1281x - 677.2613$。

SUMMARY OUTPUT

回归统计	
Multiple R	0.784332682
R Square	0.615177756
Adjusted R Square	0.551040715
标准误差	128.9708886
观测值	15

方差分析

	df	SS	MS	F	Significance F
回归分析	2	319084	159542	9.591614	0.003247589
残差	12	199601.9	16633.49		
总计	14	518685.9			

	Coefficients	标准误差	t Stat	P-value	Lower 95%	Upper 95%	下限 95.0%	上限 95.0%
Intercept	-677.2613112	469.2928	-1.44315	0.17457	-1699.76244	345.2398176	-1699.76244	345.239818
X Variable 1	6.128116962	3.137978	1.952887	0.074552	-0.70895014	12.96518406	-0.70895014	12.9651841
X Variable 2	-0.006645262	0.005061	-1.31304	0.213725	-0.017672204	0.004381681	-0.0176722	0.00438168

图 4-12　多元线性模型回归结果

对比两模型回归结果，一元线性模型 $R^2=0.56$，多项式模型 $R^2=0.62$，多项式模型略高于一元线性模型，拟合效果略好；多项式模型标准误差 $S=128.97$，一元线性模型标准误差 $S=132.51$，多项式模型标准误差略小，拟合效果较好；多项式模型残差平方和 SSE = 199601.9，一元线性模型残差平方和 SSE = 228279.1，多项式模型残差平方和较小，表示拟合效果较好；多项式模型剩余均方差 MSE = 16633.49，一元线性模型剩余均方差 MSE = 17559.93，多项式模型剩余均方差较小，表示拟合效果较好。综合上述分析，表明耗水量与产量间关系采用多项式模型相对较好。

多项式模型本质上是多元线性模型，本例中是将耗水量 x 和耗水量的平方 x^2 当作两个自变量进行回归的。Excel 散点图的趋势线功能也可获得多项式模型，本例中，将耗水量作为横坐标、产量作为纵坐标绘制散点图，添加趋势线→多项式(顺序 2)→勾选显示公式，显示 R^2 值，添加坐标轴标题，修改坐标轴及图表格式后如图 4-13 所示，图 4-13 中拟合的一元二次方程和 R^2 分别与多项式回归模型和判定系数完全相同。

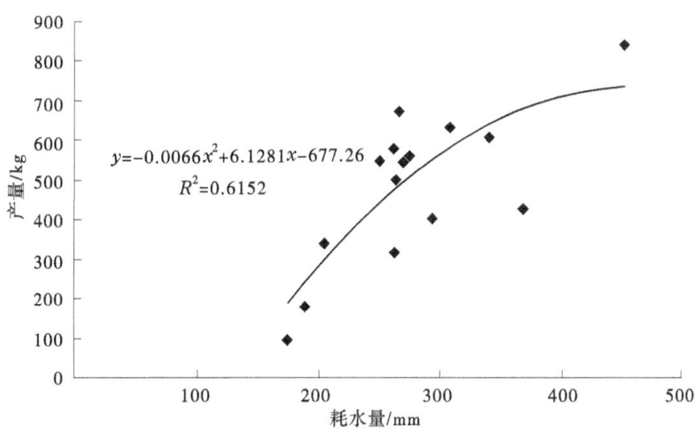

图 4-13　冬小麦耗水量与产量散点图

4.6 模型优选指标

为了建立多个未知指标间的关系,通常会尝试使用多种模型进行回归,最终选择较优的回归模型,本节主要讨论断定模型优劣的常用指标及应用中注意的问题。

4.6.1 判定系数 R^2

判定系数 R^2 是用来度量因变量的总变差(变量波动大小)中可由自变量解释部分所占的比例,即预测值的总变差与真实值的总变差的比值。简言之,它可以反映回归模型的拟合程度,亦可用来评估模型的质量。

对于一元回归:
$$R^2 = \frac{\sum_{i=1}^{n}(\hat{y}_i - \bar{y})^2}{\sum_{i=1}^{n}(y_i - \bar{y})^2} = \frac{\text{SSR}}{\text{SST}} = 1 - \frac{\text{SSE}}{\text{SST}} \tag{4-4}$$

对于多元回归:
$$\bar{R}^2 = 1 - \frac{\frac{\text{SSE}}{n-m-1}}{\frac{\text{SST}}{n-1}} = 1 - \frac{(1-R^2)\times(n-1)}{n-m-1} \tag{4-5}$$

式中:y_i 为因变量值或样本观察值;$\hat{y}_i$ 为预测值或估计值;$\bar{y}$ 为因变量的平均值,$\bar{y}=\bar{\hat{y}}$;SSR 为回归平方和;SSE 为残差平方和;SST 为总平方和;$\bar{R}^2$ 为调整判定系数;n 为样本数;m 为自变量个数;$n-m-1$,$n-1$ 分别为 SSE 和 SST 的自由度 df_e 和 df_t。

一般来说,自变量个数 m 增加时,调整判定系数 $\bar{R}^2$ 会增大;反之,$\bar{R}^2$ 会减小。所以,R^2 和$\bar{R}^2$ 的取值范围为[0,1],越靠近 1,说明拟合程度越高,即模型的质量越好。

本节选用的模型中,4.2 节中一元指数模型 $R^2=0.37$,一元对数模型 $R^2=0.35$,取值范围均在[0,1],且指数模型 R^2 略大,故指数模型质量好。4.5 节中一元线性模型 $R^2=0.56$,多项式模型 $R^2=0.62$,$\bar{R}^2=0.55$,取值范围均在[0,1],多项式模型 R^2 略大,但 $\bar{R}^2$ 略小,故应参照其他指标。

4.6.2 平均绝对误差 MAE

平均绝对误差 MAE,即误差绝对值的平均值,评估的是真实值和预测值的偏离程度,可以准确反映实际预测误差的大小。数值越小,说明模型质量越好,预测精度越高。

计算公式为

$$\text{MAE} = \frac{1}{n}\sum_{i=1}^{n}|\hat{y}_i - y_i| \tag{4-6}$$

本节选用的模型中,4.2 节中一元指数模型 MAE = 0.07997,一元对数模型 MAE = 0.08056,指数模型 MAE 略小,故指数模型质量好。4.5 节中一元线性模型 MAE = 102.06,多项式模型 MAE = 96.89,多项式模型 MAE 较小,故多项式模型的预测精度高于一元线性模型。

4.6.3　均方误差 MSE

均方误差 MSE,即误差平方的平均值,一般不单独使用,多数用在方差分析和参数估计中,数值越小,说明模型质量越好,预测越准确。

计算公式为

$$\mathrm{MSE} = \frac{1}{n}\sum_{i=1}^{n} |\hat{y}_i - y_i|^2 \tag{4-7}$$

式中:n 并非样本总量,实际为 $df_e = n-m-1$;m 为自变量个数。

本节选用的模型中,4. 2 节中自变量个数为 1,样本总数为 16,$df_e = 14$,计算后指数模型 MSE = 0. 00976,对数模型 MSE = 0. 00979,指数模型 MSE 略小,故指数模型质量好。需要注意的是,指数模型回归分析表中 MSE = 0. 0223,与计算结果不同,这是因为回归结果表示的是对原指数模型取对数后的模型,要计算原指数模型 MSE,需要将自变量带入指数模型重新计算预测值,再根据上述公式计算指数模型 MSE。

4. 5 节中一元线性模型自变量个数为 1,样本总数为 15,$df_e = 13$,计算后一元线性模型 MSE = 17559. 93,多项式模型自变量个数为 2,样本总数为 15,$df_e = 12$,计算后 MSE = 16633. 49,与回归分析表中数据相同,多项式模型 MSE 较小,故多项式模型预测准确度高于一元线性模型。

4.6.4　均方根误差 RMSE

均方根误差 RMSE,即均方误差的算术平方根,也称标准误差。与 MSE 相比,RMSE 与原始数据量纲相同,更容易理解,因此使用范围更广。同样,数值越小,模型质量越好,预测精度越高。

计算公式为

$$\mathrm{RMSE} = \sqrt{\mathrm{MSE}} = \sqrt{\frac{1}{n}\sum_{i=1}^{n} |\hat{y}_i - y_i|^2} \tag{4-8}$$

4. 2 节中指数模型 RMSE = 0. 0988,对数模型 RMSE = 0. 9896,指数模型 RMSE 略小,故指数模型质量好。4. 5 节中一元线性模型 RMSE = 132. 51,多项式模型 RMSE = 128. 97,多项式模型 RMSE 较小,故多项式模型预测准确度高于一元线性模型。

4.6.5　平均误差率 MAPE

平均误差率 MAPE,即误差百分率的绝对值的平均值。MAPE 采用百分率来估计误差的大小,容易理解。同样,数值越小,说明模型质量越好,预测越准确。MAPE 是相对值,不是绝对值。

计算公式为

$$\mathrm{MAPE} = \frac{1}{n}\sum_{i=1}^{n} \left|\frac{\hat{y}_i - y_i}{y_i}\right| \times 100\% \tag{4-9}$$

由于真实值在分母出现,因此当真实值为 0 时,该公式不可用。

本节选用的模型中,4. 2 节中一元指数模型 MAPE = 12. 24,一元对数模型 MAPE = 12. 47,指数模型 MAPE 略小,故指数模型质量好。4. 5 节中一元线性模型 MAPE = 32. 56,多项式模型 MAPE = 26. 21,多项式模型 MAPE 较小,故多项式模型预测准确度高于一元线性模型。

4. 6. 6　指标对比

严格地说,调整判定系数 R^2 主要用来衡量模型的拟合程度(模型质量好坏);其他四个指标主要用来评估预测值的准确程度。目前,尚没有固定的标准来确定哪个指标更好。

MAE 和 RMSE 一样,衡量的是真实值与预测值偏离绝对大小情况;而 MAPE 衡量的是偏离的相对大小。相对来说,MAE 和 MAPE 不容易受极端值的影响;而 MSE/RMSE 采用误差的平方,会放大预测误差,所以对于离群数据更敏感,可以突出影响较大的误差值。

相对其他指标,MAPE 使用百分率来衡量偏离的大小,容易理解和解读。而 MAE/RMSE 需要结合真实值的量纲才能判断差异。

在实际的应用中,应用较多的是 R^2 和 MAPE。用 R^2 来判断模型的拟合程度,然后用 MAPE 来判断预测值的误差。

一般情况下,如果 R^2 超过 0. 8,或者 MAPE 低于 5%(月预测),应该就是较好的模型了。

但不管用哪个指标,评估模型的好坏都不能脱离具体的应用场景和具体的数据集。单纯地评判哪个模型好坏,基本上是没有意义的。

第 5 章　宏与 VBA

“宏”(Macro)是 Excel 中最重要的一项工具,它可以解决 Excel 内置函数无法解决的问题,合理地使用宏可以大幅度提高工作效率。VBA(Visual Basic for Applications)是 Office 的内置编程语言,是非常流行的应用程序开发语言 VB(Visual Basic)的子集。宏实际上是一组 VBA 语句,利用它们可以将烦琐、机械的日常工作自动化,从而极大地提高用户的办公效率。

由于本书对象为灌溉试验从业者,而非专业编程人员,因此所编写的 VBA 程序不包含对 Excel 的打开、关闭操作,而是在 Excel 打开后对试验数据的操作,运行的 Sub 过程仅从模块中运行,如果对数据的处理需要在两个以上工作表间操作,则程序中包含对活动工作表的激活选用命令,否则应在所需编辑的数据工作表打开后运行程序,以免出错。

需要注意的是,Excel 不提供程序运行后的返回命令,即当点击 VBA 模块中的“ ▸ ”按钮或 F5 后,运行 Sub 过程,如果发现程序运行后结果无法满足需要,由于该操作无法取消,必须通过关闭文件来返回起始界面。可通过两种方式避免此类情况:一是在程序编好后,点击 F8 对其进行逐语句检查,Sheet 表中将会显示相应操作后结果;二是在运行 Sub 过程之前先将文件保存,这样一旦出错,只需放弃保存关闭再打开即可。

5.1　VBA 基础与编程

5.1.1　VBA 语句

利用 VBA 程序可减轻工作量,提高工作效率。首先,最基本和最重要的工作就是要告诉计算机何时要做出什么样的动作,这就需要熟练掌握并灵活使用 VBA 语句。VBA 语句包括流程控制与过程语句,变量、常量与数据定义语句,文件操作语句,系统与对象语句。流程控制与过程语句就是要控制程序的流向,分解不同的功能模块,完成程序员的设计意图;变量、常量与数据定义语句是为各变量设置最适宜的数据类型与分配存储空间;文件操作语句可直接打开或关闭电脑中的 Excel 文件,并对其进行移动、删除、重命名等操作,该部分内容对非程序员来说较为复杂,且作用不大,本书暂不介绍;系统与对象语句主要讲述代替键盘操作和系统内置命令的一些语句。

本节重点只介绍灌溉试验从业者可能用到的词句,并按照其使用频率依次描述。

5.1.1.1　流程控制与过程语句

1. For…Next 语句

For…Next 语句是一个循环语句,其语法形式如下:

For 循环变量=初值 To 终值[Step 步长]

　[<语句组>]

```
    [Exit For]
    [<语句组>]
Next[循环变量]
```

该循环语句执行时，首先把循环变量的值设为初值，如果循环变量的值没有超过终值，则执行循环体，遇到 Next，把步长加到循环变量上，若没有超过终值，再循环，直至循环变量的值超过终止时才结束循环，继续执行后面的语句。

步长可正可负，为 1 时可以省略。

遇到 Exit For 时，退出循环。Exit For 经常在条件判断之后使用，如 If…Then，并将控制权转移到紧接在 Next 之后的语句。

可以将一个 For…Next 循环放置在另一个 For…Next 循环中，组成嵌套循环。每个循环中要使用不同的循环变量名。

例如：

```
For I =1 To 10 Step 1
  For J = 2 To 9 Step 1
    For K =3 To 8 Step 1
      …
    Next K
  Next J
Next I
```

需要注意的是，这里的 Next K、Next J、Next I 语句顺序必须与 For K、For J、For I 相匹配，For K…Next K 为内循环，程序首先执行，其次为 For J…Next J，最后执行外循环 For I…Next I。

2. If 语句

If 语句是最常用的一种分支语句。它符合人们通常的语言习惯和思维习惯。例如，IF(如果)绿灯亮，Then(那么)可以通行，Else(否则)停止通行。

If 语句有三种语法形式。

(1)第一种语法形式。

```
If < 条件 > Then < 语句 1 > [ Else < 语句 2 > ]
```

(2)第二种语法形式。

```
If < 条件 > Then
    <语句组 1 >
[ Else
    <语句组 2 > ]
End If
```

(3)第三种语法形式。

```
If < 条件 1 > Then
    <语句组 1 >
[ Else If <条件 2 > Then
```

<语句组 2 >]…

Else

<语句组 n >]

End If

<条件>是一个关系表达式或逻辑表达式。若值为真，则执行紧接在关键字 Then 后面的语句组。若值为假，则检测下一个 Else If<条件>或执行 Else 关键字后面的语句组，然后继续执行下一个语句。

在单行形式(1)中，按照 If…Then 判断的结果也可以执行多行语句，只是所有语句必须在同一行上并且以冒号分开，如下面语句所示：

```
If A>10 Then A=A+1:B=B+A:C=C+B
```

例如，在利用气象数据进行 ET_0 计算时，由于气象数据可能存在缺失现象，因此需要对气象数据进行检查。一般对缺测数据，气象部门以极大不符合实际的数代替，多为“32766”。在 Excel 中最简单的做法是利用公式“=IF(H2<30000,H2,"*")”，将大于30000 的气象数据用“*”替换，也可以利用 VBA 的 IF 语句来完成。

```
Sub Macro1()
For I = 2 To 3000
If Range("G" & I).Value < 30000 Then Range("P" & I).Value = Range("G" & I).Value Else Range("P" & I).Value = "*"
Next I
End Sub
```

程序 Macro1 表示 Excel 的 3000 行记录中数据行从第 2 行开始到第 3000 行结束。变量 I 表示行号，Step 默认为 1 表示每行都有数据。所检数据在第 G 列，当 G 列的值小于30000 时，P 列对应行的值等于 G 列的值；当 G 列的值大于或等于 30 000 时，P 列对应行的值等于符号“*”。

此处，采用 VBA 程序处理的方式与 Excel 中利用公式处理的方式相比，效率并没有明显提高，因而此过程完全可以在 Excel 中利用公式处理。

但是，气象数据中的降水数据比较复杂，存在微量、雪、雾等特殊情况，气象部门对此有一个统一的规定：“32744”代表降水量“空白”，“32700”代表降水“微量”，“32766”代表降水数据“缺测”，“31×××”代表“雪或雨夹雪，雪暴”，“30×××”代表“雨和雪”，“32×××”代表“雾露霜”，其中“×××”代表折合的降水量。由于雪、雾、露、霜等特殊天气仅在冬天出现，而冬天种植作物为冬小麦，无论哪种形式的降水都将被作物吸收，因此在计算作物需水时仅考虑降水的数量。

```
Sub Macro2()
  For I = 2 To 3000
      J = Range("M" & I).Value
    If J > 32740 Then
      L = "*"
    ElseIf J = 32700 Then
```

```
    L= 0
  ElseIf J > 32000 Then
    L = 0.1 * (J - 32000)
  ElseIf J > 31000 And J < 32000 Then
    L = 0.1 * (J - 31000)
  ElseIf J > 30000 And J < 31000 Then
    L = 0.1 * (J - 30000)
  Else
    L = 0.1 * J
  End If
    Range("T" & I).Value = L
 Next I
End Sub
```

程序 Macro2 是根据降水量缺测数据的特点进行编写的,大于 32740 的数据可能是“空白”和“缺测”,无论哪个对作物需水计算来说都不可用,故在 L 列相应行以符号“ * ”表示;等于 32700 的数据代表降水“微量”,对作物来说微量的降水仅能湿润表层土,作物根系无法吸收,故以“0”表示;对于表示雨、雪、雾、露、霜的“30×××、31×××、32×××”,根据其数据特点,大于 32000 的,减去 32000,小于 32000 但大于 31000 的,减去 31000,小于 31000 但大于 30000 的,减去 30000;考虑了所有特殊情况外,其他记录即为正常降雨记录,等于其本身。这里可发现每个计算数据都乘以 0.1,这是因为为了避免小数点产生的误会和方便数据输入,参与 ET_0 计算的气象指标中除相对湿度外的其他气象指标均为 0.1 单位,即气象数据虽无小数点,但本质是保留到小数点后一位,在处理不同意义的数据时可直接转为标准值。

3. Select Case 语句

对于条件复杂,需要多个分支的程序,用 If 语句就会显得相当累赘,而且程序变得不易阅读。这时可以使用 Select Case 语句来写出结构清晰的程序。

Select Case 语法形式如下:

```
Select Case <检验表达式>
    [Case <比较列表 1>
        [<语句组 1>]]
       …
    [Case Else
        [<语句组 n>]]
End Select
```

其中的<检验表达式>是任何数值或字符串表达式。

<比较列表>由一个或多个<比较元素>组成(用逗号分隔)。<比较元素>可以是下列几种形式之一:

(1)表达式。

(2)To 表达式。

(3)Is <比较操作符> 表达式。

说明:

如果<检验表达式>与 Case 子句中的一个<比较元素>相匹配,则执行该子句后面的语句组。

<比较元素>若含有 To 关键字,则第一个表达式必须小于第二个表达式,<检验表达式>值介于两个表达式之间为匹配。

<比较元素>若含有 Is 关键字,Is 代表<检验表达式>构成的关系表达式的值为 0 则匹配。

如果有多个 Case 子句与<检验表达式>匹配,则只执行第一个匹配的 Case 子句后面的语句组。

如果前面的 Case 子句与<检验表达式>都不匹配,则执行 Case Else 子句后面的语句组。

可以在每个 Case 子句中使用多重表达式或使用范围。

例如:

```
Case 1 To 4, 7 To 9, 11, 13, Is > MaxNumber
```

也可以针对字符串指定范围和多重表达式。

If 语句中的例子采用 If 语句对不同降雨数据的处理比较复杂,如果采用 Select Case 语句,程序结构更为清晰。

```
Sub Macro3()
For I = 2 To 3000
      J = Range("M" & I).Value
    Select Case Range("M" & I).Value
      Case Is > 32740
        L = "*"
      Case Is = 32700
        L = 0
      Case Is > 32000
        L = 0.1 * (J - 32000)
      Case Is > 31000
        L = 0.1 * (J - 31000)
      Case Is > 30000
        L = 0.1 * (J - 30000)
      Case Else
        L = 0.1 * J
    End Select
      Range("T" & I).Value = L
  Next I
End Sub
```

对比程序Macro3和Macro2发现,在处理多个数据连续区间关系时,Case语句比If语句更加简练,只需要搞清楚各数据间分级关系,利用多个Case子句先执行匹配的第一个的特点,即可轻松编写程序。

4. For Each…Next 语句

For Each…Next 语句:针对一个数组或集合中的每个元素,重复执行一组语句。语法形式如下:

```
For Each <元素> In <集合或数组>
[<语句组>]
[Exit For]
[<语句组>]
Next[<元素>]
```

其中,<元素>是用来遍历集合或数组中所有元素的变量。对于集合来说,<元素>可能是一个Variant变量、一个通用对象变量或任何特殊对象变量。对于数组而言,<元素>只能是一个Variant变量。

如果集合或数组中至少有一个元素,就会进入For…Each块执行。一旦进入循环,便先针对集合或数组中第一个元素执行循环中的所有语句。如果集合或数组中还有其他的元素,则会针对它们执行循环中的语句,当集合或数组中的所有元素都执行完了,便会退出循环,然后继续执行Next之后的语句。

在循环中可以在任何位置放置任意个Exit For语句,随时退出循环。

不能在For…Each…Next语句中使用自定义类型数组,因为Variant不能包含用户自定义类型。

5. While…Wend 语句

While…Wend语句:只要指定的条件为True,则会重复执行一系列的语句。语法形式如下:

```
While <条件>
[语句组]
Wend
```

其中,条件可以是数值表达式或字符串表达式,其计算结果为True或False。Null视为False。

如果条件为True,则执行语句组,然后回到While语句检查条件,如果条件还是为True,则重复执行,直至条件为False,则执行Wend之后的语句。

6. Do…Loop 语句

Do...Loop语句提供了一种结构化与适应性更强的方法来执行循环,它有以下两种形式:

```
◆Do[{While|Until}<条件>]
    [<过程语句>]
    [Exit Do]
    [<过程语句>]
```

```
Loop
◆Do
        [<过程语句>]
        [Exit Do]
        [<过程语句>]
Loop[{While | Until}<条件>]
```

上面格式中,While 和 Until 的作用正好相反。使用 While,则当<条件>为真,继续循环。使用 Until,则当<条件>为真时,结束循环。

把 While 或 Until 放在 Do 子句中,则先判断后执行。把一个 While 或 Until 放在 Loop 子句中,则先执行后判断。

7. Call 语句

Call 语句:将控制权转移到一个 Sub 过程、Function 过程或动态链接库(DLL)过程。语法形式如下:

```
[Call] <过程名> [<参数列表>]
```

其中,关键字 Call 可以省略。如果指定了这个关键字,则<参数列表>必须加上括号。例如:

```
Call MyProc (0)
```

如果省略了 Call 关键字,那么也必须要省略<参数列表>外面的括号。如果使用 Call 语法来调用内建函数或用户定义函数,则函数的返回值将被丢弃。

若要将整个数组传给一个过程,使用数组名,然后在数组名后加上空括号。

8. With 语句

在引用对象时,用 With 语句可以简化代码中对复杂对象的引用。可以用 With 语句建立一个“基本”对象,然后进一步引用这个对象上的对象、属性或方法,直至终止 With 语句。或者说在一个对象或一个用户定义类型上执行一系列的语句。语法形式如下:

```
With <对象引用>
  [<语句组>]
End With
```

其中,<对象引用>是一个对象或用户自定义类型的名称。

With 语句可以对某个对象执行一系列的语句,而不用重复指出对象的名称。例如,要改变一个对象的多个属性,可以在 With 控制结构中加上属性的赋值语句,这时只是引用对象一次而不是在每个属性赋值时都要引用它。

例如:

```
With MyLabel
    .Height = 2000
    .Width = 2000
    .Caption = " This is MyLabel "
End With
```

不能用一个 With 语句来设置多个不同对象的属性。

可以将一个 With 块放在另一个之中,而产生嵌套的 With 语句。但是,由于外层 With 块成员会在内层的 With 块中被屏蔽住,所以必须在内层的 With 块中,使用完整的对象引用来指出在外层的 With 块中的对象成员。

一般来说,不要跳入或跳出 With 块。如果在 With 块中的语句被执行,但是 With 或 End With 语句并没有执行,则一个包含对该对象引用的临时变量将保留在内存中,直到退出该过程。

应熟练掌握 With 语句,在 5.1.2 节中将介绍其在本领域中的应用。

9. Sub 语句

Sub 语句:定义子程序过程。它包括子程序的名称、参数以及构成其主体的代码。语法形式如下:

```
[Private | Public | Friend] [Static] Sub 子程序名[(参数列表)]
    [语句组]
    [Exit Sub]
    [语句组]
End Sub
```

其中:

Public 表示所有模块的所有其他过程都可访问这个 Sub 过程。

Private 表示只有在本模块的其他过程可以访问该 Sub 过程。

Friend 只能在类模块中使用。表示该 Sub 过程在整个工程中都是可见的,但对对象实例的控制者是不可见的。

Static 表示在调用之间保留 Sub 过程的局部变量的值。

Sub 过程按缺省情况就是公用的。

Sub 语句的这一功能在本领域中使用较少,对它的介绍仅是为了让大家能看懂从外界获得的程序。

10. Function 语句

Function 语句:定义函数过程。它包括函数名称、参数以及构成其主体的代码。语法形式如下:

```
[Public | Private | Friend] [Static] Function 函数名 [<参数列表>][As <类型>]
    [<语句组>]
    [函数名=<表达式>]
    [Exit Function]
    [<语句组>]
    [函数名=<表达式>]
End Function
```

Public、Private、Friend 和 Static 的含义与 Sub 语句相同。

<参数列表>代表在调用时要传递给 Function 过程的变量,多个变量之间用逗号隔开。

<类型>表示 Function 过程返回值的数据类型,可以是 Byte、Boolean、Integer、Long、

Currency、Single、Double、Date、String、Object、Variant 或任何用户定义类型。

要从函数返回一个值,只需将该值赋给函数名。在过程的任意位置都可以出现这种赋值。如果没有对函数名赋值,则过程将返回一个缺省值:数值函数返回 0,字符串函数返回一个零长度字符串(""),Variant 返回 Empty,对象引用返回 Nothing。

11. Exit 语句

Exit 语句:退出 Do…Loop、For…Next、Function、Sub 或 Property 代码块。语法形式如下:

```
Exit Do
Exit For
Exit Function
Exit Property
Exit Sub
```

12. GoSub…Return 语句

GoSub…Return 语句:在一个过程中跳到另一个子程序中执行,执行后再返回。语法形式如下:

```
GoSub <行号或标号>
  …
<行号或标号>
  …
Return
```

可以在过程中的任何地方使用 GoSub 和 Return,但是 GoSub 和与之相应的 Return 语句必须放在同一个过程中。一个子程序中可以包含一个以上的 Return 语句,但是当碰到第一个 Return 语句时,程序就会返回到紧接在刚刚执行的 GoSub 语句之后的语句继续执行。

注意:不能使用 GoSub…Retum 来进入或退出 Sub 过程。

13. GoTo 语句

用 GoTo 语句可以无条件地转到另一条语句去执行。语法格式如下:

```
GoTo 标号或行号
```

标号以字母开头,冒号结束,不超过 40 个字符。行号是一个数值。

GoTo 语句会影响程序的结构,使程序阅读及调试困难。因此,除非万不得已,尽量少使用 GoTo 语句。

14. On…GoSub、On…GoTo 语句

On…GoSub、On…GoTo 语句:根据表达式的值,转到特定行执行。语法形式如下:

```
On <数值表达式> GoSub <行号或标号列表>
On <数值表达式> GoTo <行号或标号列表>
```

其中,数值表达式的运算结果应该是一个界于 0~255 的整数,包含 0 和 255。如果不是一个整数,则会四舍五入取整。

行号或标号中间要以逗号隔开。

数值表达式的值将决定转到第几个行号或标号所对应的语句。

如果数值表达式的值小于 1 或大于列表的项目个数,一般会转移到 On…GoSub 或 On…GoTo 之后的语句。

本语句可实现多重分支,但 Select Case 语句的结构化与适应性更强。

15. On Error 语句

On Error 语句:启动一个错误处理程序并指定该子程序在一个过程中的位置;也可用来禁止一个错误处理程序。

On Error 语句的语法有以下 3 种形式:

(1) On Error GoTo <行号或标号>。启动错误处理程序:到指定的行号或标号,激活错误处理程序。

(2) On Error Resume Next。当运行时一个错误发生时,转到紧接着发生错误的语句之后的语句,并在此继续运行。

(3) On Error GoTo 0。禁止当前过程中任何已启动的错误处理程序。

16. Error 语句

Error 语句:模拟错误的发生。语法形式如下:

Error <错误号>

Error 语句获得的支持是向后兼容的。在新的代码中,特别是在建立对象时,要使用 Error 对象的 Raise 方法产生运行时错误。

17. Resume 语句

Resume 语句:在错误处理程序结束后,恢复原有的运行。该语句的语法有以下 3 种形式:

(1) Resume。如果错误和错误处理程序出现在同一个过程中,则从产生错误的语句恢复运行;如果错误出现在被调用的过程中,则从最近一次调用包含错误处理程序的过程的语句处恢复运行。

(2) Resume Next。如果错误和错误处理程序出现在同一个程序中,则从紧随产生错误的语句的下个语句恢复运行;如果错误发生在被调用的过程中,则最后一次调用包含错误处理程序的过程的语句(或 On Error Resume Next 语句),从紧随该语句之后的语句处恢复运行。

(3) Resume <行号或标号>。在指定的行号或标号处恢复运行。必须和错误处理程序在同一个过程中。

18. Property Get 语句

Property Get 语句:声明 Property 过程的名称、参数以及构成其主体的代码,该过程获取一个属性的值。当要返回属性的值时,可以在表达式的右边使用 Property Get 过程,这与使用 Function 或属性名的方式一样。

19. Property Let 语句

Property Let 语句:声明 Property 过程的名称、参数以及构成其主体的代码,该过程给一个属性赋值。Property Let 过程与 Function 和 Property Get 过程不同的是:这两个过程都有返回值,而 Property Let 过程只能用于属性表达式或 Let 语句的左边。

20. Property Set 语句

Property Set 语句:声明 Property 过程的名称、参数以及构成其主体的代码,该过程设置一个对象引用。Property Set 过程与 Function 和 Property Get 过程不同的是:这两个过程都有返回值,而 Property Set 过程只能用于对象引用赋值(Set 语句)的左边。

21. Stop 语句

Stop 语句:暂停执行。语法形式为:

```
Stop
```

该语句可以在过程中的任何地方。使用 Stop 语句,就相当于在程序代码中设置断点。Stop 语句会暂停程序的执行,但它不会关闭任何文件或清除变量。

22. End 语句

End 语句:结束一个过程或块。End 语句的语法有以下几种形式:

(1)End。停止执行。可以放在过程中的任何位置关闭代码执行、关闭以 Open 语句打开的文件并清除变量。

(2)End Function。用于结束一个 Function 语句。

(3)End If。用于结束一个 If…Then…Else 语句块。

(4)End Property。用于结束一个 Property Let、Property Get、Property Set 过程。

(5)End Select。用于结束一个 Select Case 语句。

(6)End Sub。用于结束一个 Sub 语句。

(7)End Type。用于结束一个用户定义类型的定义(Type 语句)。

(8)End With。用于结束一个 With 语句。

5.1.1.2　变量、常量与数据定义语句

1. 数据类型

数据类型用来决定可保存何种数据。VBA 中的数据类型包括 Byte、Boolean、Integer、Long、Currency、Decimal、Single、Double、Date、String、Object、Variant(默认)和用户定义类型等。不同数据类型所需要的存储空间并不相同,表 5-1 为各数据类型的特点。

表 5-1　VBA 中的标准数据类型

数据类型	关键字	类型标识符	推荐前缀	占用字节数
字节型	Byte	无	byt	1(0~255)
逻辑型	Boolean	无	bln	2(True 或 False)
整数型	Integer	%	int	2(-32768~32767)
长整数型	Long	&	Lng	4
货币型	Currency	@	cur	8

续表 5-1

数据类型	关键字	类型标识符	推荐前缀	占用字节数
小数点型	Decimal	无	dec	14
单精度型	Single	!	sng	4
双精度型	Double	#	dbl	8
日期型	Date	无	dtm	8(1/1/100~12/31/9999)
字符串型(定长)	String	$	str	字符长度(1~65400)
字符串型(变长)	String	$	str	字符长度+10
对象型	Object	无	obj	4(任何对象引用)
变体型	Variant	无	vnt	以上任意类型,可变

表 5-1 中字符串型存在两种类型:变长字符串和定长字符串。变长字符串指字符串的长度是不固定的,如果对字符串变量赋予新的字符串,它的长度也随之增减。例如:

Dim a as string

定长字符串指在程序执行过程中,始终保持其长度不变的字符串,例如:

Dim b as string * 8

定义 b 为 8 个字符的定长字符串,如果所给的字符串长度超过了其指定的固定长度,则将会从左至右自动截取固定长度大小的字符串;如果字符串长度小于固定长度,则 VBA 将自动在后面补充空格符。

日期型数据可以表示从公元 100 年 1 月 1 日到公元 9999 年 12 月 31 日的日期和从 0:00:00 到 23:59:59 的时间。若变量被定义为日期型数据,则需要用"#"号把表示日期和时间的值括起来;日期可以用"/""，""-"分隔开,可以是年、月、日,也可以是月、日、年的顺序;时间必须用":"分隔,顺序是:时、分、秒。

例如:

Dim day as date

day=#31/12/2003#

day=#03-25-75 20: 30: 00#或 d=#98,7,18#

逻辑型数据只有两个值:真(True)和假(False)。把数值型数据转换为逻辑型数据时,0 会转换为 False,而非 0 值转换为 True。当把逻辑型数据转换为数值型数据时,False 转换为 0,而 True 转换为-1。

对象型数据是一个 32 位的引用数值,它可以作为任何对象的引用。使用时,要用关键字"Set"才可以指定对某对象的引用。

变体型数据是一种可变的数据类型。它能够表示所有系统定义类型的数据,变体型变量可在程序运行期间存放不同类型的数据。

在程序中不特别说明时,VBA 会自动将该变量默认为 Variant 型变量。

例如：Dim X　　'默认为 Variant 类型

X = "18"　'X 被赋予字符串"18"

X = X - 5　'X 被赋予数值 13

X = "Y" & X　'X 被赋予字串"Y13"

2. 变量

变量用于保存在程序运行过程中需要临时保存的值或对象，在程序运行过程中其值可以发生改变。

变量名由 1~255 个字符组成，可以包含数字、英文字母（大、小写均可）或下划线，不能有"·"或其他类型说明字符，并且必须以英文字母开头。

例如：

xm、Room1、xy_2、name　是合法的变量名

in. sum、75ab　是非法的变量名

变量名不能是 VBA 的关键字。

例如：If、While、String 都是非法的变量名，如果变量名是 VBA 的关键字，VBA 编辑器会显示出错信息。

变量名在同一程序区域内必须唯一。

在 VBA 中，变量无须声明就可以直接使用，此时该变量为变体变量。但使用之前声明变量是一个良好的编程习惯，同时可以提高程序的运行效率。

在模块级别中用 Dim 语句声明的变量，对该模块中的所有过程都是可用的。在过程级别中声明的变量，只在过程内是可用的。

在 VBA 中用 Dim 语句声明变量，例如，声明局部变量 a 为整数型变量，可使用：

Dim N as Integer

也可简化为：

Dim a%

注意：有时为了简化，也可在同一个语句中同时声明多个变量，例如：

Dim a as Integer, b as Integer

声明了两个变量 a、b 均为整数型。

Dim a, b as Integer

声明了两个变量，a 为可变类型、b 为整数型。

也可以使用 Dim 语句来声明变量的对象类型。下面的语句为工作表的新建实例声明了一个变量：

Dim x As New Worksheetj

如果定义对象变量时没有使用 New 关键字，则在使用该变量之前，必须使用 Set 语句将该引用对象的变量赋值为一个已有对象。在该变量被赋值之前，所声明的对象变量有一个特定值 Nothing，这个值表示该变量没有指向任一个对象实例。

可以使用带空圆括号的 Dim 语句来定义动态数组。在定义动态数组后，可以在过程内使用 ReDim 语句来定义该数组的维数和元素。

如果不指定数据类型或对象类型，且在模块中没有 Deftype 语句，则该变量按缺省设

置是 Variant 类型。

3. 常量

常量用于存储固定信息,其值不会发生改变,使用常量可以增加程序的可读性。

在 VBA 中,有两种形式的常量:一种是系统提供的内部常量,另一种是用户自定义的符号常量。

系统内部常量是指 VBA 内置的一些便于记忆的常量,是应用程序和控件提供的。

例如:

VB:表示 VB 和 VBA 中的常量

Form1. BackColor = vbRed　'将窗体的背景颜色设为红色,vbRed 代表红色,为内部常量

xl:表示 Excel 中的常量

内部常量可以在对象浏览器中获得

为了方便开发,有时程序员还需要创建自己的符号常量。在 VBA 中用 Const 语句声明常量,语法形式如下:

[Public | Private] Const <常量名> [As <数据类型>] = <表达式>

Public 表示所有模块的所有过程都可以使用这个常量。

Private(默认)表示只能在包含该声明的模块中使用这个常量。

数据类型可以是 Byte、Boolean、Integer、Long、Currency、Single、Double、Decimal、Date、String 或 Variant。

表达式可以是文字、常数或由除 Is 之外的任意的算术操作符和逻辑操作符所构成的任意组合。

声明多个常量时,使用逗号将每个常量赋值分开。

例如:

```
Const a = 53986, b = "新乡"
```

4. Deftype 语句

在模块级别上,为变量和传给过程的参数设置缺省数据类型。语法形式为:

Def<类型符>　<字母范围>[,<字母范围>]…

其中,<字母范围>的形式为:

letter1 [-letter2]

letter1 和 letter2 指定设置缺省数据类型的名称首字母范围,可以是字母表中的任意字母,不区分大小写。

<类型>可以有以下几种形式:Bool、Byte、Int、Lng、Cur、Sng、Dbl、Dec、Date、Str、Obj、Var,所代表的数据类型分别为:Boolean、Byte、Integer、Long、Currency、Single、Double、Decimal、Date、String、Object、Variant。

例如,在下面的程序段中,Message 就是一个字符串变量:

```
DefStr A-Q
…
Message= "Out of stack space."
```

5. Type 语句

表 5-1 为 VBA 中标准数据类型,此外,还存在用户自定义类型,由 Type 语句来实现,在模块级别中使用。

使用 Type 语句声明了一个用户自定义类型后,就可以在该声明范围内的任何位置声明该类型的变量。可以使用 Dim、Private、Public、ReDim 或 Static 来声明用户自定义类型的变量。

例如,下面语句定义了一个用户自定义类型 StateData:

```
Type StateData
    CityCode (1 To 100) As Integer
    County As String * 30
End Type
```

6. Enum 语句

Enum 语句:定义枚举类型。语法形式如下:

```
[Public | Private] Enum <类型名>
    <元素名>[ =<元素值>]
    <元素名>[ =<元素值>]
    …
End Enum
```

其中:

Public(默认)表示该 Enum 类型在整个工程中都是可见的。

Private 表示该 Enum 类型只在所声明的模块中是可见的。

<类型名>必须是一个合法的 Visual Basic 标识符,在定义该 Enum 类型的变量或参数时用该名称来指定类型。

<元素名>是用于指定该 Enum 类型的组成元素名称的合法 Visual Basic 标识符。

<元素值>可以是别的 Enum 类型。如果没有指定<元素值>,则所赋给的值或者是 0(如果是第一个元素),或者比其直接前驱的值大 1。

Enum 语句只能在模块级别中出现。定义 Enum 类型后,就可以用它来定义变量、参数或返回该类型的过程。

7. ReDim 语句

ReDim 语句在过程级别中使用,用于为动态数组变量重新分配存储空间。

ReDim 语句用来定义或重定义原来已经用带空圆括号(没有维数下标)的 Private 语句、Public 语句或 Dim 语句声明过的动态数组的大小。

可以使用 ReDim 语句反复地改变数组的元素以及维数的数目,但是不能在将一个数组定义为某种数据类型之后,再使用 ReDim 将该数组改为其他数据类型,除非是 Variant 所包含的数组。如果该数组确实是包含在某个 Variant 中,且没有使用 Preserve 关键字,则可以使用 As type 子句来改变其元素的类型,但在使用了此关键字的情况下,是不允许改变任何数据类型的。

如果使用了 Preserve 关键字,就只能重定义数组最末维的大小,且根本不能改变维数的数目。例如,如果数组就是一维的,则可以重定义该维的大小,因为它是最末维,也是仅有的一维。不过,如果数组是二维或更多维,则只有改变其最末维才能同时仍保留数组中的内容。

8. Public 语句

Public 语句在模块级别中使用,用于声明公用变量和分配存储空间。

Public 语句声明的变量在所有应用程序的所有没有使用 Option Private Module 的模块的任何过程中都是可用的;若该模块使用了 Option Private Module,则该变量只是在其所属工程中是公用的。

使用 Public 语句可以声明变量的数据类型,也可以使用 Public 语句来声明变量的对象类型。

9. Private 语句

Private 语句在模块级别中使用,用于声明私有变量及分配存储空间。

Private 语句声明的变量只能在本模块中使用。

可以使用 Private 语句声明变量的数据类型,也可以使用 Private 语句来声明变量的对象类型。如果不指定数据类型或对象类型,且在模块中没有使用 Deftype 语句,则按缺省情况该变量为 Variant 类型。

10. Static 语句

Static 语句在过程级别中使用,用于声明变量并分配存储空间。在整个代码运行期间都能保留使用 Static 语句声明的变量的值。

模块的代码开始运行后,使用 Static 语句声明的变量会一直保持其值,直至该模块复位或重新启动。可以在非静态的过程中使用 Static 语句显式声明只在该过程内可见,但具有与包含该过程定义的模块相同生命期的变量。

11. Erase 语句

Erase 语句:重新初始化大小固定的数组的元素,释放动态数组的存储空间。语法形式如下:

Erase <数组 1>,<数组 2>,…

该语句根据是固定大小(常规的)数组还是动态数组,来采取完全不同的行为。

对于固定大小的数组,Erase 按以下方式设置固定数组的元素:数值变量被初始化为 0,变长的字符串被初始化为一个零长度的字符串(""),而定长的字符串则用 0 填充。Variant 变量被初始化为 Empty。用户自定义类型的变量的每个元素作为各自独立的变量进行初始化。

对于动态数组,Erase 释放动态数组所使用的内存。在下次引用该动态数组之前,程序必须使用 ReDim 语句来重新定义该数组变量的维数。

12. Option Base 语句

在模块级别中使用,用来声明数组下标的缺省下界。语法形式如下:

Option Base {0 | 1}

由于下界的缺省设置是 0,因此无须使用 Option Base 语句。如果使用该语句,则必须写在模块的所有过程之前。一个模块中只能出现一次 Option Base,且必须位于带维数的数组声明之前。

13. Option Compare 语句

Option Compare 语句在模块级别中使用,用于声明字符串比较时所用的缺省比较方法。语法形式如下:

Option Compare {Binary | Text | Database}

该语句必须写在模块的所有过程之前。

如果模块中没有 Option Compare 语句,则缺省的文本比较方法是 Binary。

Option Compare Binary 根据字符的内部二进制表示而导出的一种排序顺序来进行字符串比较。

Option Compare Text 根据由系统区域确定的一种不区分大小写的文本排序级别来进行字符串比较。

Option Compare Database 只能在 Microsoft Access 中使用。当需要字符串比较时,将根据数据库的区域 ID 确定的排序级别进行比较。

14. Option Explicit 语句

Option Explicit 语句在模块级别中使用,强制显式声明模块中的所有变量。语法形式如下:

Option Explicit

如果使用,Option Explicit 语句必须写在模块的所有过程之前。

如果模块中使用了 Option Explicit,则必须使用 Dim 语句、Private 语句、Public 语句、ReDim 语句或 Static 语句来显式声明所有的变量。如果使用了未声明的变量名在编译时会出现错误。

如果没有使用 Option Explicit 语句,除非使用 Deftype 语句指定了缺省类型,否则所有未声明的变量都是 Variant 类型的。

15. Option Private 语句

在允许引用跨越多个工程的主机应用程序中使用 Option Private Module,可以防止在模块所属的工程外引用该模块的内容。语法形式如下:

Option Private Module

Option Private 语句必须写在模块级别中的任何过程之前。

如果模块中使用了 Option Private Module,则其公用部分(如在模块级定义的变量、对象以及用户定义类型)在该模块所属的工程内仍是可用的,但对其他应用程序或工程则是不可用的。

只有在支持同时加载多个工程,且允许在加载的工程间引用的主应用程序中可使用 Option Private。例如,Microsoft Excel 允许加载多个工程,Option Private Module 就可以用来限制跨越工程的可见性。

16. Let 语句

Let 语句:将表达式的值赋给变量或属性。语法形式如下:

[Let]<变量或属性名> = <表达式>

Let 关键字可以省略。

只有当表达式是一种与变量兼容的数据类型时,该表达式的值才可以赋给变量或属性。例如,不能将字符串表达式的值赋给数值变量,也不能将数值表达式的值赋给字符串变量。

可以将字符串或数值表达式赋值给 Variant 变量,但反过来不一定正确。任何除 Null 外的 Variant 都可以赋给字符串变量,但只有当 Variant 的值可以解释为某个数时才能赋给数值变量。可以使用 IsNumeric 函数来确认 Variant 是否可以转换为一个数。

将一种数值类型的表达式赋给另一种数值类型的变量时,会强制将该表达式的值转换为结果变量的数值类型。

Let 语句可以将一个记录类型的变量赋给属于同一用户定义类型的变量。用 LSet 语句可以给不同用户自定义类型的记录变量赋值。用 Set 语句可以将对象引用赋给变量。

17. Set 语句

Set 语句:将对象引用赋给变量或属性。语法形式如下:

Set <变量或属性名> = {[New] <对象表达式> | Nothing}

通常在声明时使用 New,以便可以隐式创建对象。如果 New 与 Set 一起使用,则将创建该类的一个新实例。

<对象表达式>是由对象名、所声明的相同对象类型的其他变量或者返回相同对象类型的函数或方法所组成的表达式。

如果选择 Nothing 项目,则断绝<变量或属性名>与任何指定对象的关联,释放该对象所关联的所有系统及内存资源。

下面两行语句说明如何使用 Dim 来声明 Form1 类型的数组,然后使用 Set 将新创建的 Form1 的实例的引用赋给 myChildForms 变量。

```
Dim myChildForms As Form1
Set myChildForms = New Form1
```

可以有多个对象变量引用同一个对象。因为这些变量只是该对象的引用,而不是对象的副本,所以该对象的任何改动都会反映到所有引用该对象的变量。但是,如果在 Set 语句中使用 New 关键字,那么实际上就会新建一个该对象的实例。

18. LSet 语句

在字符串变量中将字符串往左对齐,或是将一用户定义类型变量复制到另一用户自定义类型变量。语法形式如下:

LSet <字符串变量> = <字符串表达式>

LSet <用户自定义类型变量 1> = <用户自定义类型变量 2>

如果<字符串表达式>的值比<字符串变量>还长,LSet 只在<字符串变量>中放置最左边的部分字符,多余的被截去。

19. RSet 语句

在字符串变量中将字符串往右对齐。语法形式如下:

RSet <字符串变量> = <字符串表达式>

如果<字符串变量>比<字符串表达式>长,Rset 会将<字符串变量>中空余的字符以空白代替,直至字符串开头。RSet 不能用于用户定义类型。

20. Mid 与 MidB 语句

在一个 Variant 或 String 类型变量中以另一个字符串中的字符替换其中指定数量的字符。语法形式如下：

Mid(<字符串变量>,<起始位置>[,<长度>]) = <字符串表达式>

其中,<字符串变量>为要被更换的字符串变量。<起始位置>表示要被替换的字符开头位置。<长度>是可选参数,表示被替换的字符数,如果省略,赋值号右边的字符串将全部用上。<字符串表达式>是用来替换部分<字符串变量>的字符串。

被替换的字符数量总是小于或等于<字符串变量>的字符数。

类似的 MidB 语句作用于包含在字符串中的字节数据。

21. Randomize 语句

Randomize 语句:初始化随机数生成器。语法形式如下：

Randomize[数值表达式]

Randomize 用数值表达式将 Rnd 函数的随机数生成器初始化,给随机数生成器一个新的种子值。如果省略数值表达式,则用系统计时器返回的值作为新的种子值。

22. Rem 语句

Rem 语句:用来在程序中添加注释。语法形式如下：

Rem <注释文本>　　　　或

'<注释文本>

5.1.1.3　系统与对象语句

1. Beep 语句

Beep 语句:通过计算机喇叭发出一个声音。声音的频率与时间长短取决于硬件和系统软件。该语句没有任何参数。

2. Date 语句

Date 语句:设置当前系统日期。语法形式如下：

Date = <日期>

对于运行 Microsoft Windows NT 的系统,日期必须介于公元 1980 年 1 月 1 日至 2079 年 12 月 31 日。

3. Time 语句

Time 语句:设置系统时间。语法形式如下：

Time = <时间>

<时间>可以是任何能够表示时刻的数值表达式、字符串表达式或它们的组合。

如果<时间>是一个字符串,该语句会试图根据系统指定的时间,利用时间分隔符将其转换成一个时间。如果无法转换成一个有效的时间,则会导致错误发生。

4. Event 语句

Event 语句:定义用户自定义的事件。语法形式如下：

[Public] Event <事件名> [(参数列表)]

指定 Public 选项,该事件在整个工程中都是可见的。缺省情况下事件类型是 Public。

事件被声明之后,就可以使用 RaiseEvent 语句来产生该事件。下面代码在类模块的

模块级中声明一个事件:

Event uevt(UserName as String)

下面代码产生这个事件:

RaiseEvent unvt("li")

可以像声明过程的参数一样来声明事件的参数,但事件没有返回值。

5. RaiseEvent 语句

RaiseEvent 语句:引发在一个类、窗体或者文档中的模块级中声明的一个事件。语法形式如下:

RaiseEvent <事件名>[<参数列表>]

<事件名>是要引发的事件的名称。

<参数列表>是用逗号分隔的变量、数组或者表达式的列表,必须用圆括号括起来。如果没有参数,则圆括号必须被省略。

不能使用 RaiseEvent 来引发在模块中没有声明的事件。例如,如果一个窗体有一个 Click 事件,则不能使用 RaiseEvent 来引发该窗体的 Click 事件。如果在窗体模块中声明了一个 Click 事件,则它将覆盖窗体自身的 Click 事件。仍然可以使用调用该事件的正常语法来调用该窗体的 Click 事件,但是不能使用 RaiseEvent 语句。

6. Load 语句

Load 语句:装载一对象但却不显示。语法形式如下:

Load <对象表达式>

在装载对象时会先把它放入内存中,但却是不可见的。必须用 Show 方法使对象可见。在对象成为可见的之前,用户不能与之交互作用。通常在 Initialize 事件过程中用程序操控对象。

7. Unload 语句

Unload 语句:从内存中删除一个对象。语法形式如下:

Unload <对象表达式>

当卸载一个对象时,就将这个对象从内存中删除,使释放出来的内存空间可再使用。直到 Load 语句再次将对象放入内存之前,用户都不能与此对象交互作用,且不能用程序操作对象。

8. AppActivate 语句

AppActivate 语句:激活一个应用程序窗口。语法形式如下:

AppActivate <窗口标题>[, Wait]

所要激活的应用程序窗口的标题是一个字符串,可以使用 Shell 函数返回的任务识别码来代替。

Wait 用来说明在激活另一个应用程序之前调用的应用程序是否有焦点。如果为 False(缺省),即使调用的应用程序没有焦点,也直接激活指定的应用程序。如果为 True,则调用的程序会等到有焦点后,才激活指定的应用程序。

AppActivate 语句将焦点移动到指定的应用程序或窗口,但并不影响最大化或最小化。当用户改变焦点或将窗口关闭时,就会将焦点从活动的应用程序窗口移动出去。可用 Shell 函数启动一个应用程序并设置窗口样式。

在决定激活哪个应用程序时，请将指定的窗口标题与每一个运行中的应用程序的标题字符串进行比较。如果没有完全匹配，就激活标题字符串以指定的<窗口标题>开头的应用程序，可能激活多个应用程序。

9. SendKeys 语句

SendKeys 语句：将一个或多个按键消息发送到活动窗口，就如同在键盘上进行输入一样。语法形式如下：

SendKeys <字符串表达式> [, Wait]

“字符串表达式”用来指定要发送的按键消息。

Wait 指定等待方式。该选项如果省略，则控件在按键发送出去之后立刻返回到过程，否则按键消息必须在控件返回到过程之前加以处理。

每个按键由一个或多个字符表示。例如，为了表示字母 A，可以用"A"作为字符串表达式。为了表示 A、B、C 三个字符，可用"ABC"作为字符串表达式。

对 SendKeys 来说，加号(+)、插入符(^)、百分号(%)、上划线(~)及圆括号(())都具有特殊意义。为了指定上述任何一个字符，要将它放在花括号({})当中。例如，要指定正号，可用{+}表示。方括号([ ])对 SendKeys 来说并不具有特殊意义，但也必须将它们放在大括号中。在其他应用程序中，方括号有特殊意义，在出现动态数据交换(DDE)时，它可能具有重要意义。为了指定大括号字符，可以使用{{}及{}}。

为了在按下按键时指定那些不可见的字符，例如 ENTER 或 TAB 以及那些表示动作而非字符的按键，可以使用相应的代码。按键与代码的对应关系如表 5-2 所列。

表 5-2　按键与代码的对应关系

按键	代码	按键	代码
BACKSPACE	{BACKSPACE}，{BS}或{BKSP}	TAB	{TAB}
BREAK	{BREAK}	UP ARROW	{UP}
CAPS LOCK	{CAPSLOCK}	F1	{F1}
DEL or DELETE	{DELETE} 或 {DEL}	F2	{F2}
DOWN ARROW	{DOWN}	F3	{F3}
END	{END}	F4	{F4}
ENTER	{ENTER} 或 ~	F5	{F5}
ESC	{ESC}	F6	{F6}
HELP	{HELP}	F7	{F7}
HOME	{HOME}	F8	{F8}
INS or INSERT	{INSERT}或{INS}	F9	{F9}
LEFT ARROW	{LEFT}	F10	{F10}

续表 5-2

按键	代码	按键	代码
NUM LOCK	{NUMLOCK}	F11	{F11}
PAGE DOWN	{PGDN}	F12	{F12}
PAGE UP	{PGUP}	F13	{F13}
PRINT SCREEN	{PRTSC}	F14	{F14}
RIGHT ARROW	{RIGHT}	F15	{F15}
SCROLL LOCK	{SCROLLLOCK}	F16	{F16}

为了指定那些与 Shift、Ctrl 及 Alt 等按键结合的组合键,可在这些按键码的前面放置一个或多个代码,这些键所对应的代码是(括号内为对应的代码):Shift(+)、Ctrl(^)和 Alt(%)。

为了说明在按下其他按键时应同时按下 Shift、Ctrl 及 Alt 的任意组合键,可把那些按键的码放在括号当中。例如,为了说明按下 E 与 C 时同时按下 Shift 键,可使用"+(EC)"。为了说明在按下 E 时同时按下 Shift 键,接着按 C 而不按 Shift,可使用"+EC "。

为了指定重复键,使用{key number}的形式。必须在 key 与 number 之间放置一个空格。例如,{LEFT 42}意指 42 次按下"←"键。{h 10}则是指 10 次按下 H 键。

10. Declare 语句

Declare 语句用于在模块级别中声明对动态链接库(DLL)中外部过程的引用。

下面的示例中,声明了一个外部子程序 First,它不带任何参数:

```
Declare Sub First Lib "MyLib"()
```

在下面的示例中,First 有一个 Long 参数:

```
Declare Sub First Lib "MyLib" (X As Long)
```

11. Implements 语句

Implements 语句:指定要在包含该语句的类模块中实现的接口或类。语法形式如下:

```
Implements [<接口名>|<类名>]
```

所谓接口,就是代表接口封装的成员(方法以及属性)的原型集合。也就是说,它只包含成员过程的声明部分。一个类提供一个或多个接口的所有方法以及属性的一种实现方案。类的控制者每次调用函数时,该函数所执行的代码由类来提供。每个类至少应实现一个缺省接口。在 Visual Basic 中,一个已实现的接口中任何没有显式声明的成员都是缺省接口的隐式成员。

当 Visual Basic 类实现接口时,都会提供该接口的类型库中说明的所有 Public 过程的版本。除提供接口原型与自编过程之间的映射关系外,Implements 语句还使这个类接收对指定接口 ID 的 COM QueryInterface 调用。

在实现接口或类时,必须包括所用到的 Public 过程。如果在实现接口或类时遗漏了成员,就会产生错误。如果正在实现的类中某个过程还没有代码,则可以产生一个适当的错误信息,以使用户意识到该成员还没有实现。

12. DeleteSetting 语句

DeleteSetting 语句:在 Windows 注册表中删除注册表项设置。语法形式如下:

DeleteSetting <应用程序或工程名>,<区域名>[,<项>]

其中:

<应用程序或工程名>是字符串表达式,区域或注册表项用于这些应用程序或工程。

<区域名>是字符串表达式,表示要删除注册表项设置的区域名称。

<项>是字符串表达式,表示要删除的注册表项设置。如果省略<项>,则将指定的区域连同相关的注册表项设置都删除。

13. SaveSetting 语句

SaveSetting 语句:在 Windows 注册表中保存或建立应用程序项目。语法形式如下:

SaveSetting<应用程序或工程名>,<区域名>,<项>,<值>

其中:

<应用程序或工程名>是字符串表达式,表示应用程序或工程的名称。

<区域名>是字符串表达式,表示区域名称,在该区域保存注册表项设置。

<项>是字符串表达式,表示将要保存的注册表项设置的名称。

<值>为表达式,表示要为指定项设置的值。

5.1.2　对单元格的选定、引用、激活

5.1.2.1　Range 属性

在 Excel 中对单元格或单元格区域的引用一般采用鼠标选择,在 VBA 中对应语句为 Range,Range 对象既可表示单个单元格,也可表示单元格区域。语法 Range(arg)(其中 arg 为区域名称)来返回代表单个单元格或单元格区域的 Range 对象。表 5-3 为使用 Range 属性的 A1 样式引用示例。

表 5-3　使用 Range 属性的 A1 样式引用示例

引用	含义
Range("A1")	单元格 A1
Range("A1:B3")	从单元格 A1 到单元格 B3 的区域
Range("A1:B3,G6:F8")	多块区域选定,单元格 A1 到 B3,G6 到 F8
Range("A:A")	A 列
Range("1:1")	第 1 行
Range("A:C")	从 A 列到 C 列的区域
Range("1:3")	从第 1 行到第 3 行的区域
Range("1:1,3:3,5:5")	多行选择,选择第 1 行、3 行和 5 行
Range("A:A,C:C, E:E ")	多列选择,选择第 A 列、C 列和 E 列

例如,对单元格内容的复制粘贴操作:复制 A1 单元格内容,粘贴至 B1 到 C1 单元格的程序为:

```
Sub Macro1()
  Range("A1").Select
  Selection.Copy
  Range("B1:C1").Select
  ActiveSheet.Paste
End Sub
```

如果需要复制单元格 A2、A4、…、A30 的内容,分别粘贴至 B2~C2、B4~C4、…、B30~C30,则需要一个简单的循环:

```
Sub Macro1()
For I = 2 To 30 Step 2
  Range("A" & I).Select
  Selection.Copy
  Range("B" & I & ":C" & I).Select
  ActiveSheet.Paste
Next I
End Sub
```

第 2 行语句代表循环起始行号(第 2 行到第 30 行)及循环步长 2(偶数行),"&"连接符的作用是连接固定字符和变量,字符与变量或变量与字符之间必须存在该连接符,否则将出现语句错误。

5.1.2.2 Cells 属性

除 Range 属性外,也可以使用 Cells 属性来引用单元格,语法形式为 Cells(row,column)。参数 row:数值类型,指定返回行;参数 column:数值类型,指定返回列。如果任何参数的值为 null,Cells()函数返回 null,如果对工作表应用 Cells 属性时不指定编号,该属性将返回代表工作表上所有单元格的 Range 对象,Cells. ClearContents 可以清除所有单元格的内容。

Cells(1,1)代表单元格 A1,如果需要在 A1 单元格填入数字 10,则可以借助 Value 属性:Cells(1, 1). Value = 10。

Cells 属性与 Range 属性作用相似,在一些情况下可以换用。例如,在利用 Penman-Menteith 公式计算参考作物需水量时,为实现批量计算,多站点多年计算结果通常以竖列形式排列(见图 5-1),这对于分析各站点年际趋势非常不方便,最合适的排列方式为以站名为横标题、年份为列标题(见图 5-2)。这就需要将**以竖列形式排列的数据转换为横列形式**,对这类重复操作,可以在 Visual Basic 中采用一个单循环来实现。

	A	B	C	D	E	F	G	H	I	J	K	L
1	站名	站码	经度/(°)	纬度/(°)	高程/m	年份	高温/℃	低温/℃	相对湿度/%	风速/(m·s^{-1})	日照时数/h	ET_C/mm
2	安阳	53898	114.4	36.05	62.9	1961	15.37	2.91	62.13	2.71	1764.54	544.20
3	安阳	53898	114.4	36.05	62.9	1962	14.17	2.18	64.65	2.70	1637.26	438.03
4	安阳	53898	114.4	36.05	62.9	1963	13.04	2.86	74.18	2.64	1481.49	403.37
5	安阳	53898	114.4	36.05	62.9	1964	15.12	3.50	63.75	2.65	1750.78	518.14
6	安阳	53898	114.4	36.05	62.9	1965	16.28	3.48	55.46	3.08	1798.24	583.73
7	安阳	53898	114.4	36.05	62.9	1966	15.34	2.88	57.06	2.52	1786.87	543.31
8	安阳	53898	114.4	36.05	62.9	1967	14.75	2.12	54.67	2.34	1899.82	556.73
						⋮			⋮			
861	固始	58208	115.62	32.167	42.9	2004	15.18	5.69	72.83	2.54	1052.03	401.81
862	固始	58208	115.62	32.167	42.9	2005	15.65	6.75	72.78	2.60	1125.38	406.00
863	固始	58208	115.62	32.167	42.9	2006	16.72	7.08	72.95	2.40	1106.84	418.75
864	固始	58208	115.62	32.167	42.9	2007	15.53	5.98	73.09	2.27	1108.35	405.10
865	固始	58208	115.62	32.167	42.9	2008	15.86	6.37	71.77	2.18	972.93	380.42
866	固始	58208	115.62	32.167	42.9	2009	14.22	5.62	69.75	2.09	940.32	370.63
867	固始	58208	115.62	32.167	42.9	2010	16.39	5.27	61.27	1.95	1315.91	449.88
868	固始	58208	115.62	32.167	42.9	2011	14.66	6.60	74.74	1.85	825.35	349.70

图 5-1　数据转换之竖列显示

	N	O	P	Q	R	S	T	U	V	W	X	Y	Z	AA	AB	AC	AD	AE
1	高温/℃	安阳	新乡	三门峡	卢氏	孟津	栾川	郑州	许昌	开封	西峡	南阳	宝丰	西华	驻马店	信阳	商丘	固始
2	1961	15.37	15.34	14.89	14.80	15.37	14.21	15.60	15.72	14.96	16.32	15.81	16.22	16.00	15.55	15.58	15.01	15.35
3	1962	14.17	14.45	13.62	13.62	13.56	13.03	14.13	14.79	13.68	15.45	14.89	15.12	14.51	14.46	15.14	13.37	14.85
4	1963	13.04	13.61	12.96	12.49	12.71	12.14	13.08	13.82	12.73	14.39	14.06	13.96	13.60	13.51	13.90	12.55	13.99
5	1964	15.12	15.19	14.41	14.07	14.52	13.93	14.71	15.34	14.64	16.01	15.28	15.48	14.98	15.07	15.16	14.31	14.99
6	1965	16.28	16.63	16.17	15.68	16.14	15.36	16.33	16.67	16.20	17.16	16.62	16.75	16.19	16.37	16.23	15.25	15.77
7	1966	15.34	15.52	14.26	13.79	14.48	13.31	15.13	15.76	15.06	15.31	14.98	15.60	15.15	14.80	14.54	14.64	14.33
						⋮						⋮						
46	2005	15.36	15.84	15.58	15.85	15.25	15.58	15.98	15.64	15.43	16.74	16.08	16.15	15.84	15.89	15.84	14.67	15.65
47	2006	15.81	16.83	16.77	16.80	16.32	16.23	16.95	16.76	16.46	17.89	17.11	17.22	16.51	16.70	16.76	15.62	16.72
48	2007	14.80	15.66	15.36	15.24	14.99	14.97	15.89	15.55	15.27	16.89	15.87	16.12	15.44	15.54	15.88	14.50	15.53
49	2008	15.88	16.26	15.77	15.52	15.28	15.51	16.26	15.76	15.79	16.69	15.50	16.27	15.58	15.74	15.74	14.93	15.86
50	2009	13.09	14.31	14.23	13.84	13.75	14.03	14.66	14.16	13.92	15.06	14.28	14.16	14.12	14.24	14.10	13.50	14.22
51	2010	15.15	16.16	15.58	16.12	15.60	15.16	16.38	16.33	15.60	17.42	16.52	16.37	16.16	16.64	16.46	15.20	16.39
52	2011	14.41	15.00	14.31	14.48	14.06	13.91	14.94	14.81	14.39	15.58	14.91	14.94	14.67	14.57	14.56	14.16	14.66
						⋮						⋮						
311	ET_C/mm	安阳	新乡	三门峡	卢氏	孟津	栾川	郑州	许昌	开封	西峡	南阳	宝丰	西华	驻马店	信阳	商丘	固始
312	1961	544.20	502.03	543.88	377.97	577.31	384.36	534.15	486.85	508.34	419.52	419.88	513.85	464.80	427.29	394.67	453.88	394.63
313	1962	438.03	431.63	457.80	315.73	483.72	344.13	435.57	411.53	394.13	377.05	363.49	450.24	361.43	367.80	345.00	331.35	371.92
314	1963	403.37	401.82	429.65	301.00	418.25	304.14	374.67	356.41	336.48	319.34	349.59	363.57	333.35	333.01	326.80	314.17	338.06
315	1964	518.14	476.25	467.59	359.72	509.18	352.25	447.78	423.30	436.76	397.37	415.59	455.77	422.32	409.49	374.54	422.41	402.01
316	1965	583.73	560.73	542.19	387.23	617.29	385.23	542.42	474.14	521.69	414.16	424.50	508.12	444.67	434.56	390.81	435.68	394.50
317	1966	543.31	507.26	489.60	359.89	561.77	362.22	513.29	481.11	498.88	402.66	399.06	515.81	452.10	413.80	355.79	447.46	382.99
318	1967	556.73	574.73	518.81	371.89	553.68	366.07	520.91	487.01	498.89	402.99	401.42	530.52	484.00	424.93	383.30	461.22	422.15
						⋮						⋮						
355	2004	474.06	485.06	460.16	352.41	487.73	374.30	443.19	388.22	463.10	378.61	351.24	405.60	368.23	361.58	407.78	369.80	401.81
356	2005	465.63	504.57	456.10	365.47	524.72	395.42	480.51	428.34	486.60	412.19	389.42	426.89	393.71	415.78	433.24	367.06	406.00
357	2006	468.92	506.41	483.68	356.96	555.89	390.90	483.54	425.68	496.98	443.80	411.10	436.84	393.19	404.63	430.88	394.25	418.75
358	2007	439.24	502.04	460.88	370.45	496.89	381.30	468.99	407.10	486.24	435.40	403.91	442.83	379.50	395.62	410.76	385.37	405.10
359	2008	474.21	506.32	441.09	340.25	489.35	358.00	467.27	386.25	477.67	397.18	363.85	445.88	355.91	382.45	373.15	366.53	380.42
360	2009	413.35	452.99	404.63	330.41	435.24	371.56	433.86	364.42	459.63	366.31	352.22	371.15	348.53	356.52	365.09	362.26	370.63
361	2010	494.64	535.56	483.29	370.85	568.34	452.13	530.67	439.20	525.63	476.05	437.70	478.49	419.04	429.79	477.85	429.64	449.88
362	2011	405.41	451.66	422.42	343.54	454.81	376.49	428.91	349.75	422.87	364.38	379.42	364.02	336.57	338.50	364.58	353.43	349.70

图 5-2　数据转换之横列显示

```
Sub Macro1( )
For i = 1 To 17 Step 1
    Range("G" & 51 * (i - 1) + 2 & ":G" & 51 * i + 1).Select
    Selection.Copy
    Cells(2, 8 + i).Select
    ActiveSheet.Paste
    Next i
End Sub
```

该程序将 17 个站点 51 年竖列显示的数据根据站点转换为横列显示，第一行为标题行，原数据列位于 G 列，转换后数据从 I 列开始。该程序对原数据的选取采用 Range 属性，如果换用 Cells 属性，则程序更改为：

```
Sub Macro2( )
   For i = 1 To 17 Step 1
     Range(Cells(51 * (i - 1) + 2, 7), Cells(51 * i + 1, 7)).Select
     Selection.Copy
     Cells(2, 8 + i).Select
     ActiveSheet.Paste
   Next i
End Sub
```

通过上述两个程序的对比可以看出,Cells 属性与 Range 属性的异同点:Range 属性适用于变量为行的循环,若行、列均需要使用变量进行循环,Cells 属性更适合。

例如,在实际工作中,不仅需要分析作物需水量的年际变化趋势,还需要分析与之相关的其他气象指标数据值的年际变化趋势,如图 5-1 显示的数据形式,数据为 17 个站点 51 年共 867 条记录,第一行为标题行。

编写代码,将程序更改为:

```
Sub Macro3( )
   For j = 2 To 7 Step 1
     For i = 1 To 17 Step 1
       Range(Cells(51 * (i - 1) + 2, j + 5), Cells(51 * i + 1, j + 5)).Select
       Selection.Copy
       Cells(62 * (j - 2) + 2, 14 + i).Select
       ActiveSheet.Paste
     Next i
   Next j
End Sub
```

变量 j 代表 6 个指标,因为转换后的数据有标题行,因此初值为 2;变量 i 代表站点总数,本例共 17 个站点;内循环为对某个指标(气象指标、需水指标)数据的转换,外循环实现指标的依次更换,转换后的两个指标之间设置空格(每个站点数据为 51 行,每两个指标转换后间隔 62 行),以便对数据进行分析计算。

结合年份、站名、指标的复制粘贴代码后整个代码更改为:

```
Sub Macro3( )
For j = 2 To 7 Step 1
   Cells(1, j + 5).Select
   Selection.Copy
   Range("N" & 62 * (j - 2) + 1).Select
   ActiveSheet.Paste
     Range("F" & 2 & ":F" & 52).Select
     Selection.Copy
     Range("N" & 62 * (j - 2) + 2).Select
```

```
    ActiveSheet. Paste
      For I = 1 To 17 Step 1
      Range("A" & (51 * (I - 1) + 2)).Select
      Selection. Copy
      Cells(62 * (j - 2) + 1, 14 + I).Select
      ActiveSheet. Paste
        Range(Cells(51 * (I - 1) + 2, j + 5), Cells(51 * I + 1, j + 5)).Select
        Selection. Copy
        Cells(62 * (j - 2) + 2, 14 + I).Select
Selection. PasteSpecial Paste:=xlPasteValues, Operation:=xlNone, SkipBlanks _
        :=False, Transpose:=False
    Next I
Next j
End Sub
```

注意:这里有两段粘贴代码:

```
ActiveSheet. Paste
```

和

```
Selection. PasteSpecial Paste:=xlPasteValues, Operation:=xlNone, SkipBlanks _
        :=False, Transpose:=False
```

第一段代码等于鼠标右键"粘贴"或键盘命令"Ctrl+V";第二段代码等于鼠标右键"选择性粘贴"数值,对于有公式或有超链接而不想复制公式和链接的区域适合。这里假定数据为超链接模式,年份、站名、指标等为实际输入值,若该三项也为超链接模式,则将第一段粘贴代码用第二段代替即可。执行代码后,数据变为横列显示,如图 5-2 所示。

以上程序都是对各站点数据量相同时执行的,如果各站点数据量不同,则需要更换代码,具体代码见 5. 2. 2 节。

5. 1. 2. 3　Rows 和 Columns 属性

用 Rows、Columns 属性可以选择整行或整列。表 5-4 为使用 Rows、Columns 属性的一些应用示例。括号中的数字或字母代表行号或列标,在循环中可以使用变量进行替换。若要对若干行或列进行同时处理,可创建一个对象变量并使用 Union 方法将 Rows 或 Columns 属性的多个调用组合起来,写法如下:Set myUn=Union(Rows(1),Row(3),Row(5))。

表 5-4　Rows 和 Columns 属性的应用示例

引用	含义
Rows(1)	第 1 行
Rows	工作表上所有的行
Columns(1)	第 1 列
Columns("A")	第 1 列
Columns	工作表上所有的列

5.1.2.4 Select 方法和 Selection 属性

在 VBA 程序中,使用单元格之前,既可以先选中它们,也可以不经选中而直接进行某些操作。宏录制器经常创建使用 Select 方法和 Selection 属性的宏。用 Select 方法可以激活工作表和工作表上的对象,而 Selection 属性返回代表活动工作簿中活动工作表上的当前选定区域的对象。在对单元格内容或对单元格的简单计算时可以直接进行操作,不需要选中单元格。

在分析气象数据时,由于所用的年份历法存在平年和闰年,每月日数也存在差异,数据的规律性较差,影响了数据的批量化处理,而采用逐旬表示的气象数据规律性较好,因此在实际工作中,经常需要将逐日气象数据转变为逐旬气象数据。

首先需要对各旬天数进行统计,在单元格中操作时,只需要采用筛选命令,筛选出所有 1 日和 11 日记录,旬天数列填入 10 即可,对于每月下旬,先筛选出所有 21 日记录,再根据月份进行筛选,1 月、3 月、5 月、7 月、8 月、10 月、12 月为 11 d,4 月、6 月、9 月、11 月为 10 d,对于 2 月,再根据年份进行筛选,平年 8 d,闰年 9 d。该过程较为烦琐,操作起来也比较费时,若采用 VBA 程序可节省大量时间。

以安阳站历年逐日气象数据为例,如图 5-3 所示,共 18993 条记录,O 列统计各旬天数,分别填入各站点逐月 1 日、11 日、21 日所在行。

	A	B	C	D	E	F	G	H	I	J	K	L	M	N
1	站名	省份	经度/(°)	纬度/(°)	高程/m	站码	年份	月份	日	最高气温/℃	最低气温/℃	相对湿度/%	平均风速/(m·s⁻¹)	日照时数/h
2	安阳	河南	114.4	36.05	62.9	53898	1961	1	1	6.3	-10.4	45	1.3	8.1
3	安阳	河南	114.4	36.05	62.9	53898	1961	1	2	8	-6.5	42	4	7.3
4	安阳	河南	114.4	36.05	62.9	53898	1961	1	3	5.2	-4.3	38	2	5.3
5	安阳	河南	114.4	36.05	62.9	53898	1961	1	4	2.5	-9.7	45	1.8	7.3
6	安阳	河南	114.4	36.05	62.9	53898	1961	1	5	2.6	-3	36	2.5	1.7
7	安阳	河南	114.4	36.05	62.9	53898	1961	1	6	6.2	-6.5	36	2	8.4
8	安阳	河南	114.4	36.05	62.9	53898	1961	1	7	7	-9.3	39	2	6.7
				⋮							⋮			
18988	安阳	河南	114.4	36.05	62.9	53898	2012	12	25	-1.8	-6.8	52	2.6	0
18989	安阳	河南	114.4	36.05	62.9	53898	2012	12	26	-2.1	-9	55	1.2	0
18990	安阳	河南	114.4	36.05	62.9	53898	2012	12	27	1.6	-5.6	78	1	0
18991	安阳	河南	114.4	36.05	62.9	53898	2012	12	28	-0.5	-2.6	90	1.5	0
18992	安阳	河南	114.4	36.05	62.9	53898	2012	12	29	0.7	-5.6	60	2	0
18993	安阳	河南	114.4	36.05	62.9	53898	2012	12	30	5.6	-9.4	38	1.6	8
18994	安阳	河南	114.4	36.05	62.9	53898	2012	12	31	7.4	-8.8	47	0.5	6.6

图 5-3 逐日气象数据格式

```
Sub Macro4()
  For I = 2 To 18994 Step 1
    If Range("I" & I).Value = 1 Or Range("I" & I).Value = 11 Then
     Range("O" & I).Value = 10
    ElseIf Range("I" & I).Value = 21 Then
    Range("O" & I).Formula = "=DAY(DATE(R[0]C[-8], R[0]C[-7]+1,0))-20"
    Else
     Range("O" & I).Value = ""
    End If
  Next I
End Sub
```

对该任务,在单元格中操作大约需要花费 5 min,而采用上述程序操作,只需要 10 s。

从该程序中,可以看到对单元格数值的提取(Range("I" & I).Value)和单元格引用公式的书写:

```
Range("O" & I).Formula = "=DAY(DATE(R[0]C[-8], R[0]C[-7]+1,0))-20"
```

公式中对变量的引用不再采用直接引用,而是根据引用单元格与当前单元格的相对位置来定,字符 R(Rows)代表行,C(Columns)代表列。比如 R[0]代表与"O" & I 单元格同行,C[-8]代表从"O" & I 单元格向左移 8 列,即 R[0]C[-8]代表"G" & I 单元格,同样 R[0]C[-7]代表"H" & I 单元格。这里计算各月下旬的天数采用的公式含义为:首先,使用 DATE(year,month,day)函数可以返回代表特定日期的序列号,设定月份+1,日期为 0,即可得到设定月份的最后一天;再使用 DAY(serial_number) 函数得到以序列号表示的某日期的天数,刚好为本月的总天数,再减去上、中旬总天数 20 即可知本月下旬天数。

O 列为各旬天数,以此为基础,可以计算出高温、低温、湿度、风速、日照的各旬均值或累计值。所用程序如下:

```
Sub Macro5()
  For I = 2 To 18994 Step 1
    If Range("I" & I).Value = 1 Or Range("I" & I).Value = 11 Or Range("I" &
          I).Value = 21 Then
      J = Range("O" & I).Value - 1
      Range("P" & I).Formula = "=AVERAGE(R[0]C[-6]:R[" & J & "]C[-6])"
    End If
  Next I
End Sub
```

程序中第 5 行是为了得到计算旬的天数,这样可以在第 6 行对各旬气象指标计算累计/平均值时调用。这里的"P" & I 将键入各旬最高气温的平均值,更换程序中的字符 P 为 Q、R、S 即可得到各旬最低气温、相对湿度、平均风速(U10)的平均值,对日照时数(n),需要计算累计值,对应字符为 T,公式相应更改为"=SUM(R[0]C[-6]:R[" & J & "]C[-6])"。

也可以不更换代码,直接计算出所有数据,程序如下:

```
Sub Macro6()
  For I = 2 To 18994 Step 1
    If Range("I" & I).Value = 1 Or Range("I" & I).Value = 11 Or Range("I" &
          I).Value = 21 Then
      J = Range("O" & I).Value - 1
      Range("P" & I).Formula = "=AVERAGE(R[0]C[-6]:R[" & J & "]C[-6])"
      Range("Q" & I).Formula = "=AVERAGE(R[0]C[-6]:R[" & J & "]C[-6])"
      Range("R" & I).Formula = "=AVERAGE(R[0]C[-6]:R[" & J & "]C[-6])"
      Range("S" & I).Formula = "=AVERAGE(R[0]C[-6]:R[" & J & "]C[-6])"
      Range("T" & I).Formula = "=SUM(R[0]C[-6]:R[" & J & "]C[-6])"
    End If
```

```
    Next I
End Sub
```

可以看出,程序 Macro6 与 Macro5 相比,只是多了四行命令,以获得其他指标的各旬平均/累计值。

完成同样的任务,也可以使用下面的过程:

```
Sub Macro7( )
  With Worksheets( " sheet1" )
  For I = 2 To 18994 Step 1
    If . Range("I" & I) = 1 Or . Range("I" & I) = 11 Or . Range("I" & I) = 21 Then
      J = . Range( "O" & I) - 1
     . Range( "P" & I) = " =AVERAGE( R[0]C[-6]:R[" & J & "]C[-6])"
    End If
  Next I
  End With
End Sub
```

With Worksheets(" sheet1")表示活动工作表为 sheet1,如果工作表名不是这个,需要相应更改,相应的关闭命令为 End With。

程序 Macro7 和 Macro5 虽然代码不同,但其结果是一样的。在操作上的区别是:Macro7 仅对工作表 sheet1 进行处理,不管 sheet1 是否活动状态;Macro5 是对当前活动的工作表,不限于 sheet1 工作表。

若在实际使用中不需要显示出旬天数,直接计算旬累计值,则可使用下面的过程:

```
Sub Macro8( )
  For I = 2 To 18994 Step 1
    If Range( "I" & I). Value = 1 Or Range( "I" & I). Value = 11 Then
      J= 10
  Range( "O" & I). Formula = " =AVERAGE( R[0]C[-5]:R[" & J & "]C[-5])"
    ElseIf Range( "I" & I). Value = 21 Then
      Range("O" & I). Formula = " =DAY(DATE(R[0]C[-8], R[0]C[-7]+1,0))-20"
      J = Range( "O" & I). Value
  Range( "O" & I). Formula = " =AVERAGE( R[0]C[-5]:R[" & J & "]C[-5])"
    Else
     Range( "O" & I). Value = ""
    End If
  Next I
End Sub
```

可以看出,程序 Macro8 其实是程序 Macro4 和 Macro5 的合集,各旬天数先被赋予中间变量 J,计算各指标均值时调用变量 J 的值,整个过程 J 可以不需要显示出来,像一个中转站。

程序 Macro7 和 Macro8 均可以仿照程序 Macro6 更改为所有指标同时计算的模式；标题栏的复制也可以采用仿照程序 Macro3 改写，但本例中标题栏仅需复制一次，鼠标/键盘操作即可，没必要使用程序，故代码程序省略。

5.1.3　VBA 内部函数

函数是计算机高级语言的重要组成部分，是程序的基础。进行软件开发时，经常要使用各种函数。为便于读者随时查阅，本节将 VBA 所有的内部函数分类列出。对每个函数的格式、功能、参数都做了必要的说明，有的还给出了应用举例。

对于本节给出的函数，建议使用者先逐个浏览并上机试验一遍，以便对整体功能和用法有一个基本的了解，知道系统提供了哪些现成的功能，哪些功能必须通过编程实现。当需要某个函数时，再查阅具体细节或帮助信息。

5.1.3.1　数学函数

相关数学函数见表 5-5。

表 5-5　相关数学函数

函数	功能	说明
Abs (number)	返回参数的绝对值	
Atn (number)	返回一个数的反正切值	参数是 Double 型，以 rad 为单位的角。范围在 $-\pi/2$ 和 $\pi/2$ 弧度之间
Cos (number)	返回指定一个角的余弦值	参数是 Double 型或任何有效的数值表达式，表示一个以 rad 为单位的角度
Sin (number)	返回指定一个角的正弦值	
Tan (number)	返回指定一个角的正切值	
Exp (number)	返回 e 的某次方	参数是 Double 型
Fix (number)	返回参数的整数部分	如果参数为负数，返回大于或等于参数的第一个负整数。例如，将-8.4 转换为-8
Int (number)	返回参数的整数部分	如果参数为负数，返回小于或等于参数的第一个负整数。例如，将-8.4 转换为-9
Log (number)	返回指定参数的自然对数值	参数为大于 0 的数值表达式
Hex (number)	返回代表十六进制数值的 String	参数为任何有效的数值表达式或字符串表达式。如果参数非整数，则先四舍五入取整。前缀 &H 可以直接表示十六进制数字，&H10 代表十六进制的 16

续表 5-5

函数	功能	说明
Oct (number)	返回数值的八进制值	参数为任何有效的数值表达式或字符串表达式。如果参数非整数,则先四舍五入取整。前缀 &O 可以直接表示八进制数字,&O10 代表十进制的 8
Rnd [(number)]	返回一个随机数	如果 number 的值小于 0,则结果相同;如果 number 的值大于 0 或省略,则返回序列中的下一个随机数;如果 number 的值等于 0,返回最近生成的数
Round (expression [,numdecimalplaces])	返回按照指定的小数位数进行四舍五入运算的结果	expression 为数值表达式。 numdecimalplaces 为小数点右边应保留的位数。如果忽略,则 Round 函数返回整数
Sqr (number)	返回指定参数的平方根	number 为大于或等于 0 的数值表达式
Sgn(number)	返回参数的符号函数值	

5.1.3.2　日期和时间函数

(1) Date:返回系统日期,若要设置系统日期,可使用 Date 语句。

(2) DateAdd (interval,number,date):返回一个加上一段时间间隔的日期。

interval 为字符串表达式,表示时间间隔单位,有 10 种方式(见表 5-6)。

表 5-6　时间间隔单位

yyyy	年	w	一周的日数
q	季	ww	周
m	月	h	时
y	一年的天数	n	分钟
d	天	s	秒

number 为数值表达式,表示要加上的时间间隔的数目。其数值可以为正数(得到未来的日期),也可以为负数(得到过去的日期)。

date 为日期或表示日期的文字。

例如,将当前日期加上 100 d:

```
Sg = DateAdd ("d",100,Now)
MsgBoxSg
```

假如当前日期是 2014 年 11 月 27 日,加上 100 d 得到的日期是 2015 年 3 月 7 日。

DateAdd 返回值的格式由 Control Panel 设置决定,而不是由传递到 date 参数的格式决定。

(3) DateDiff (interval, date1, date2[, firstdayofweek[, firstweekofyear]]):返回两个指定日期间的时间差。

interval 为字符串表达式,时间间隔单位,同表 5-6。

date1 和 date2 为计算中要用到的两个日期。

firstdayofweek 表示一个星期的第一天。如果未指定,则以星期日为第一天。

firstweekofyear 表示一年的第一周。如果未指定,则以包含 1 月 1 日的星期为第一周。

下面的例子用 DateDiff 函数来显示某个日期与今日相差几天。

```
TheDate = InputBox("请输入一个日期:")
Msg ="指定的日期距今日有" &DateDiff("d",Now,TheDate) &"天"
MsgBox Msg
```

(4) DatePart (interval, date[, firstdayofweek[, firstweekofyear]]):返回一个包含已知日期的指定时间部分。

参数 interval、date、firstdayofweek、firstweekofyear 与 DateDiff 函数相同,不再赘述。

可以使用 DatePart 计算某个日期在第几季度、是星期几,目前为几点钟。

例如,下面程序段先取得一个日期,然后使用 DatePart 函数显示该日期是哪一季。

```
TheDate =InputBox("请输入一个日期:")
Msg="该日期属于第" & DatePart("q",TheDate) & "季度"
MsgBox Msg
```

(5) DateSerial (year, month, day):返回包含指定的年、月、日的日期。

year 为从 100 到 9999 间的整数或一数值表达式。

Month, day 为任何数值表达式,值为有效的月、日。

例如,下面的 DateSerial 函数返回 1990 年 8 月 1 日的前十年(1990-10)零两个月(8-2)又一天(1-1)的日期。结果是 1980 年 5 月 31 日。

```
DateSerial (1990-10,8-2,1-1)
```

(6) DateValue(date):返回一个日期。

date 通常是字符串表达式,表示从 100 年 1 月 1 日到 9999 年 12 月 31 日之间的一个日期。也可以是任何表达式,其所代表的日期、时间在上述范围内。

例如:

```
DateValue ("February12,1969")
```

将字符串转换为日期。

(7) Day (date):返回一个 1~31 的整数,表示一个月中的某一日。

(8) Hour(time):返回 0~23 的整数,表示一天之中的某一钟点。

time 可以是任何能够表示时刻的 Variant、数值表达式、字符串表达式或它们的组合。

(9) Minute(time):返回 0~59 的整数,表示一小时中的某分钟。

time 可以是任何能够表示时刻的 Variant、数值表达式、字符串表达式或它们的组合。

(10) Month(date):返回 1~12 的整数,表示一年中的某月。

date 可以是任何能够表示日期的 Variant、数值表达式、字符串表达式或它们的组合。

(11) MonthName (month[,abbreviate]):返回一个表示指定月份的字符串。

month 为月份的数值表示。abbreviate 为 Boolean 值,表示月份名是否缩写。缺省值为 False,不缩写。

(12) Now:返回当前系统日期和时间。

(13) Second(time):返回 0~59 的整数,表示一分钟之中的某个秒。

time 可以是任何能够表示时刻的 Variant、数值表达式、字符串表达式或它们的组合。

(14) Time:返回当前系统时间。设置系统时间,可使用 Time 语句。

(15) Timer:回从午夜开始到现在经过的秒数。

(16) TimeSerial (hour,minute,second):返回具有时、分、秒的时间。

hour 表示 0(12:00 A. M.)~23(11:00 P. M.)或一数值表达式。

minute,second 表示 0~59 之间任何数值表达式。

例如,执行语句

```
MyTime = TimeSerial (16,35,17)
```

后,MyTime 的值为 4:35:17 PM 之时间表达式。

(17) TimeValue(time):返回一个时间值。

time,通常是一个字符串表达式,表示 0:00:00 至 23:59:59 的时刻。也可以是表示在同一时间范围取值的任何其他表达式。

例如,语句

```
MyTime = TimeValue ("4: 35: 17 PM")
```

返回时间型数据。

(18) Weekday (date,firstdayofweek]):返回一个整数,代表某个日期是星期几。

date 为能够表示日期的 Variant、数值表达式、字符串表达式或它们的组合。

firstdayofweek 为指定一星期第一天的常数。未指定,则以 vbSunday 为缺省值。

(19) WeekdayName (weekday,abbreviate,firstdayofweek):返回一个字符串,表示一星期中的某天。

weekday 为数字值,表示一星期中的某天。abbreviate 为 Boolean 值,表示星期的名称是否被缩写。缺省值为 False,不缩写。firstdayofweek 为数字值,表示一星期中第一天。

(20) Year (date):返回表示年份的整数。

date 是任何能够表示日期的 Variant、数值表达式、字符串表达式或它们的组合。

5.2 宏的基本概念和操作

“宏”可以直接编写,也可以通过录制形成。直接编写需要对编程语言有一定的掌握,对于直接编写比较困难的工作者,可以采用录制宏的方法。录制宏,实际上就是将一系列操作过程记录下来并由系统自动转换为 VBA 语句。这是目前最简单的编程方法,也是 VBA 最有特色的地方。用录制宏的办法编制程序,不仅使编程过程得到简化,还可以提示我们使用什么语句和函数,帮助我们学习程序设计。当然,实际应用的程序不能完全靠录制宏,还需要对宏进一步加工和优化。

5.2.1　宏的录制、编辑与执行

在 Excel 2007 菜单栏“开发工具”中有一个“录制宏”命令，点击后，在 Excel 中的任何键盘或鼠标的操作将被翻译为 VBA 代码并记录下来。

以一个具体的例子说明宏的录制：参考作物需水量 ET_0 的批量计算需要气象数据按照竖列格式排列，而气象部门有时提供的数据是以站码、年份排列的横列数据，数据量少时只需要使用选择性粘贴里的转置即可，当数据量过百时，逐条转换就非常费时费力。以 100 个站点 1981～2010 年逐旬平均气温为例，共 3000 条记录，气象部门给的格式如图 5-4 所示。

	A	B	C	D	E	F	…	AG	AH	AI	AJ	AK	AL
1	站码	年份	1旬	2旬	3旬	4旬		31旬	32旬	33旬	34旬	35旬	36旬
2	50136	1981	-291	-272	-280	-221		-167	-166	-255	-236	-202	-312
3	50136	1982	-345	-238	-242	-248	…	-170	-172	-234	-237	-247	-292
4	50136	1983	-295	-314	-213	-302		-96	-175	-203	-230	-273	-303
5	50136	1984	-291	-299	-271	-309		-143	-232	-223	-284	-352	-309
			⋮							⋮			
2996	52436	2005	-97	-97	-101	-104		49	-8	-42	-102	-138	-93
2997	52436	2006	-128	-104	-96	-46		75	20	-46	-81	-52	-67
2998	52436	2007	-104	-111	-57	-29	…	29	-1	-9	-56	-65	-93
2999	52436	2008	-107	-119	-212	-164		53	-21	-15	-60	-44	-117
3000	52436	2009	-123	-95	-74	-17		25	-83	-39	-50	-91	-93
3001	52436	2010	-34	-69	-101	-59		46	21	-9	-41	-102	-94

图 5-4　100 个站点 1981～2010 年逐旬平均气温　（单位：0.1 ℃）

所在工作表为 Sheet1，转换后的工作表为 Sheet2，在 Sheet1 中点击录制宏，将第 2 行数据按照需要进行一个转置：首先，选择单元格 C2：AL2 区域数据，Ctrl+C 键复制，点击 Sheet2 表中的 D2，右键→粘贴→选择性粘贴→转置→确定。其次，选择 Sheet1 表中的 A2：B2 单元格数据，Ctrl+C 键复制，点击 Sheet2 表中的单元格 A2：A37 区域，Ctrl+V 键粘贴。点击停止录制，查看宏或者 Visual Basic，弹出 Microsoft Visual Basic 页面，双击模块 1 可以看到刚才录制的宏程序：

```
Sub Macro1()
'
'Macro1 Macro
'


'
    Range("C2:AL2").Select
    Selection.Copy
    Sheets("Sheet2").Select
    Range("D2").Select
    Selection.PasteSpecial Paste:=xlPasteAll, Operation:=xlNone, SkipBlanks:= _
        False, Transpose:=True
```

```
    Sheets("Sheet1").Select
    Range("A2:B2").Select
    Application.CutCopyMode = False
    Selection.Copy
    Sheets("Sheet2").Select
    Range("A2:A37").Select
    ActiveSheet.Paste
End Sub
```

程序中第 1 行为宏的名称，默认名称为 Macro1()、Macro2()、Macro3()…按照宏创建的顺序依次排名。2~6 行在电脑中字体颜色为绿色，为对程序内容的说明，可以删除，也可以在程序的任意位置添加，只要在说明文字的前面书写符号“'”即可。最后一行为结束语，这些是程序的开头和结尾，每段程序都包括，不可省略，否则程序无法运行。7~19 行是程序的核心内容，即对鼠标或键盘操作的 VBA 语言翻译，第 7 行表示选择单元格 C2:AL2 区域数据，第 8 行表示对所选单元格内容进行复制，第 9 行表示打开 Sheet2 工作表，第 10 行表示选择单元格 D2，第 11、12 行表示对所选内容进行转置粘贴，第 13 行表示打开 Sheet1 工作表，第 14 行表示选择 A2:B2 单元格数据，第 15 行表示清除剪贴板中内容，第 16 行表示复制 A2:B2 单元格数据，第 17 行表示打开 Sheet2 工作表，第 18 行表示选择单元格 A2:A37 区域，第 19 行表示粘贴。

建立宏最终是为了用它来批量执行鼠标或键盘的重复操作，上述气象数据是具有很强规律性的数据，而对气象数据的转换也是重复性工作，因此需要对宏进行修改，增加循环，实现批量化转换气象数据，修改后编码如下：

```
Sub 气象数据横列转竖列()
  For I = 2 To 3001 Step 1
    Sheets("Sheet1").Select
    Range("C" & I & ":AL" & I).Select
    Selection.Copy
    Sheets("Sheet2").Select
    Range("D" & 36 * (I - 2) + 2).Select
    Selection.PasteSpecial Paste:=xlPasteAll, Operation:=xlNone, SkipBlanks:= _
        False, Transpose:=True
    Sheets("Sheet1").Select
    Range("A" & I & ":B" & I).Select
    Selection.Copy
    Sheets("Sheet2").Select
    Range("A" & 36 * (I - 2) + 2 & ":A" & 36 * (I - 2) + 37).Select
    ActiveSheet.Paste
  Next I
End Sub
```

该程序中增加了以行号“I”为基础的一个循环,第 1 行为对该宏功能性的描述,第 2 行为循环起始行号(第 2 行到第 3001 行)及循环步长(逐行),第 3 行表示打开 Sheet1 工作表,在录制宏时没有该命令,此处增加是由于该段程序的操作涉及两个工作表(Sheet1、Sheet2),并且在整段程序结束时 Excel 打开的为 Sheet2 工作表,如果没有该语句,则操作将在 Sheet2 工作表中进行,运行结果将出错,当然如果整个程序的运行仅在一个工作表中进行,则程序中类似打开工作簿的语句均可取消。在这里,Sheet1 和 Sheet2 为工作表名称,如果工作表被重命名为其他名称,则需要更改为相应名称。第 4 行更改原始的 2 为循环代码 I,当 I=2 时,两个语句作用相同,需要注意的是双引号和连接符“&”的使用,双引号中一般为对字符的引用,比如“C”是指 C 列,“&”连接符的作用是连接固定字符和变量,字符与变量或变量与字符之间必须存在该连接符,否则将出现语句错误。第 7 行将行号更改为一个简短公式,此处是循环的核心,也是对气象数据转换规律性的表达:每年 36 旬,数据存在标题行,因此初始行号为 2。写出公式后为了确保正确,可以对公式进行简单的验证:将变量选取的数值(前 3 个)依次带入,当 I=2 时,选择 D2 行,转置后数据占据 D2:D37 行;当 I=3 时,选择 D38 行,转置后数据占据 D38:D73 行;当 I=4 时,选择 D74 行,转置后数据占据 D74:D110 行,说明转置后的数据可以按顺序排列。10~15 行为站码和年份的复制,由于 36 旬数据为竖列表示,因此每组站码和年份必须同时存在与 36 旬数据前面,意味着选择的每组站码和年份要被复制 36 行,因此第 14 行的语句为对 A 列依次提取 36 行单元格,第 15 行表示粘贴,第 16 行语句为循环的固定语句,表示该循环的单次结束和下一次的开始。

点击 Microsoft Visual Basic 页面中的运行图标“ ▸ ”或 F5,仅需 5 min 左右就可完成 3000 条数据的转置。在日常工作中,大家可以将编辑好的程序存为一个 txt 文件,下次使用时不需再重新录制宏,直接点击查看宏或者 Visual Basic,弹出 Microsoft Visual Basic 页面,点击菜单栏插入→模块,在右面空白处粘贴上述程序,按 F8 可以逐条查看语句所对应的操作,进行必要的调整使之符合本次需要。

需要注意的是,执行宏时对数据有一定的要求,数据必须有规律且重复并整齐,如果数据不统一,比如有的站点数据缺失,缺少部分旬数据,由横列格式转为竖列格式时将出现空数据,由竖列格式转为横列格式时将出错;每年天数不一,平年 365 d,闰年 366 d,在对数据进行求和或计算时就会出错。因此,在对数据进行宏操作时,首先要对数据进行检查,可采用 2.7.2 节数据透视表进行检查。

作物叶面积是在灌溉试验研究中的常用指标,一般都是叶片长×宽再乘以叶面积系数求得单个叶片面积,再对单株作物逐个叶片面积进行累计求得作物叶面积。利用 Excel 计算时通常选用最简单的 Sum 函数完成,也可采用 Sumproduct 函数完成。长和宽的数值在田间调查后输入电脑,一般以株作为一个整体,长、宽分别存于两列,每行代表一片叶子,只有这样存储的数据才方便使用 Sumproduct 函数。对于一般灌溉试验,每个处理需要 3~5 次重复,每次重复需要调查 3~5 株作物叶面积,一个试验至少 3 个处理,整个生育期需要调查 5~10 次,数据量非常大。如果采用宏可以大大节省工作时间,输入数据时借用键盘上的 Tab 键,每株一行,按照先长后宽逐个叶片连续输入,采用宏进行转换。注意:两种方法数据输入格式不同,直接采用 Excel 计算时,数据格式为每株两列,分别放置长和宽数据，每行为一片叶子，而采用宏计算时，需要每株一行，每两列为一片叶子，先长后宽，具体程序如下：

```
Sub Macro1( )
h = Application. WorksheetFunction. CountA( ActiveSheet. Columns( 1) )
Debug. Print h
For j = 1 To h Step 1
  m = Application. WorksheetFunction. CountA( ActiveSheet. Rows( j) )
  Debug. Print m
    For I = 2 To m Step 2
      Cells( h + 1 + I / 2, 2 * j - 1) = Cells( j, I - 1)
      Cells( h + 1 + I / 2, 2 * j) = Cells( j, I)
    Next I
  Next j
End Sub
```

程序中h是用来计算第一列数据的行数，即此次测量的株数；m代表每行数据总数，即每株作物的叶片数为m/2片。当输入数据完成后，点击Excel菜单栏开发工具→Visual Basic，或者视图里的宏，弹出Microsoft Visual Basic页面，点击菜单栏插入→模块，在右面空白处粘贴上述程序，点击运行或F5，几秒钟就能运行结束。需要注意的是，这里的数据输入时没有行标，直接输入数据；每行数据必须连续，中间不能出现空格，如图5-5所示。

	A	B	C	D	E	F	G	H	I	J	K	L	M	N	O	P
1	11	10	3	3.3	3	4.5	5	5	3.7	4.3	3.7	3.5	3.5	2	3.5	4
2	3.5	2	3.5	4	3	3	4	4.5	3	2.7	2.5	3.7				
3	3	4	4.5	3	2.7	2.5	3.7	13	11.5	4.5	6	5.5	4.6	3		
4	5.5	4.6	3	2.5	4.5	5.8	4	4.3	3.5	5	3	2.8	3	2.7		
5	5	5	3	2.5	3	2.5	4.5	5.8	4	4.3	3.5	5				
6	3.7	4.3	3	2.5	11.5	4.5	6	5.5	4.6	3	2.5	4.5	5.8	4		

图5-5　叶面积数据输入格式(Ⅰ)　(单位:cm)

若数据量较大，必须填充行标以避免数据输入时串行，则数据格式如图5-6所示，每行数据依然必须连续，中间不能出现空格，程序更改如下：

	A	B	C	D	E	F	G	H	I	J	K	L	M	N	O	P	Q
1	株1	11	10	3	3.3	3	4.5	5	5	3.7	4.3	3.7	3.5	3.5	2	3.5	4
2	株2	3.5	2	3.5	4	3	3	4	4.5	3	2.7	2.5	3.7				
3	株3	3	4	4.5	3	2.7	2.5	3.7	13	11.5	4.5	6	5.5	4.6	3		
4	株4	5.5	4.6	3	2.5	4.5	5.8	4	4.3	3.5	5	3	2.8	3	2.7		
5	株5	5	5	3	2.5	3	2.5	4.5	5.8	4	4.3	3.5	5				
6	株6	3.7	4.3	3	2.5	11.5	4.5	6	5.5	4.6	3	2.5	4.5	5.8	4		

图5-6　叶面积数据输入格式(Ⅱ)　(单位:cm)

```
Sub Macro2( )
 h =Application. WorksheetFunction. CountA( ActiveSheet. Columns( 1) )
 Debug. Print h
 For j = 1 To h Step 1
  m = Application. WorksheetFunction. CountA( ActiveSheet. Rows( j) )
```

```
    Debug. Print m
      Cells(h + 2, 2 * j - 1) = Cells(j, 1)
      Range(Cells(h + 2, 2 * j - 1), Cells(h + 2, 2 * j)).Select
      Selection. Merge
      With Selection
          . HorizontalAlignment = xlCenter
          . VerticalAlignment = xlCenter
      End With
      For I = 2 To m Step 2
        Cells(h + 2 + I / 2, 2 * j - 1) = Cells(j, I)
        Cells(h + 2 + I / 2, 2 * j) = Cells(j, I + 1)
      Next I
    Next j
  End Sub
```

对比程序 Macro2 和程序 Macro1，程序 Macro2 的 7～13 行在程序 Macro1 中不存在，它主要是将存储于 A 列的行标进行了复制、与右侧单元格合并并居中。这里使用了 5.1.1 节中的 With 语句使程序结构更简明易懂。

采用上述程序运行时，如果数据中间存在空格，则会导致空格所在行的数据转置不完全，对于此类情况，需更改程序为：

```
  Sub Macro3()
   h = Application. WorksheetFunction. CountA(ActiveSheet. Columns(1))
   Debug. Print h
   For j = 1 To h Step 1
    m = ActiveSheet. Range("IV" & j). End(xlToLeft). Column
    Debug. Print m
      Cells(h + 2, 2 * j - 1) = Cells(j, 1)
      Range(Cells(h + 2, 2 * j - 1), Cells(h + 2, 2 * j)).Select
      Selection. Merge
      With Selection
          . HorizontalAlignment = xlCenter
          . VerticalAlignment = xlCenter
         End With
      For I = 2 To m Step 2
        Cells(h + 2 + I / 2, 2 * j - 1) = Cells(j, I)
        Cells(h + 2 + I / 2, 2 * j) = Cells(j, I + 1)
      Next I
    Next j
  End Sub
```

对比程序 Macro 3 和程序 Macro 2，程序 Macro 3 仅更改了 m 的计算方法，这段代码作用是返回第 j 行从右往左数第一个不为空的列号，这就避免了空白数据被丢失的现象。

5.2.2　灌溉试验中的相关实例

5.2.2.1　缺测气象数据的处理

5.1.1 节中介绍了从国家气象站获取的气象数据如果存在超大数据时以“ * ”代替，但在计算参考作物需水量时，缺测数据会导致 ET_0 计算出错，对此，一般采用多年平均值予以替换。一般指标的缺测数据都以“32766”显示，但降雨量数据如 5.1.1 节中所述比较复杂，故建议先按将所有缺测数据用符号“ * ”替换后，再进行平均值的计算。

对气象数据的预处理程序如下：

```
Const Col_T As Byte = 5
'定义变量为字节型,第一个气象指标在 E 列
Sub Macro1( )
'本程序可执行气象数据预处理
Dim k As Long, h As Long
Dim m As Integer
'上述语句定义程序中变量类型,也可省略
k = ActiveSheet. Range( "IV" & 1). End( xlToLeft). Column '第 1 行数据共 k 列
h = Application. WorksheetFunction. CountA( ActiveSheet. Columns( 1) )
'第 1 列数据共 h 行
For j = Col_T To k
'j 表示列号,循环从第 1 个气象指标列开始至最末指标列结束
For i = 2 To h 'i 表示行号,循环从数据初始行开始至最末数据行结束
    m = Cells( i, j). Value '将第 i 行第 j 列的值赋给变量 m
    Select Case Cells( i, j). Value '选择第 i 行第 j 列的值
      Case Is > 32740
        L = " * "
'若大于 32740,L 等于符号“ * ”
      Case Is = 32700
        L = 0
'若等于 32700,L 等于数字 0
      Case Is > 32000
        L = 0.1 * (m - 32000)
'若小于 32740 大于 32000,L 等于第 i 行第 j 列的值减去 32000 后乘 0.1
      Case Is > 31000
        L = 0.1 * (m - 31000)
'若小于 32000 大于 31000,L 等于第 i 行第 j 列的值减去 31000 后乘 0.1
      Case Is > 30000
```

```
        L = 0.1 * (m - 30000)
'若小于 31000 大于 30000,L 等于第 i 行第 j 列的值减去 30000 后乘 0.1
      Case Else
        L = 0.1 * m
'除上述条件外,L 等于第 i 行第 j 列的值直接乘 0.1
    End Select
      Cells(i, j).Value = L '将 L 值赋予第 i 行第 j 列单元格
  Next i
  Next j
End Sub
```

为了让大家明白程序中各语句的功能,在程序中分别添加了程序语句注释,每行前加符号“'”,程序中注释行为浅绿色,本书中以**浅黑色**表示。

程序 Macro1 中第 1 条注释在前述文本中未介绍,这样做主要是使程序通用性更强,仅需改动该行数字即可满足其他数据格式。一般气象数据列在一起放置,本程序中从左到右第一个指标在 E 列,故定义常量 Col_T 为 5,如果所获得程序第一列与之不同,只用在这里更改为相应列号即可,程序内所有代码都不需要修改。

程序 Macro1 将气象数据中所有不合理的数据都以符号“ * ”替换,合理数据转换为标准单位,注意:该程序不适合对相对湿度的处理,因为它在存储时为标准单位,并不需要乘以 0.1,若要对相对湿度处理,则需更改最末 L 值的计算公式为 $L=m$,或将转换后的相对湿度列再乘以 10 即可,推荐第二种方法。

数据检查完成后则需对以“ * ”显示的数据采用同月同日的多年平均值替换。程序如下:

```
Const Col_Station As Byte = 1
Const Col_month As Byte = 3
Const Col_day As Byte = 4
Const Col_T As Byte = 5
'定义变量为字节型,站码、月份、日期、第一个气象指标分别在第 1、3、4、5 列
Sub Macro2()
'用多年平均替换符号“ * ”
Dim k As Long, h As Long
Dim S As Long, P As Integer, D As Integer
Dim W As Double
'上述语句定义程序中变量类型,也可省略
k = ActiveSheet.Range("IV" & 1).End(xlToLeft).Column '第 1 行数据共 k 列
h = Application.WorksheetFunction.CountA(ActiveSheet.Columns(1))
'第 1 列数据共 h 行
For j = Col_T To k
'j 表示列号,循环从第 1 个气象指标列开始至最末指标列结束
```

```
For i = 2 To h 'i 表示行号,循环从数据初始行开始至最末数据行结束
  If Cells(i, j) = "*" Then
      S=Cells(i,Col_Station).Value '提取当前行站码
      P=Cells(i,Col_month).Value '提取当前行月份
      D=Cells(i,Col_day).Value '提取当前行日期
    ActiveSheet.Range(Cells(1, 1), Cells(h, k)).AutoFilter Field:=Col_Station,
Criteria1:=S
    ActiveSheet.Range(Cells(1, 1), Cells(h, k)).AutoFilter Field:=Col_month,
Criteria1:=P
    ActiveSheet.Range(Cells(1, 1), Cells(h, k)).AutoFilter Field:=Col_day,
Criteria1:=D
'在整个数据区域内站码、月份、日期列筛选提取的站码、月份、日期
      W = Application.WorksheetFunction.Subtotal(1, Columns(j))
      Cells(i, j) = W
'采用 VBA 内置 Subtotal 函数计算当前列平均值,并替换当前位置符号"*"
      Cells(i, j).Select
    With Selection.Font
      .Color = -16776961
    End With
'改变当前单元格颜色为红色
    End If
  Next i
Next j
End Sub
```

注意:程序 Macro2 的执行是对原数据的修改,修改后数据虽以红色字体显示,但执行后不可返还,故若还需要查看原数据,可以将原数据表复制后再操作。另外,程序 Macro2 的基本思想是逐行检查数据,当单元格为符号"＊"时,提取当前站码、月份、日期,再筛选出相应站码、月份、日期下的所有数据,利用 Subtotal 函数计算当前列显示数据的平均值,替换符号"＊"。若同站点同月份同日期下不同年份均存在缺测数据,逐行循环时首先出现的符号"＊"被多年平均替换后,再一次出现的符号"＊"的多年平均替换数据的计算使用前一个数据,但差别不大,而且采用多年平均替换值本来就是个近似数,故这种方法影响不大。

或者,在原始数据右侧放置替换后的数据,这样同站同月同日缺测数据的多年平均值相同,原始数据也不会被修改,具体程序如下:

```
Const Col_Station As Byte = 1
Const Col_month As Byte = 3
Const Col_day As Byte = 4
Const Col_T As Byte = 5
```

```
'定义变量为字节型,站码、月份、日期、第一个气象指标分别在第 1、3、4、5 列
Sub Macro3( )
'用多年平均替换缺测气象数据'
Dim k As Long, h As Long
Dim S As Long, P As Integer, D As Integer
Dim W As Double, L As Byte
k = ActiveSheet. Range( "IV" & 1). End( xlToLeft). Column '第 1 行数据共 k 列
h = Application. WorksheetFunction. CountA( ActiveSheet. Columns( 1) )
'第 1 列数据共 h 行
    L = 2 '转换后数据与原始数据间空一列
For j = Col_T To k
'j 表示列号,循环从第 1 个气象指标列开始至最末指标列结束
For i = 2 To h 'i 表示行号,循环从数据初始行开始至最末数据行结束
  If Cells( i, j) < 30000 Then
    Cells( i, k + L). Value = Cells( i, j). Value
'对于小于 30000 的数据认为是真实的,复制至原始数据列右侧
ElseIf Cells( i, j). Value = " * " Then
'如果为符号" * "
      S = Cells( i, Col_Station). Value '提取当前行站码
      P = Cells( i, Col_month). Value '提取当前行月份
      D = Cells( i, Col_day). Value '提取当前行日期
  ActiveSheet. Range ( Cells ( 1, 1 ), Cells ( h, k ) ). AutoFilter Field: = Col_Station,
Criteria1: =S
  ActiveSheet. Range ( Cells ( 1, 1 ), Cells ( h, k ) ). AutoFilter Field: = Col_month,
Criteria1: =P
  ActiveSheet. Range ( Cells ( 1, 1 ), Cells ( h, k ) ). AutoFilter Field: = Col_day,
Criteria1: =D
'在整个数据区域内站码、月份、日期列筛选提取的站码、月份、日期
   W = Application. WorksheetFunction. Subtotal( 1, Columns( j) )
      Cells( i, k + L) = W
'采用 VBA 内置 Subtotal 函数计算当前列平均值,放入右侧相应位置
  End If
Next i
      L = L + 1 '转换后列标加 1,进行第 2 个指标转换
Next j
End Sub
```

注意:程序 Macro3 和 Macro2 均需在程序 Macro1 执行后的基础上操作,因为采用 Subtotal 函数计算时,缺测数据 32766 会参与平均值的计算,所以必须将其先以符号“ * ”

替换,这样才能保证多年平均数据的准确。

这里程序 Macro2 运行速度高于 Macro3,故推荐采用 Macro1 和 Macro2 对气象数据进行预处理,提前将数据复制一份即可。

5.2.2.2 降雨量旬、月、年累计值计算

来自大气的降雨进入土壤后,根据雨量的强度并非所有雨量都能被土壤吸收,超过土壤饱和持水量的水分将会随地表坡度流走。对于有效降雨量的计算,美国土壤保持局提出了一项预测月有效降雨量的方法,即 USDA-SCS,而中国科学家根据研究,也提出了适用于北方地区的旬有效降水量计算方法。不管使用哪种方法计算,首先都需要计算降雨量逐月或逐旬累计值。本书第 5.1.2 节介绍了气象数据逐旬计算程序,本节将介绍逐月计算程序,对逐旬计算程序进行通用化改进。

原始数据为逐日格式,计算逐旬累计程序如下:

```
Const Col_year As Byte = 6
Const Col_month As Byte = 7
Const Col_day As Byte = 8
Const Col_P As Byte = 14
'定义变量为字节型,年份、月份、日期、降雨量数据分别在第 6、7、8、14 列
Sub Macro4()
'求逐旬降雨累计值
    Dim j As Byte, h As Long
    Dim m As Byte, y As Integer
    '上述语句定义程序中变量类型,也可省略
    h = Application.WorksheetFunction.CountA(ActiveSheet.Columns(1))
    Debug.Print h
    '上述语句根据第一列数据量确定所有数据总行数
    For i = 2 To h
      'i 表示行号,循环从第 2 行开始,第 h 行结束
      If Cells(i, Col_day) = 1 Or Cells(i, Col_day).Value = 11 Then
          j = 10
       Cells(i, Col_P + 1).Formula = "=SUM(RC[-1]:R[" & j - 1 & "]C[-1])"
      ElseIf Cells(i, Col_day).Value = 21 Then
          y = Cells(i, Col_year)
          m = Cells(i, Col_month) + 1
          j = day(DateSerial(y, m, 0)) - 20
       Cells(i, Col_P + 1).Formula = "=SUM(RC[-1]:R[" & j - 1 & "]C[-1])"
     End If
```

'逐行循环,当第 8 列日期为 1 或 11 时,旬总天数为 10 天,根据相对位置采用 SUM 函数计算降雨列累计值;当日期为 21 时,提取当前行年份、月份,采用 VBA 内置日期函数

计算当前月总天数,再减去 20 天得到下旬天数,再根据相对位置采用 SUM 函数计算降雨列累计值。

```
    Next i
End Sub
```

程序 Macro4 中第 1 条注释可使程序通用性更强,如果所获得的数据年、月、日、降雨量数据不在 6 列、7 列、8 列、14 列,只用在这里更改为相应列,程序内所有代码都不需要修改。

程序 Macro4 的执行需要原始数据首先以站码、年份、月份、日期排序,不允许某日数据缺失。基本思想是当日期等于 1 或 11 时,即上、中旬,均为 10 d,在存储行右侧相邻单元格采用 Excel 公式计算降雨量累计值;当日期等于 21 时,提取当前行年份和月份,计算下一月日期为 0 时的天数,即为当前月总天数,减去上中旬总天数 20 d 可得下旬天数,再在存储行右侧相邻单元格采用 Excel 公式计算降雨量累计值。

原始数据为逐日格式,计算逐月累计程序如下:

```
Const Col_month As Byte = 7
Const Col_P As Byte = 14
'定义变量为字节型,月份、降雨量数据分别在第 7、14 列
Sub Macro5( )
'根据月份求逐月降雨累计值
    Dim iRowDest As Long, h As Long
    Dim M As Byte, M_Store As Byte, C As Byte
    '上述语句定义程序中变量类型,也可省略
    iRowDest = 2
    MStore = Cells( iRowDest, Col_month)
    '数据存在标题,初始行从第 2 行开始,提取第 2 行月份数据
    h = Application. WorksheetFunction. CountA( ActiveSheet. Columns( 1) )
    Debug. Print h
    '上述语句根据第一列数据量确定所有数据总行数
    For i = 2 To h
      'i 表示行号,循环从第 2 行开始,第 h 行结束
      M = Cells(i, Col_month)
      '提取循环中逐行的月份赋予变量 M
      If M <> MStore Then
        MStore = M
        C = i - iRowDest - 1
Cells( iRowDest, Col_P + 1). Formula = " =SUM( RC[ -1] :R[" & C & "]C[ -1] )"
        iRowDest = i
      End If
```

```
'逐行比较年份 M 是否与 MStore 相同,若不同,则将 M 赋予 MStore,计算当前行与存储行的差值,根据相对位置采用 SUM 函数计算降雨列累计值,并更新存储行行号
    Next i
End Sub
```

程序 Macro5 中第 1 条注释表示所获得的数据月份、降雨量数据在第 7、14 列,若所获数据不同,则需更改为相应列,程序内所有代码都不需要修改。

程序 Macro5 的执行需要原始数据首先以站码、年份、月份排序,允许月份不从 1 月开始,允许月份中某一日数据缺失。基本思想是先将第 1 行数据月份值存储于变量 MStore 中,行号存储于变量 iRowDest 中,再逐行对比循环中月份是否与 MStore 相同,如果不同,则更新 MStore 为新月份,计算当前行与存储行 iRowDest 之差,在存储行右侧相邻单元格采用 Excel 公式计算降雨量累计值,并更新 iRowDest 为当前行行号,继续比较下一行年份与存储年份关系,直至循环结束。

逐月累计计算程序也可以根据程序 Macro4 的思路,月份值为 1、3、5、7、8、10、12 时,天数为 31 d;月份值为 4、6、9、11 时,天数为 30 d;月份值为 2 时,对年份进行闰年判断,闰年 29 d,其他 28 d,再对日期为 1 的单元行进行上述天数的求和计算。但这样的程序要求不能有某日数据缺失,需要提前对数据量进行检查,可根据 2.7.2 节方法,本程序较简单,此处不再进行具体编写。

原始数据为逐日格式,计算逐年累计值程序如下:

```
Const Col_year As Byte = 6
Const Col_month As Byte = 7
Const Col_day As Byte = 8
Const Col_P As Byte = 14
'定义变量为字节型,年份、月份、日期、降雨量数据分别在第 6、7、8、14 列
Sub Macro6()
'求逐年降雨累计值
    Dim h As Long
    Dim Y As Integer, M As Byte, D As Byte
    '上述语句定义程序中变量类型,也可省略
    h = Application.WorksheetFunction.CountA(ActiveSheet.Columns(1))
    '第 1 列数据共 h 行
    For i = 2 To h
      'i 表示行号,循环从第 2 行开始,第 h 行结束
      Y = Cells(i, Col_Year)'提取当前行年份
      M = Cells(i, Col_Month)'提取当前行月份
      D = Cells(i, Col_Day)'提取当前行日期
        If M = 1 And D = 1 And Int(Y / 4) <> Y / 4 Then
          Cells(i, Col_P + 1).Formula = "=SUM(RC[-1]:R[364]C[-1])"
```

```
'如果为平年,则在月、日均为 1 的行,第 15 列键入求和公式,累计 365 d
            ElseIf M = 1 And D = 1 And Int(Y / 4) = Y / 4 Then
             Cells(i, Col_P + 1).Formula = "=SUM(RC[-1]:R[365]C[-1])"
'如果为闰年,则在月、日均为 1 的行,第 15 列键入求和公式,累计 366 d
            End If
        Next i
End Sub
```

程序 Macro6 的执行需要原始数据首先以站码、年份、月份、日期排序,不允许某日数据缺失。基本思想是在年、月均等于 1 的基础上,对是否为闰年进行判断,能被 4 整除的年份即为闰年,不能被 4 整除的年份即为平年,降雨量日值数据在第 14 列,累计值在第 15 列放置。

本节编写的三个程序虽然是对降雨量数据的处理,但其他指标均可使用,对需要计算平均值的指标,可更改程序中 SUM 为 AVERAGE 即可。所有指标批量计算程序可参考程序 Macro3 增加列循环或复制公式行给其他指标,以计算年值为例,程序为:

```
Const Col_year As Byte = 6
Const Col_month As Byte = 7
Const Col_day As Byte = 8
Const Col_T As Byte = 9
Sub Macro7()
'求逐年均值/累计值
    Dim h As Long, k As Byte
    Dim Y As Integer, M As Byte, D As Byte
    k= ActiveSheet.Range("IV" & 1).End(xlToLeft).Column
    h= Application.WorksheetFunction.CountA(ActiveSheet.Columns(1))
    For i = 2 To h
        Y = Cells(i, Col_Year)
        M = Cells(i, Col_Month)
        D = Cells(i, Col_Day)
          If M = 1 And D = 1 And Int(Y / 4) <> Y / 4 Then
            j = k + 1 - Col_T
    Cells(i, k + 1).Formula = "=AVERAGE(RC[-" & j & "]:R[364]C[-" & j & "])"
    Cells(i, k + 2).Formula = "=AVERAGE(RC[-" & j & "]:R[364]C[-" & j & "])"
    Cells(i, k + 3).Formula = "=AVERAGE(RC[-" & j & "]:R[364]C[-" & j & "])"
    Cells(i, k + 4).Formula = "=AVERAGE(RC[-" & j & "]:R[364]C[-" & j & "])"
    Cells(i, k + 5).Formula = "=AVERAGE(RC[-" & j & "]:R[364]C[-" & j & "])"
    Cells(i, k + 6).Formula = "=SUM(RC[-" & j & "]:R[364]C[-" & j & "])"
      ElseIf M = 1 And D = 1 And Int(Y / 4) = Y / 4 Then
```

```
        j = k + 1 - Col_T
      Cells(i, k + 1).Formula = "=AVERAGE(RC[-" & j & "]:R[365]C[-" & j & "])"
      Cells(i, k + 2).Formula = "=AVERAGE(RC[-" & j & "]:R[365]C[-" & j & "])"
      Cells(i, k + 3).Formula = "=AVERAGE(RC[-" & j & "]:R[365]C[-" & j & "])"
      Cells(i, k + 4).Formula = "=AVERAGE(RC[-" & j & "]:R[365]C[-" & j & "])"
      Cells(i, k + 5).Formula = "=AVERAGE(RC[-" & j & "]:R[365]C[-" & j & "])"
      Cells(i, k + 6).Formula = "=SUM(RC[-" & j & "]:R[365]C[-" & j & "])"
      End If
    Next i
  End Sub
```

程序 Macro7 中数据列从第 9 列开始,共 6 个指标,前 5 个指标计算均值,第 6 个指标计算累计值。本程序没有考虑到指标的循环,不是非常智能,但速度较快,如果数据与之不同,需要检测后使用。

5.2.2.3　需水量竖列显示转横列显示

由于我国气象站点建站时间不同,各站点计算出的作物需水量数据量不同,若仍采用 5.1.2 节程序 3 对竖横列数据转换,结果将出错,对此,更改程序为:

```
Const Col_Station As Integer = 1
Const Col_Year As Integer = 4
Const Col_ETC As Integer = 5
Const k As Integer = 8
'定义变量为整型,站码、年份、需水量数据分别在第 1、4、5 列,转换后数据从第 8 列开始
Sub Macro1()
'根据站码使作物需水量竖转横
    Dim a As Long, b As Long
    Dim Difyear As Long
    Dim M As Long, M_Store As Long
    Dim D As Long
    Dim i As Long
    '上述语句定义程序中变量类型,也可省略
    a = WorksheetFunction.Min(ActiveSheet.Columns(Col_Year))
    b = WorksheetFunction.Max(ActiveSheet.Columns(Col_Year))
    '上述语句找出所有数据年份最小值和最大值
    Cells(1, k - 1) = Cells(1, Col_Year)
    Cells(2, k - 1) = a
    Cells(2, k - 1).Select
    Selection.AutoFill Destination:=Range(Cells(2, k - 1), Cells(2 + b - a, k -
```

```
1)), Type:=xlFillSeries
        '上述语句在 G 列以升序列出所有数据的年份
        h = Application.WorksheetFunction.CountA(ActiveSheet.Columns(1))
        Debug.Print h
        '上述语句根据第一列数据量确定所有数据总行数
        MStore = Cells(2, Col_Station)
        '上述语句给变量 MStore 赋予站码值,是循环中判断语句的基础
        k_store = k
        '由于程序中常数不可更改,故将 k 值赋予变量 k_store
        Cells(1, k_store) = Cells(2, 2)
        '由于第一站站名的复制不参与循环,故让它跳出循环
        For i = 2 To h
            'i 表示行号,循环从第 2 行开始,第 h 行结束
               M = Cells(i, Col_Station)
              '提取循环中逐行的站码赋予变量 M
            If M <> MStore Then
                MStore = M
                k_store = k_store + 1
                ActiveSheet.Cells(1, k_store) = Cells(i, 2)
            End If
            '逐行比较站码 M 是否与 MStore 相同,若不同,则将 M 赋予 MStore,列标向
右 1 列,复制站名于新列第一行中
            D = Cells(i, Col_Year)
            Difyear = D - a
            ActiveSheet.Cells(2 + Difyear, k_store) = Cells(i, Col_ETC)
            '当站码 M 与 MStore 相同时,提取当前行年份并计算其与最小值之差,根据
年份复制需水量数据
        Next i
    End Sub
```

程序中第 1 条注释是使程序通用性更强,如果所获得的数据站码、年份、需水量数据不在 A、D、E 列,只需更改为相应列,同样,如果数据列较多,则转换后数据列初始位置(程序中为 8)也需要更改。

本程序的执行需要原始数据首先以站码、年份排序,可以不需要各站数据量相等。基本思想是先将第一个站码赋予一个变量,再逐行对比站码是否与该变量相同,如果相同则提取本行年份,依据其与最小年份差复制需水量数据至相应年份对应需水量数据列,若不同,则列标增加 1,更改原始存储站码为新站码,根据年份复制需水量数据,继续比较下一行站码与存储站码关系,直至循环结束。也可以根据逐行年份与年份最大值是否相等来

确定是否转列，但这需要各站数据最大值相同，与其相比，依据站码判断更为合适。

本程序执行的原始数据格式如图 5-7 所示，执行后的数据格式如图 5-8 所示。

	A	B	C	D	E
1	站码	站名	省份	年份	冬小麦ET_c
2	53898	安阳	河南	1955	493.06
3	53898	安阳	河南	1956	488.67
4	53898	安阳	河南	1957	480.7
5	53898	安阳	河南	1958	487.54
6	53898	安阳	河南	1959	524.34
7	53898	安阳	河南	1960	572.25
8	53898	安阳	河南	1961	535.29
9	53898	安阳	河南	1962	431.67
			⋮		
986	58208	固始	河南	2004	401.87
987	58208	固始	河南	2005	409.34
988	58208	固始	河南	2006	420.95
989	58208	固始	河南	2007	403.08
990	58208	固始	河南	2008	381.68
991	58208	固始	河南	2009	369.45
992	58208	固始	河南	2010	450.46
993	58208	固始	河南	2011	347.91
994	58208	固始	河南	2012	402.53
995	58208	固始	河南	2013	389.77

图 5-7　河南 17 站点逐年冬小麦需水量数据格式——竖列　（单位：mm）

G	H	I	J	K	L	M	N	O	P	Q	R	S	T	U	V	W	X
年份	安阳	新乡	三门峡	卢氏	孟津	栾川	郑州	许昌	开封	西峡	南阳	宝丰	西华	驻马店	信阳	商丘	固始
1951															347.56		
1952											384.49				382.88		397.61
1953				340.16					368.62		334.79				338.18		323.03
1954				380.9			454.08		396.52		371		374.64		358.7		367.87
1955	493.06			390.69			471.71	432.97	403.61		420.74		414.55		382.99		417.84
1956	488.67			367.11			426.88	409.37	419.01		422.16		375.67		360.4		364.41
1957	480.7	470.36	540.08	357.23		351.91	451.61	406.59	415.89	392.4	390.71	434.53	395.84		356.58	381.81	351.31
1958	487.54	475.89	478.78	347.52		342.02	465.73	415.95	397.21	382.63	372.18	452.53	391.7	376.7	363.96	374.77	353.33
1959	524.34	509.11	515.99	378.85		359.87	489.52	436.53	465.52	377.85	389.89	467.65	417.12	376.8	377.44	403.58	357.79
1960	572.25	519.63	538.81	370.1		384.52	600.34	526.26	536.05	410.94	456.04	586.09	487.63	451.42	408.93	454.28	421.28
						⋮							⋮				
2005	460.44	502.54	441.99	354.88	510.65	389.03	474.49	418.78	478.15	412.94	387.07	425.65	386.77	419.06	438.65	364.12	409.34
2006	461.12	501.14	475.59	347.8	545.71	387.82	471.16	417.12	482.57	447.92	407.28	437.45	384.26	402.08	438.34	393.02	420.95
2007	432.78	497.82	448.93	365.37	485.21	378.69	465.59	403.34	478.75	440.98	402.86	451.26	375.38	392.99	409.06	383.56	403.08
2008	463.64	504.35	432.57	339	485.17	357.01	468.51	385.74	476.63	401.41	365.2	452.59	354.79	382.75	381.03	364.58	381.68
2009	404.41	449.11	396.65	325.05	435.8	369.64	431.47	361	452.1	372.81	351.13	376.38	343.36	353.13	372.42	360.17	369.45
2010	485.29	532.36	474.08	361.84	557.6	452.58	523.21	429.85	515.65	477.25	432.2	477.67	409.32	422.82	477.47	424.61	450.46
2011	396.47	448.05	411.28	334.82	444.77	373.98	424.38	340.96	415.67	365.07	374.39	365.34	328.2	331.27	363.22	350.32	347.91
2012	414.5	456.78	457.05	382.9	491.81	436.47	459.41	403.94	445.8	400.67	433.71	477.85	347.22	365.03	417.91	370.71	402.53
2013	538.68	497.87	423.77	337.3	449.57	386.48	458.05	392.4	454.63	434.57	405.05	440.57	393.14	350.33	397.8	393.17	389.77

图 5-8　河南 17 站点逐年冬小麦需水量数据格式——横列　（单位：mm）

第 6 章　灌溉试验中相关实例

本章主要以常规灌溉试验为例,系统说明试验设计方法、试验数据采集、整理与分析。由于部分内容在前面章节中已做详细介绍,故本章中遇到相应内容将不再赘述。

6.1　作物需水量的计算

作物需水量,是指生长在大面积上的无病虫害作物,在最佳水、肥等土壤条件与生长环境中,取得高产潜力所需满足的植物蒸腾、棵间蒸发、构成植株体的水量之和。实际中,由于构成植株体的水分只占总需水量很微小的一部分(一般小于 1%),而且这一小部分的影响因素较复杂,难以精确计算,故此部分忽略不计,即认为作物需水量就等于植株蒸腾量和作物棵间蒸发量之和,即作物蒸发蒸腾量。

作物需水量是农业用水的重要组成部分,是整个国民经济中消耗水分的主要部分,是确定作物灌溉制度以及地区灌溉用水量的基础,是流域规划、地区水利规划、灌排工程规划、设计和管理的基本依据。因此,作物需水量试验是灌溉试验的主要试验研究项目之一。

6.1.1　估算作物需水量

目前,作物需水量的估算方法大致可分为两类:一是直接计算,二是间接计算。

6.1.1.1　直接计算作物需水量

直接计算作物需水量即直接获取作物蒸发蒸腾量,可根据试验的不同采用不同方法,如称重式测筒试验,以称重来计算作物需水量,在没有灌水、降雨、排水时,两次筒重的差值即这段时间所消耗的水量,计算公式为

$$ET_{1-2} = \frac{G_1 - G_2 + G_m + G_p - G_c}{S} \tag{6-1}$$

式中:ET_{1-2} 为阶段蒸发蒸腾量,即阶段作物需水量,mm;G_1 为时段开始时的筒和土体总质量,kg;G_2 为时段末时的筒和土体总质量,kg;G_m 为时段内向筒内的灌水量,kg;G_p 为时段内落入筒内的降水量,有防雨棚时为 0,kg;G_c 为时段内筒中的土表及底层排水量之和,kg;S 为筒内土体的水平截面面积,m^2。

根据《灌溉试验规范》(SL 13—2015),测筒应选用导热性能低且耐冻的材料制作,保证不渗水、不漏水,测筒可为圆柱体、长方体或正方体;测筒内土壤表面积要求不小于 0.36 m^2,测筒深度以 0.8~2.0 m 为宜,可根据试验作物主要根系活动层深度确定;测筒内土壤装填时,所需土壤分层开挖、分层堆放、风干过筛后按原状土层及容重分层回填,每层回填土的表面应进行拉毛处理后再开始回填另一层,全部回填结束后应灌水,使其进一步沉实至自然状态;测筒内土体下面应设置滤层,厚度 20 cm 以上,其他要求可参照 SL 13—

2015。

大型称重式蒸渗仪是目前能准确测量作物需水量的仪器之一。中国农业科学院农田灌溉研究所新乡七里营试验基地称重式蒸渗仪群，蒸渗仪内土体面积 4 m^2，深度为 2.3 m，设置时间间隔后，可自动采集记录土体重量数据，其阶段作物需水量计算同式(6-1)。

采用人工测量测筒土壤含水率时，应每天观测一次，即称重一次。大型称重式蒸渗仪土体重量数据为自动监测，一般一天有多次数据。为保证统一性，测筒观测时间和蒸渗仪统计时间均应为北京时间 8 时整，与逐日分界线的划分相一致。

测坑试验和大田试验作物需水量一般采用水量平衡法计算，计算公式为

$$ET_{1-2} = 10\sum_{i=1}^{n}\gamma_i H_i(W_{i1} - W_{i2}) + M + P + K - C \tag{6-2}$$

式中：ET_{1-2} 为阶段蒸发蒸腾量，即阶段作物需水量，mm；i 为土壤层次号数；n 为土壤层次总数目；γ_i 为第 i 层土壤干容重，g/cm^3；H_i 为第 i 层土壤的厚度，cm；W_{i1} 为第 i 层土壤在时段始的含水率(干土重的百分率)；W_{i2} 为第 i 层土壤在时段末的含水率(干土重的百分率)；M 为时段内的灌水量，mm；P 为时段内的降雨量，mm，对于有防雨设施的测坑试验，$P=0$，对于大田试验，如果单次降雨量较大，则可能产生径流，故需要计算有效降雨量，计算方法参照《北方地区主要农作物灌溉用水定额》；K 为时段内的地下水补给量，mm，在有底测坑条件下，$K=0$，在无底测坑或大田条件下，对砂土、砂壤土，地下水埋深大于 2.5 m，壤土、黏壤土、黏土地下水埋深大于 3.5 m 时，可不考虑地下水补给量；C 为时段内的排水量(地表排水与下层排水之和)，mm。

根据 SL 13—2015，密播作物的测坑不宜小于 4 m^2，宽行作物宜增大测坑面积，大田作物试验区面积不宜小于 60 m^2，且小区边界应做隔水处理。对测坑的结构要求可参照 SL 13—2015。

每 3 个测坑为 1 个处理，每个测坑内设置 2 个观测点，采用中子仪或其他管式土壤水分测定仪测定土壤含水率，2 个点均值即代表该测坑平均土壤含水率。田间小区试验利用烘干法测定土壤含水率，自地表起，每隔 10~20 cm，至设计土层深度，每次测定 3 点，取其平均值使用。前后两次取土点距离宜为 50~100 cm，每次取土后应从附近取土，将取土孔回填密实。

测坑和大田试验中，应每隔 5~10 d 观测一次土壤含水率，并在灌水、排水、降水前后，生育阶段转变以及试验开始(播种或栽种)和试验结束(收割或收获)时进行加测，也可设置自动监测探头，实现土壤含水率的自动监测。

6.1.1.2　间接计算作物需水量

1. 参考作物需水量计算

1990 年 5 月，联合国粮食及农业组织(FAO)与国际灌排委员会和国际气象组织合作对参考平面定义为类似于一高度均匀、生长茂盛、完全遮蔽地面并且供水充分的面积无限大的绿色草地，假想作物高度为 0.12 m，具有一个固定的表面阻力(70 s/m)和一个固定的反射率(0.23)。推荐以能量平衡和水汽扩散论为基础的 Penman-Monteith 方法计算参考作物需水量，再利用各作物系数进行修正，得到作物需水量。

Penman-Monteith 方法计算参考作物需水量公式如下：

$$ET_0 = \frac{0.408\Delta(R_n - G) + \gamma \frac{900}{T + 273}u_2(e_s - e_a)}{\Delta + \gamma(1 + 0.34u_2)} \tag{6-3}$$

式中：ET_0 为参考作物蒸腾蒸发量，即参考作物需水量，mm/d；0.408 为能量单位 mm/d 与 MJ/(m^2·d) 的转换系数，见式(6-39)；Δ 为饱和水汽压-温度关系曲线在 T 处的切线斜率，kPa/℃；γ 为湿度计常数，kPa/℃；u_2 为 2 m 高处风速，m/s；R_n 为净辐射，MJ/(m^2·d)；G 为土壤热通量，MJ/(m^2·d)；T 为平均气温，℃，见式(6-6)；e_s 为饱和水汽压，kPa；e_a 为实际水汽压，kPa。

式(6-3)主要由两部分组成：辐射项和空气动力项。腾发过程取决于土壤水汽化所需能量的多寡，其中，太阳辐射是最大的能源，能使大量的液态水变为水汽；再根据腾发表面与大气周围的水汽压差决定水汽的移动，其迁移过程很大程度取决于大范围内的风和蒸发面以上大量紊动的空气。

公式中各项参数计算如下：

$$\Delta = \frac{4098e^0(T)}{(T + 237.3)^2} \tag{6-4}$$

$$e^0(T) = 0.6108\exp\left(\frac{17.27T}{T + 237.3}\right) \tag{6-5}$$

$$T = \frac{T_{max} + T_{min}}{2} \tag{6-6}$$

式中：$e^0(T)$ 为空气温度为 T 时的饱和水汽压，kPa；T 为空气温度，℃；T_{max} 为日最高气温，T_{min} 为日最低气温，日以午夜零点为分界，即从午夜开始的 24 小时内观测到的最高气温和最低气温，若计算时段为周、旬或月，则 T_{max}、T_{min} 为时段内日最高气温、最低气温均值，即各日最高气温、最低气温之和除以时段内天数。

由于饱和水汽压与温度为非线性关系，因此每日的饱和水汽压为日最高气温和最低气温时的饱和水汽压均值，当计算时段为周、旬或月时，时段平均饱和水汽压计算同每日，只是采用的 T_{max}、T_{min} 为时段内日最高气温、最低气温均值。若使用日逐时温度的平均值，即平均气温直接带入式(6-5)计算，则会导致计算的饱和蒸气压偏小，继而低估参考作物的蒸散量。

$$e_s = \frac{e^0(T_{max}) + e^0(T_{min})}{2} \tag{6-7}$$

其中，e_a 为实际水汽压，不能通过直接测量得出，可通过 5 种途径计算，根据计算结果的精确性分别如下。

第 1 种采用露点温度计测量并计算：

$$e_a = e^0(T_{dew}) = 0.6108\exp\left(\frac{17.27T_{dew}}{T_{dew} + 237.3}\right) \tag{6-8}$$

式中：T_{dew} 为露点温度，℃，是冷却空气到使空气中水汽达到饱和时的温度，空气的实际水汽压即露点温度下的饱和水汽压，可使用露点温度计测量，其基本原理是冷却环境空气，直到出现结露，相应的温度为露点温度。若某地某时刻最低气温等于或十分接近露点温度,则也可用 T_{min} 替换 T_{dew} 进行 e_a 的计算。

第 2 种采用干湿球温度计测量并计算:

$$e_a = e^0(T_{wet}) - \gamma_{psy}(T_{dry} - T_{wet}) \tag{6-9}$$

$$\gamma_{psy} = a_{psy}P \tag{6-10}$$

式中:T_{wet} 为湿球温度,℃;T_{dry} 为干球温度,℃;γ_{psy} 为湿度计常数,kPa/℃;P 为大气压力,kPa;a_{psy} 是取决于湿度计通风类型的系数,$℃^{-1}$,当采用通风湿度计,空气流动速度约为 5 m/s 时,a_{psy} = 0. 000662,当采用自然通风湿度计,空气流动速度约为 1 m/s 时,a_{psy} = 0. 000800,对于安装在室内的无通风湿度计,a_{psy} = 0. 001200。

第 3 种根据相对湿度计算:相对湿度(RH)表示空气中水汽的饱和程度,亦指在相同温度下,环境空气中实际水汽压与饱和水汽压之比,可用湿度计直接测量,因此饱和水汽压也可以通过相对湿度来计算。

$$RH = 100\frac{e_a}{e^0(T)} \tag{6-11}$$

$$e_a = \frac{e^0(T_{min})\dfrac{RH_{max}}{100} + e^0(T_{max})\dfrac{RH_{min}}{100}}{2} \tag{6-12}$$

式中:RH_{max}、RH_{min} 为最大、最小相对湿度(%),计算时段为日,则为日最大、最小相对湿度;若计算时段为周、旬或月,则 RH_{max}、RH_{min} 为时段内最大、最小相对湿度均值,即各日最大、最小相对湿度之和除以时段内天数。

当仪器测量的 RH_{min} 误差较大,或相对湿度数据完整性存在疑问时,可仅使用 RH_{max} 计算 e_a(第 4 种):

$$e_a = e^0(T_{min})\frac{RH_{max}}{100} \tag{6-13}$$

当没有 RH_{max} 和 RH_{min} 数据,而有平均相对湿度 RH_{mean} 时,可使用下式计算(第 5 种):

$$e_a = \frac{RH_{mean}}{100}e_s = \frac{RH_{mean}}{100}\left[\frac{e^0(T_{max}) + e^0(T_{min})}{2}\right] \tag{6-14}$$

式中:RH_{mean} 为平均相对湿度(%),为 RH_{max} 和 RH_{min} 的均值。

区域的辐射强度是由太阳射线方向与大气层表面法线之间的夹角决定的,而这一角度在每天内是变化的,且随着纬度和季节的不同而不同。我们把地球大气层顶部水平面吸收的太阳辐射称作天顶辐射,或碧空太阳总辐射,用 R_a 表示。如果太阳在正上方,则太阳射线对地球大气层的投射角为 0°,此时的天顶辐射称为太阳常数,即在地球大气层顶部,与太阳射线相垂直的表面上的辐射,大约为 0. 082 MJ/(m^2 · min)。随着季节的变化,太阳的位置和白昼长度不断变化,因此天顶辐射也发生变化,故天顶辐射是纬度、日期、天内时间的函数。

$$R_a = \frac{24(60)}{\pi}G_{sc}d_r(\omega_s\sin\varphi\sin\delta + \cos\varphi\cos\delta\sin\omega_s) \tag{6-15}$$

$$d_r = 1 + 0.033\cos\left(\frac{2\pi}{365}J\right) \tag{6-16}$$

$$\omega_s = \arccos(-\tan\varphi\tan\delta) = \frac{\pi}{2} - \arctan\left(\frac{-\tan\varphi\tan\delta}{X^{0.5}}\right) \tag{6-17}$$

$$X = 1 - \tan(\varphi)^2\tan(\delta)^2, \text{当 } X \leqslant 0 \text{ 时}, X = 0.00001 \tag{6-18}$$

$$\delta = 0.409\sin\left(\frac{2\pi}{365}J - 1.39\right) \tag{6-19}$$

式中：R_a 为太阳天顶辐射，MJ/(m^2 · d)；G_{sc} 为太阳常数，为 0.0820 MJ/(m^2 · min)；d_r 为地球与太阳间相对距离的倒数；ω_s 为太阳时角，rad；φ 为地理纬度，rad；δ 为太阳磁偏角，rad；J 为年内某天的日序数，在 1(1 月 1 日)至 365(平年)或 366(闰年)(12 月 31 日)之间。

式(6-15)中 φ 的单位为弧度(rad)，而一般常用的是十进制度数，两者之间需要进行转换。以 rad 表示的纬度在北半球为正，南半球为负。地球上大部分的陆地(亚洲大部、欧洲全部、非洲北半部、北美洲全部、南美洲极北部)位于北半球，部分地区(亚洲印度尼西亚南部、非洲中部及南部、大洋洲绝大部分、南美洲大部分、南极洲全部)位于南半球。中国、美国、日本等大多数经济、军事领先的国家位于北半球，巴西、澳大利亚是南半球最大的两个国家。

$$[\text{弧度}] = \frac{\pi}{180}[\text{十进制度数}] \tag{6-20}$$

采用式(6-15)计算的天顶辐射为日尺度，如果需要计算更小尺度的天顶辐射，则采用式(6-21)，以小时或更短时段为尺度的天顶辐射计算。

$$R_a = \frac{12(60)}{\pi}G_{sc}d_r[(\omega_2 - \omega_1)\sin\varphi\sin\delta + \cos\varphi\cos\delta(\sin\omega_2 - \sin\omega_1)] \tag{6-21}$$

$$\omega_1 = \omega - \frac{\pi t_1}{24} \tag{6-22}$$

$$\omega_2 = \omega + \frac{\pi t_1}{24} \tag{6-23}$$

$$\omega = \frac{\pi}{12}[t + 0.06667(L_z - L_m) + S_c - 12] \tag{6-24}$$

$\omega<-\omega_s$ 或 $\omega>\omega_s$ 表示太阳在地平线以下，$R_a=0$。

$$S_c = 0.1645\sin(2b) - 0.1255\cos b - 0.025\sin b \tag{6-25}$$

$$b = \frac{2\pi(J - 81)}{364} \tag{6-26}$$

式中：R_a 为每小时(或更短时段)的太阳天顶辐射，MJ/(m^2 · h)；ω_1 为时段初太阳时角，rad；ω_2 为时段末太阳时角，rad；ω 为每小时(或更短时段)太阳时角的中点，rad；t_1 为计算时段的长度，h，$t_1=1$ 时以 1 h 为时段，$t_1=0.5$ 时以半小时为时段；t 为时段中点的时刻，h，如时段为 15:00~16:00，$t=15.5$；L_z 为当地时区中心的经度(格林威治以西的度数)，如 $L_z=75°$、90°、105°、120°分别代表西 5 区至西 8 区，分别为东部、中部、山地和太平洋时区

(美国),$L_z = 0°$为格林威治,$L_z = 330°$代表东 2 区,为开罗(埃及)时区,$L_z = 255°$代表东 7 区,为曼谷(泰国)时区,$L_z = 240°$代表东 8 区,为北京(中国)时区;L_m 为测点经度(格林威治以西的度数);S_c 为日照时间的季节修正,h。

当太阳光线穿透地球大气层时,一些光线被大气层中的气体、云和尘埃散射、反射或吸收,最终到达地面的辐射称作太阳辐射,由于太阳通过短电磁波的形式发射能量,所以太阳辐射也被称作短波辐射,用 R_s 表示。

经研究,晴天太阳辐射大约是天顶辐射的 75%。在多云天气,辐射在大气层中会产生漫散射,但即使有极端密集的云层覆盖,仍然有大约 25%的天顶辐射以漫射的形式达到地球表面。因此,太阳辐射也被称为球体辐射,是指直接来自太阳的辐射和来自天空中各个角度的漫散射之和。

太阳辐射可以用日照强度计、辐射计或日照仪测得。通过安装在水平面上的传感器测量太阳辐射总强度,包括在有云条件下的直接辐射和漫散辐射。如果不能测量到太阳辐射,则可通过 Angstrom 公式计算。

$$R_s = \left(a_s + b_s \frac{n}{N}\right) R_a \tag{6-27}$$

$$N = \frac{24}{\pi}\omega_s \tag{6-28}$$

式中:R_s 为太阳辐射或太阳短波辐射,MJ/(m² · d);n 为实际日照持续时间,h;N 为最大可能的日照持续时间或白昼小时数,h;n/N 为相对日照时间,表示大气层阴暗程度的一个比率,在无云的情况下,$n=N$,比率为 1,在阴天,$n=0$,比率也为 0;a_s 为回归常数,表示在多云的天气($n=0$)天顶辐射到达地面的部分;a_s+b_s 表示在晴天($n=N$)天顶辐射到达地面的部分。

式(6-27)中,a_s 和 b_s 的值随不同气象条件(湿度、尘埃)和太阳磁偏角(纬度、月份)而变化,在没有实测的太阳辐射资料可以利用和没有办法提高参数 a_s 和 b_s 的精度时,建议 $a_s=0.25$,$b_s=0.50$。

R_s 表示一定时段内实际到达地球表面的太阳辐射,而 R_{so} 表示无云条件下同一时段内到达地球表面上的太阳辐射,R_s/R_{so} 称作相对短波辐射,是太阳辐射 R_s 与晴空太阳辐射 R_{so} 的比率。R_s/R_{so} 表示大气层的阴暗程度,比值介于 0.33(多云)~1(晴空),越是多云的天空,这一比值越小。

$$R_{so} = (a_s + b_s) R_a \tag{6-29}$$

$$R_{so} = (0.75 + 2 \times 10^{-5} Z) R_a \tag{6-30}$$

$$\frac{R_s}{R_{so}} = \frac{a_s + b_s \frac{n}{N}}{a_s + b_s} \tag{6-31}$$

式中:R_{so} 为晴空太阳辐射,MJ/(m² · d);Z 为测站的海拔高度,m。

在接近海平面或有 a_s 和 b_s 的修正值时,采用式(6-29)计算,当没有 a_s 和 b_s 的修正值时,采用式(6-30)计算。当海拔高度为 0,$a_s=0.25$,$b_s=0.50$ 时,式(6-30)计算的结果与式(6-29)相同。

到达地面的太阳辐射 R_s 中的大部分会被反射回去,被地球表面反射回去的那部分太阳辐射与到达地面的太阳辐射的比值称作反射率 α,其与地表类型、光线入射角或地表坡度有关,变化范围为 0.05(湿的裸露土地)~0.95(刚下过雪),地表被绿色植被覆盖时,α 为 0.20~0.25,对于以绿草做参考作物的 Penman-Monteith 公式,α 为 0.23。

没有被地球表面反射的那部分太阳辐射,其值为$(1-\alpha)R_s$,即被地表吸收的辐射,称为净太阳辐射,用 R_{ns} 表示。

$$R_{ns} = (1 - \alpha) R_s \tag{6-32}$$

式中:R_{ns} 为净太阳辐射,MJ/(m^2 · d);α 为反射率或冠层反射系数,对于以牧草为假想的参考作物,α 为 0.23(无量纲)。

被地球吸收的太阳辐射将转化为热能,再通过若干过程(包括散发)失去这一热能。由于地球的温度比太阳低得多,因此用长波发射能量,故地球散发的辐射被称为长波辐射。地球散发的长波辐射被大气层吸收或散失在空中,被大气层吸收的长波辐射提高了大气温度,之后又将自己的能量辐射出去,部分辐射的能量回到地球表面,故地球表面既发射长波辐射又吸收长波辐射。从地球表面离去和返回的长波辐射之差称为净长波辐射,用 R_{nl} 表示。因为离去的长波辐射几乎总是大于返回的长波辐射,所以 R_{nl} 代表能量损失。进入地球表面的短波辐射和出去并传回的长波辐射之差即为净辐射 R_n,是地球表面吸收的能量。R_n 值通常在白天为正、晚上为负,除在高纬度的极端条件外,R_n 在 24 h 内的总量几乎总是正的。

根据 Stefan-Boltzmann 定律,长波能量发射的速率与表面绝对温度的 4 次方成比例,然而,由于大气对长波能量的吸收和释放,离开地球表面的净能量通量小于 Stefan-Boltzmann 定律给出的发射能通量。水蒸气、云团、二氧化碳和尘埃是长波辐射的吸收者和发射者,其中水蒸气和云团的作用较大,故在估算长波辐射的净输出通量时,应该用湿度和云团对 Stefan-Boltzmann 定律进行修正,同时假设其他吸收剂的作用是恒定的。

$$R_{nl} = \sigma\left(\frac{T_{maz,K}^4 + T_{min,K}^4}{2}\right) \times (0.34 - 0.14\sqrt{e_a}) \times \left(1.35\frac{R_s}{R_{so}} - 0.35\right) \tag{6-33}$$

式中:R_{nl} 为净输出长波辐射,MJ/(m^2 · d);σ 为 Stefan-Boltzmann 常数,为 4.903×10^{-9} MJ/(K^4 · m^2 · d);$T_{maz,K}$ 为 24 h 内最高绝对温度;$T_{min,K}$ 为 24 h 内最低绝对温度。

$(0.34-0.14\sqrt{e_a})$ 和 $\left(1.35\frac{R_s}{R_{so}}-0.35\right)$ 分别表示空气湿度和云团的修正。修正项越小,长波辐射的净输出通量也越小。如果湿度增加,$(0.34-0.14\sqrt{e_a})$ 将变小;如果云团量增加,R_s 将减小,则 $\left(1.35\frac{R_s}{R_{so}}-0.35\right)$ 减小,这里要求 $\frac{R_s}{R_{so}}\leqslant1.0$。

综上所述,太阳发射到地球的天顶辐射 R_a,被大气层中的气体、云和尘埃阻挠损失后到达地面为太阳辐射 R_s,由于地表覆盖的不同,太阳辐射中的一部分将被反射回大气,剩下的被地球吸收的能量被称为净太阳辐射 R_{ns},这部分能量中的一部分被地球发射到大气中,而发射到大气中的能量又会反射回地球,地球发生和吸收的能量差为 R_{nl},这样实际地球吸收的能量为净辐射 R_n。

$$R_n = R_{ns} - R_{nl} \tag{6-34}$$

式中：R_n 为净辐射，MJ/(m² · d)；R_{ns} 为净太阳辐射，MJ/(m² · d)；R_{nl} 为净输出长波辐射，MJ/(m² · d)。

土壤热通量 G 是用来加热土壤的能量，当土壤温度较高时 G 为正，当土壤温度较低时 G 为负，尽管土壤热通量比 R_n 小，尤其当土壤表面被植物覆盖和计算时段为 24 h 或更长时，G 相比 R_n 很小，且常被忽略掉，但在估算蒸散量时，理论上应该减去或加上土壤在此过程中获得或损失的能量。

基于土壤温度随大气温度变化的观点，对于长时段步长，可采用式(6-35)计算 G。

$$G = C_s \frac{T_i - T_{i-1}}{\Delta t} \Delta Z \tag{6-35}$$

式中：G 为土壤热通量，MJ/(m² · d)；C_s 为土壤热容量，MJ/(m³ · ℃)，与土壤中矿物质组成和含水量有关；T_i 为第 i 时刻的大气温度，℃；T_{i-1} 为第 $i-1$ 时刻的大气温度，℃；Δt 为时间步长长度，d；ΔZ 为有效土壤深度，m。

由于土壤温度滞后于大气温度，在评估日土壤热通量时，应该考虑一段时间内的平均气温，即 Δt 值应超过一天。温度波的穿透深度(有效土壤深度 ΔZ)由时间步长决定，在一天或几天的时段内仅为 0.10~0.20 m，而在以月为时段时可达 2 m 或更多。

当时段为 1 d 或 10 d 时，由于在牧草参考作物表面下 1 d 或 10 d 的土壤热通量相对较小，可以忽略，故 $G_{day} \approx 0$。

当时段为月时，假设土壤热容量恒定，其值为 2.1 MJ/(m³ · ℃)，且土壤深度合适时，每月的土壤热通量可用式(6-36)计算。

$$G_{month,i} = 0.07 \times (T_{month,i+1} - T_{month,i-1}) \tag{6-36}$$

或者，如果 $T_{month,i+1}$ 未知，则

$$G_{month,i} = 0.14 \times (T_{month,i} - T_{month,i-1}) \tag{6-37}$$

式中：$G_{month,i}$ 为第 i 月土壤热通量，MJ/(m² · d)；$T_{month,i}$ 为第 i 月的大气平均温度，℃；$T_{month,i-1}$ 为第 $i-1$ 月的大气平均温度，℃；$T_{month,i+1}$ 为第 $i+1$ 月的大气平均温度，℃。

当时段为 1 h 或更短时，在茂密草皮覆盖下的 G 与大气温度相关性不好，在白天，土壤热通量可近似计算为 $G_{hr} = 0.1R_n$；在夜晚，$G_{hr} = 0.5R_n$。

上述计算的能量单位为 MJ/(m² · d)，表示单位面积、单位时间获得能量的标准单位是每日每平方米获得的百万焦耳，若要使用 mm/d，表示每天蒸发的水深，则需进行能量单位转换：

$$辐射(水深) = \frac{辐射[能量/面积]}{\lambda \rho_w} \tag{6-38}$$

式中：ρ_w 为水的密度，1000 kg/m³；λ 为汽化潜热，MJ/kg，表示在恒压与恒温条件下将单位质量的水从液态转化为水汽所需要的能量，是温度的函数。在正常温度范围内，λ 随温度变化仅稍有变化，故为了简化计算，在 Penman-Monteith 方法中直接采用 2.45 MJ/kg，这个数值相当于 T=20 ℃时的潜热 $\lambda = 2.501 - (2.361 \times 10^{-3}) \times T = 2.45$(MJ/kg)。

$$辐射(mm/d) \approx \frac{辐射[MJ/(m^2 \cdot d)]}{2.45(MJ/kg)} = 0.408 \times 辐射[MJ/(m^2 \cdot d)] \tag{6-39}$$

风速用风速仪来测定,为气象观测站通用仪器。风速与地表上高度有关,不同高度处测得的风速值是不同的,由于表面摩擦会降低风速,故地面风速最低,并随高度而增大,因此气象站中的风速仪被安置在一个选定的标准高度(10 m),在农业气象学中该标准高度为 2 m 或 3 m。在 Penman-Monteith 公式中要求为地表以上 2 m 高处的风速观测值,为了把非 2 m 处测得的风速值转化为 2 m 高处风速值,可采用对数风廓线关系来计算矮草覆盖面以上的风速。

$$u_2 = u_z \frac{4.87}{\ln(67.8z - 5.42)} \tag{6-40}$$

式中:u_2 为地表以上 2 m 高处的风速,m/s;u_z 为地表以上 z m 高处的风速,m/s;z 为地表以上测量风速的高度,m。

湿度计常数 γ 可由下式计算:

$$\gamma = \frac{C_p P}{\varepsilon\lambda} = 0.665 \times 10^{-3} P \tag{6-41}$$

式中:γ 为湿度计常数,kPa/℃;P 为大气压,kPa;λ 为汽化潜热,根据式(6-38)取 2.45 MJ/kg;C_p 为湿润大气比热,常压下的比热是常压下提高单位质量空气温度 1 ℃时所需的能量,它的值取决于空气成分,在平均大气压条件下,$C_p = 1.013\times10^{-3}$ MJ/(kg · ℃);ε 为水蒸气分子量与干燥空气分子量的比,为 0.622。

大气压 P,是地球大气层重量施加的压力,与海拔有关,但影响相对较小。对于标准大气,假设大气温度为 20 ℃,$T_{K0} = 293$ ℃,海平面处的大气压强为 101.3 kPa,以海平面为参考面,$z_0 = 0$,计算 P 的理想气体定律可简化为

$$P = P_0\left[\frac{T_{K0} - \alpha_1(z - z_0)}{T_{K0}}\right]^{\frac{g}{\alpha_1 R}} = 101.3 \times \left[\frac{293 - 0.0065(z - 0)}{293}\right]^{\frac{9.807}{0.0065\times287}}$$

$$= 101.3 \times \left(\frac{293 - 0.0065z}{293}\right)^{5.26} \tag{6-42}$$

式中:P_0 为海平面处的大气压强,取 101.3 kPa;z 为海拔高度,m;z_0 为参考面海拔高度,m;g 为重力加速度,取 9.807 m/s^2;R 为比气体常数,取 287 J/(kg · k);α_1 为湿润空气的常数流失率,取 0.0065 k/m;T_{K0} 为在 z_0 高程处的参考温度,取 273.16+T,T 为计算时段内的平均空气温度,℃。

2. 作物系数

作物系数指作物不同生育期中需水量与同时期参考作物需水量的比值,可以表示不同作物之间物理和生理上的综合差别,常用 k_c 表示,无量纲。其在作物生长过程中的变化规律是:前期由小到大,在作物生长旺盛期达到最大值(1.0 左右),后期逐渐减小。它反映了区别实际作物与参照作物——草的四个主要特性的综合影响:作物高度、作物-土壤表面反射率、冠层阻力、土壤蒸发。

根据计算目的、所需计算精度、可利用的气象资料和计算时段长度的不同,可采用两种方法计算作物系数:一是将农田作物实际腾发与参照面腾发间的物理和生理的差异综合成一个单独的作物系数 K_c,称为单作物系数法;二是将 K_c 分成描述土壤蒸发(K_e)和作

物蒸腾(K_{cb})的两个因素,称为双作物系数法,$K_c = K_{cb} + K_e$。单作物系数法适用于灌溉规划与设计、灌溉管理、基本灌溉制度、无频率灌水(地面灌和喷灌)的适时灌溉制度;计算步长一般为日、旬、月尺度,计算精度要求不高,所以可使用计算器或画图计算。双作物系数法适用于需要详细估算土壤水蒸发的科学研究项目,适时灌溉制度,高频灌水(微灌和自动化喷灌)的灌溉制度,建立水质模型,详细的土壤和水文均衡研究等;计算步长一般为日,计算精度较高,一般使用计算机计算。

1)单作物系数法

由于降雨或灌溉的作用,土壤蒸发每日波动,相应的单作物系数 K_c 也不断变化,当计算步长为日时,新疆膜下滴灌棉花从播种到收获作物系数变化见图 6-1。为了方便计算,根据各阶段作物系数特点,FAO 采用分段时间平均值代替逐日变化的单作物系数 K_c。它将普通作物生长划分为 4 个阶段:生长初期(L_{ini})、快速生长期(L_{dev})、生长中期(L_{mid})、生长后期(L_{late}),对应 3 个作物系数,生长初期作物系数($K_{c,ini}$)、生长中期作物系数($K_{c,mid}$)、生长后期末作物系数($K_{c,end}$)。

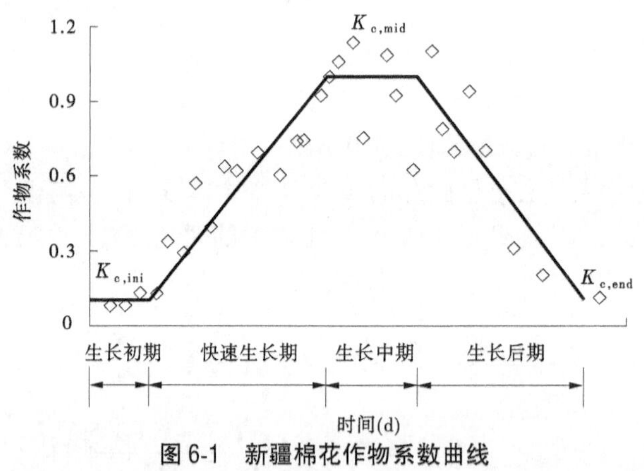

图 6-1　新疆棉花作物系数曲线

生长初期:作物播种至作物生长覆盖地面 10%。对于多年生作物,播种日期为"吐出绿色"时的日期,也就是新叶出现的初始时间。在生长初期,作物叶面积小,腾发主要以土壤蒸发形式为主。因此,在生长初期由于灌溉或降雨而使土壤湿润时,作物系数 $K_{c,ini}$ 则增大。根据土壤质地、灌溉或降雨次数及时间间隔、大气蒸发强度的不同,$K_{c,ini}$ 值在 0.1~1.15。

快速生长期:作物生长覆盖地面 10%至全覆盖。多数作物在开花初期作物生长全覆盖土壤。对于行播作物,如玉米、棉花等,当相邻行的作物叶子开始相互交错重叠使土壤几乎完全覆盖时即被认为快速生长期结束;若作物不交错生长,即为生长发育到充分规模时快速生长期结束。对于像小麦一样的密植作物,地表全覆盖时间较难界定,一般以抽穗(开花)期作为作物达到有效全覆盖的时间。也可以以叶面积指数(LAI)达到 3 时的时间作为作物全覆盖地面时间。随着作物生长发育和覆盖地面区域越来越大,土壤蒸发受到限制而作物蒸腾逐渐变为主要过程。随着地面覆盖程度的增加,K_c 逐渐增加至 $K_{c,mid}$。

生长中期:作物有效全覆盖地面至作物开始成熟。作物叶片老化、变黄、衰老、脱落标志着成熟期开始,即作物从新鲜生长变为失水干枯。对多年生作物和许多一年生作物,生长中期时间最长,而对需要新鲜收割的蔬菜,该期相对较短。与其他时期相比,此期 $K_{c,mid}$ 相对稳定且最大,一般大于1.0;密植作物一般大于1.05~1.10;对于玉米、高粱或甘蔗等高秆作物,$K_{c,mid}$ 可能大于1.15~1.20;但柑橘类和大多数落叶果树,如菠萝、苹果、樱桃、桃等,一般小于1.0。

生长后期:作物从开始成熟至收获或完全衰老。生长后期的结束时间一般为作物收割、果实收获或作物落叶。此时期作物一般不需要灌溉,消耗自身储存的水分,等待被收获。如果此期仍需要灌溉且频率较高,则 $K_{c,end}$ 较高。若作物在收割前在耕地里衰老或失去水分,则 $K_{c,end}$ 较小。

由于冬小麦需要经历一段时间的持续低温才能由营养生长阶段转入生殖生长阶段,因此冬小麦 K_c 要经历6个时段:生长初期,冻融期,越冬期,快速生长期,生长中期,生长后期,其中越冬期作物系数以 $K_{c,fro}$ 表示,一般为0.4。

作物播种期及4个生长阶段的划分一般根据试验获得。当缺乏资料时,可参考FAO Irrigation and Drainage Paper No.56(简称FAO56)表11,该表在中国地区数据量较少,中国部分地区主要作物的数据可参考附录5。根据以往研究,生长初期和快速生长期的历时长度通常受气候、纬度、地面高程和播种日期的影响,特定情况下受日平均气温的影响;生长中期和生长后期主要取决于作物的基因类型,两阶段以叶片衰老为分界点,生长中期持续高温、水分胁迫或其他环境胁迫可加快作物成熟或老化,缩短作物生长中期和生长后期。因此,FAO56表11和附录5可参考使用,实际计算时,必须应用具体作物生长阶段发展的地区观测,与作物的种类、气候及耕作实践的影响相结合,也可通过访问农民、农业推广站和地区科技工作者,通过接触地区勘测机构或通过遥感技术获得。

(1)生长初期作物系数($K_{c,ini}$)的计算过程。

FAO56表12中给出了生长在半湿润气候区(最小相对湿度 $RH_{min}\approx45\%$、平均风速 $u_2\approx2$ m/s)、无水分胁迫、管理水平高条件下的 $K_{c,ini}$、$K_{c,mid}$、$K_{c,end}$ 值。其中,$K_{c,ini}$ 值仅仅是近似值,而精确地估计 $K_{c,ini}$ 值应考虑湿润事件的时间间隔、大气蒸发能力、湿润事件次数等。

在作物生长初期,其蒸发可分为两个阶段:能量限制和土壤限制。在第一阶段,水分以一定的速率运移到土壤表面以充分满足潜在蒸发速率,而潜在蒸发速率则受土壤表面能量的有效性控制。

$$E_{so}=1.15\mathrm{ET}_0 \tag{6-43}$$

式中:E_{so} 为潜在蒸发速率,mm/d;ET_0 为生长初期的平均 ET_0,mm/d;1.15为因湿润土壤的低反照率和先前干燥阶段可能储存到表层土壤的热量所增加的潜在蒸发。

第一阶段末,表层土壤耗失水量为REW,其蒸发速率为 E_{so},故完成第一阶段表层土壤蒸发所需要的时间长度 $t_1=\mathrm{REW}/E_{so}$。

第二阶段,地表水经水力传输到土壤表面层的水分,不能满足潜在蒸发所需要的水分,土壤表面有部分干燥,蒸发的一部分发生在土壤表面层以下,其蒸发速率随着土壤水分含量的降低而减少,假定第二阶段的蒸发速率与蒸发层中保持的等价水深成线性比例,那么第二阶段的平均土壤水分蒸发速率可通过下式计算:

$$E_s = E_{so}\left(\frac{\text{TEW} - D_e}{\text{TEW} - \text{REW}}\right) \tag{6-44}$$

式中：E_s 为第二阶段任意特定时间的实际蒸发速率，mm/d；D_e 为土壤表层耗失水量，mm；REW 为第一阶段土壤表层耗失总水量，也称表层易蒸发水，mm；TEW 为土壤表层蒸发的最大总水量，mm。

湿润事件（降雨或灌溉）间的时间间隔与表层土壤蒸发密切相关，它决定着蒸发处于哪个阶段。对此引入参数 t_w 为湿润事件间的平均间隔。一般来说，湿润事件间的平均时间间隔通过统计初始阶段大于几毫米的所有降雨和灌溉次数来估算。临近几天发生的几次湿润事件可作为一次湿润事件，平均湿润间隔可通过初始阶段的长度除以湿润事件次数来估计。

当 $t_w < t_1$，即表层土壤蒸发处于第一阶段时：

$$K_{c,ini} = \frac{E_{so}}{\text{ET}_0} = 1.15$$

当 $t_w > t_1$ 时：

$$K_{c,ini} = \frac{E_s}{\text{ET}_0} \tag{6-45}$$

对式（6-44）从 REW 到 TEW 积分，可得到第二阶段 $K_{c,ini}$ 的计算式（6-46）。

$$K_{c,ini} = \frac{\text{TEW} - (\text{TEW} - \text{REW})\exp\left[\dfrac{-(t_w - t_1)E_{so}\left(1 + \dfrac{\text{REW}}{\text{TEW} - \text{REW}}\right)}{\text{TEW}}\right]}{t_w \text{ET}_0} \tag{6-46}$$

式中：t_1 为完成第一阶段表层土壤蒸发所需要的时间长度，$t_1 = \text{REW}/E_{so}$，d；t_w 为生长初期阶段湿润过程间的平均时间长度，d；$K_{c,ini} \leqslant 1.15$。

从上述 $K_{c,ini}$ 计算过程可以看出，土壤 REW 和 TEW 值是重要参数，该值可根据土壤类型和湿润事件入渗深度进行计算：

①当入渗深度小于 10 mm 时，以降雨或高频率灌溉系统较常使用，如微灌和中心支轴式的喷灌，每次灌水定额大约 10 mm 或小于 10 mm。对于所有土壤质地：

$$\left.\begin{aligned} \text{TEW}_{cor} &= 10\ \text{mm} \\ \text{REW}_{cor} &= \min\left[\max\left(2.5, \frac{6}{\text{ET}_0^{0.5}}\right), 7\right] \end{aligned}\right\} \tag{6-47}$$

将采用式（6-47）计算的 REW_{cor} 和 TEW_{cor} 代入式（6-46）计算的作物系数记作 $K_{c,inia}$。

②当入渗深度大于或等于 40 mm 时，常以地面灌溉和喷灌方式为主。对于粗颗粒土壤质地（沙土、含黏沙土）：

$$\left.\begin{aligned} \text{TEW}_{cor} &= \min(15, 7\text{ET}_0^{0.5}) \\ \text{REW}_{cor} &= \min(6, \text{TEW}_{cor} - 0.01) \end{aligned}\right\} \tag{6-48}$$

对于中颗粒土壤质地（砂黏土、砂土和细砂土）、细颗粒土壤质地（细颗粒黏土夹砂、细黏土和黏土）：

$$\left.\begin{aligned} \text{TEW}_{cor} &= \min(28, 13\text{ET}_0^{0.5}) \\ \text{REW}_{cor} &= \min(9, \text{TEW}_{cor} - 0.01) \end{aligned}\right\} \tag{6-49}$$

将式(6-48)和式(6-49)计算的 REW_{cor} 和 TEW_{cor} 带入式(6-46)计算的作物系数记作 $K_{c,inib}$。

③当入渗深度在 10~40 mm 时,对于所有土壤质地:

$$K_{c,inic}=K_{c,inia}+\frac{I-10}{40-10}(K_{c,inib}-K_{c,inia}) \tag{6-50}$$

式中:$K_{c,inia}$ 为采用式(6-47)计算的 REW_{cor} 和 TEW_{cor} 得到的 $K_{c,ini}$;$K_{c,inib}$ 为采用式(6-48)和式(6-49)计算的 REW_{cor} 和 TEW_{cor} 得到的 $K_{c,ini}$;I 为湿润事件平均入渗深度,mm。

采用上述方法计算的 $K_{c,ini}$ 适用于地面灌方式,土壤表面完全湿润,$f_w=1$。当采用畦灌或喷灌进行灌溉时,只有一部分土壤表面被湿润,而式(6-50)中的入渗深度指土壤表面部分湿润区域对应的入渗深度。因此,当已知整个农田面积上的平均入渗深度时,必须采用式(6-51)进行修正,以得到与土壤表面湿润部分对应的真实入渗深度 I_w,并用其替换式(6-50)中的 I。

$$I_w=\frac{I}{f_w} \tag{6-51}$$

式中:I_w 为湿润部分土壤表面的灌溉深度,mm; f_w 为灌溉或降雨湿润的土壤表面积比,$0<f_w<1$;I 为整个农田的灌溉水深,mm;

同时,计算出的 $K_{c,ini}$ 应采用式(6-52)进行修正。

$$K_{c,ini}=f_w K_{c,ini(f_w=1)} \tag{6-52}$$

举例说明上述计算过程。

【例 6-1】 在干旱的粗颗粒质地土壤中种植各类小蔬菜,通过喷灌系统每周灌水两次,每次 20 mm 水量,生长初期的平均 ET_0 是 5 mm/d,则这个阶段的作物腾发强度计算如下:

喷灌系统,$f_w=1$;每周灌水两次,$t_w=7/2=3.5$(d);每次灌水 20 mm,需要选用式(6-50)计算 $K_{c,ini}$;粗颗粒质地土壤,选用式(6-48)。

基本参数计算:$E_{so}=1.15ET_0=1.15\times5=5.75$(mm/d)

采用式(6-47):

$$TEW_{cor}=10\text{ mm}$$

$$REW_{cor}=\min\left[\max\left(2.5,\frac{6}{5^{0.5}}\right),7\right]=2.68(\text{mm})$$

$$t_1=\frac{REW}{E_{so}}=\frac{2.68}{5.75}=0.47(\text{d})<3.5\text{ d}=t_w$$

采用式(6-46):

$$K_{c,inia}=\frac{10-(10-2.68)\exp\left[\frac{-(3.5-0.47)\times5.75\times\left(1+\frac{2.68}{10-2.68}\right)}{10}\right]}{3.5\times5}=0.53$$

采用式(6-48):

$$TEW_{cor}=\min(15,7ET_0^{0.5})=\min(15,7\times5^{0.5})=15(\text{mm})$$

$$\text{REW}_{\text{cor}} = \min(6, \text{TEW}_{\text{cor}} - 0.01) = \min(6, 15 - 0.01) = 6(\text{mm})$$

$$t_1 = \frac{\text{REW}}{E_{\text{so}}} = \frac{6}{5.75} = 1.04(\text{d}) < 3.5 \text{ d} = t_{\text{w}}$$

采用式(6-46)：

$$K_{\text{c,inib}} = \frac{15 - (15 - 6)\exp\left[\dfrac{-(3.5 - 1.04) \times 5.75 \times \left(1 + \dfrac{6}{15 - 6}\right)}{15}\right]}{3.5 \times 5} = 0.75$$

采用式(6-50)：

$$K_{\text{c,inic}} = K_{\text{c,inia}} + \frac{I - 10}{40 - 10}(K_{\text{c,inib}} - K_{\text{c,inia}}) = 0.53 + \frac{20 - 10}{40 - 10} \times (0.75 - 0.53) = 0.60$$

腾发强度 $\text{ET}_{\text{c}} = \text{ET}_0 \times K_{\text{c}} = 5 \times 0.60 = 3.0(\text{mm/d})$。

【例 6-2】 在生长初期通过滴灌系统对黏砂土每两天灌溉一次，每次灌溉深度大约 12 mm(指农田面积上的等价灌溉深度)，生长初期的平均 ET_0 是 4 mm/d，无雨或仅有小雨，则这个阶段的作物腾发强度计算如下：

滴灌系统，$f_{\text{w}} = 0.4$；每两天灌溉一次，$t_{\text{w}} = 2$ d；每次农田面积上灌水深度 12 mm，需要选用式(6-51)换算为湿润部分的灌溉深度，为 30 mm，再选用式(6-50)计算 $K_{\text{c,ini}}$；黏砂土为中颗粒质地土壤，选用式(6-49)。

基本参数计算：$E_{\text{so}} = 1.15\text{ET}_0 = 1.15 \times 4 = 4.6(\text{mm/d})$

采用式(6-47)：

$$\text{TEW}_{\text{cor}} = 10 \text{ mm}$$

$$\text{REW}_{\text{cor}} = \min\left[\max\left(2.5, \frac{6}{4^{0.5}}\right), 7\right] = 3(\text{mm})$$

$$t_1 = \frac{\text{REW}}{E_{\text{so}}} = \frac{3}{4.6} = 0.65(\text{d}) < 2 \text{ d} = t_{\text{w}}$$

采用式(6-46)：

$$K_{\text{c,inia}} = \frac{10 - (10 - 3)\exp\left[\dfrac{-(2 - 0.65) \times 4.6 \times \left(1 + \dfrac{3}{10 - 3}\right)}{10}\right]}{2 \times 4} = 0.89$$

采用式(6-49)：

$$\text{TEW}_{\text{cor}} = \min(28, 13\text{ET}_0^{0.5}) = \min(28, 13 \times 4^{0.5}) = 26(\text{mm})$$

$$\text{REW}_{\text{cor}} = \min(9, \text{TEW}_{\text{cor}} - 0.01) = \min(9, 26 - 0.01) = 9(\text{mm})$$

$$t_1 = \frac{\text{REW}}{E_{\text{so}}} = \frac{9}{4.6} = 1.96(\text{d}) < 2 \text{ d} = t_{\text{w}}$$

采用式(6-46)：

$$K_{\text{c,inib}} = \frac{26 - (26 - 9)\exp\left[\dfrac{-(2 - 1.96) \times 4.6 \times \left(1 + \dfrac{9}{26 - 9}\right)}{26}\right]}{2 \times 4} = 1.15$$

采用式(6-51)：

$$I_w = \frac{I}{f_w} = \frac{12}{0.4} = 30(\mathrm{mm})$$

采用式(6-50)：

$$K_{c,inic} = K_{c,inia} + \frac{I - 10}{40 - 10}(K_{c,inib} - K_{c,inia})$$

$$= 0.89 + \frac{30 - 10}{40 - 10} \times (1.15 - 0.89) = 1.06$$

采用式(6-52)：

$$K_{c,ini} = f_w K_{c,ini(f_w=1)} = 0.4 \times 1.06 = 0.42$$

腾发强度 $ET_c = ET_0 \times K_c = 4 \times 0.42 = 1.7(\mathrm{mm/d})$。

对于水稻，由于田面保持 0.1～0.2 m 的水层初始阶段禾苗较小，主要以水面蒸发为主，在半湿润气候下微风或中等风速条件下，$K_{c,ini} = 1.05$，其他地区不同气候条件下应根据表 6-1 进行修正。

表 6-1　不同气候条件下的水稻 $K_{c,ini}$

湿度	风速		
	微风	适度的风	强风
干旱-半干旱	1.10	1.15	1.20
亚湿润-湿润	1.05	1.10	1.15
非常湿润	1.00	1.05	1.10

注：本表选自 FAO Irrigation and Drainage Paper No. 56。

当局部灌溉和降雨同时发生在初始阶段时，f_w 应为每种类型湿润事件的 f_w 的加权平均值，权重是每种类型湿润事件的入渗水深。

单作物系数法适用于在生长初期阶段的湿润过程是等间距的情况，如果湿润过程是非等间距，则双作物系数法更准确。

(2)生长中期和生长后期末的作物系数($K_{c,mid}$、$K_{c,end}$)计算过程。

FAO56 表 12 中的 $K_{c,mid}$ 和 $K_{c,end}$ 代表有平均日照、最小相对湿度(RH_{min})约为 45%和平均风速(u_2)为 2 m/s 的风和日丽的亚湿润气候值。对很湿润或干燥条件或多风、少风条件，中期阶段、后期阶段末的作物系数均应进行修正。

当 $RH_{min} \neq 45\%$ 或 $u_2 \neq 2$ m/s 时，采用式(6-53)对表 12 中的 $K_{c,mid}$ 进行校正。

$$K_{c,mid} = K_{c,mid(表)} + [0.04(u_2 - 2) - 0.004(RH_{min} - 45)]\left(\frac{h}{3}\right)^{0.3} \tag{6-53}$$

当 $RH_{min} \neq 45\%$ 或 $u_2 \neq 2$ m/s，$K_{c,end(表)} \geq 0.45$ 时，采用式(6-54)对表 12 中的 $K_{c,end}$ 进行校正。

$$K_{c,end} = K_{c,end(表)} + [0.04(u_2 - 2) - 0.004(RH_{min} - 45)]\left(\frac{h}{3}\right)^{0.3} \tag{6-54}$$

式中：$K_{c,mid(表)}$、$K_{c,end(表)}$ 为从 FAO56 提供的表 12 中得到的 $K_{c,mid}$ 和 $K_{c,end}$；u_2 为参照草面以上 2 m 高度处日平均风速在生长中期和生长后期的平均值，$1\ m/s<u_2<6\ m/s$；RH_{min} 为日最小相对湿度在生长中期和生长后期的平均值，$20\%<RH_{min}<80\%$；h 为作物高度在生长中期和生长后期的平均值，$0.1\ m<h<10\ m$。

当 $K_{c,end(表)}<0.45$ 时，即允许作物在田间枯萎和干燥，RH_{min} 和 u_2 对 $K_{c,end}$ 影响较小，$K_{c,end}=K_{c,end(表)}$，即直接采用 FAO56 表 12 中的数据，不需要校正。

当 RH_{min} 无法获得时，可采用式(6-55)计算。

$$RH_{min}=\frac{e^0(T_{dev})}{e^0(T_{max})}\times 100=\frac{e^0(T_{min})}{e^0(T_{max})}\times 100 \tag{6-55}$$

式中：T_{dev} 为生长中期、生长后期日露点温度平均值，℃；T_{max} 为生长中期、生长后期日最高气温平均值，℃；T_{min} 为生长中期、生长后期日最低气温平均值，℃；$e^0(T)$ 为空气温度为 T 时的饱和水汽压，kPa，采用式(6-5)计算。

式(6-55)中，优先选用 T_{dev} 计算 RH_{min}，当 T_{dev} 缺失时，可选用 T_{min} 计算。

在生长中期，植被几乎覆盖了整个地面，故湿润频率对 $K_{c,mid}$ 的影响比对 $K_{c,ini}$ 小，但对于经常灌溉（至少每 3 天灌溉一次）的作物和 FAO56 表 12 中给出的 $K_{c,mid}$ 小于 1.0 的地方，应考虑连续湿润的土壤、截留喷灌水的蒸发和植被粗糙度相结合的影响，特别是灌溉系统在湿润土壤表面($f_w>0.3$)中起重要作用的地方，该值需用 1.1~1.3 替代。

2）双作物系数法

与单作物系数相比，双作物系数法可以区分田间作物与参照作物土壤蒸发和作物蒸腾之差。双作物系数法，顾名思义，由基本作物系数(K_{cb})和土壤蒸发系数(K_e)两部分组成。基本作物系数(K_{cb})也称基础作物系数，用来描述作物蒸腾；土壤蒸发系数(K_e)用来描述土壤表面蒸发，一般采用日水量平衡计算表土层中的水含量 K_e。当降雨或灌溉后土壤潮湿时，K_e 增大；当土壤表面变得干燥时，K_e 变小；当土壤表面没有可供蒸发的水分时，K_e 为 0。基础作物系数 K_{cb} 为当土壤表层干燥但根系层平均土壤含水量能维持作物充分蒸腾的 ET_c 与 ET_0 的比值，表示没有附加的灌溉或降雨影响的潜在 K_c 的基准线。K_{cb} 和 K_e 的和不能超过由土壤表面有效能量确定的最大值 $K_{c,max}$。

采用双作物系数法绘制的作物系数曲线如图 6-2 所示：基本作物系数 K_{cb} 曲线低于 K_c 曲线，两者差值在生长初期最大，生长中期最小，这跟土壤蒸发规律有关。生长初期，作物覆盖不足 10%，土壤蒸发在作物腾发量中占据绝对优势；生长中期，地面被完全覆盖，土壤蒸发较小，两者差异最小，K_{cb} 值比 K_c 值小 0.05~0.10；生长后期，由于叶片变黄蒸腾作用下降，落叶使得地面覆盖度降低，土壤蒸发增加，两者差值增加；若仍频繁灌溉，则两者差值减小。

FAO56 表 17 中给出了与 FAO56 表 12 相同的作物在相同气象条件（最小相对湿度 $RH_{min}\approx 45\%$、平均风速 $u_2\approx 2\ m/s$）下的 K_{cb} 值。

当 $RH_{min}\neq 45\%$ 或 $u_2\neq 2\ m/s$，$K_{cb,mid(表)}$、$K_{cb,end(表)}\geq 0.45$ 时，采用式(6-56)对 FAO56 表 17 中的 K_{cb} 进行校正。

$$K_{cb}=K_{cb(表)}+[0.04(u_2-2)-0.004(RH_{min}-45)]\left(\frac{h}{3}\right)^{0.3} \tag{6-56}$$

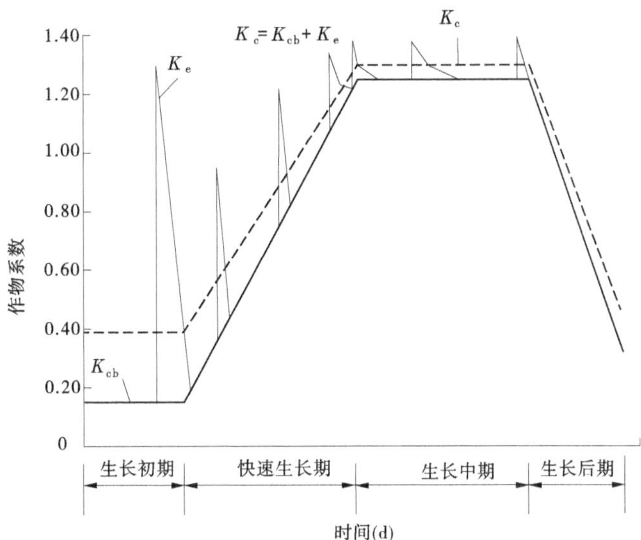

图 6-2 作物系数曲线(双作物系数法)

式中:$K_{cb(表)}$ 为从 FAO56 提供的表 17 中得到的 $K_{cb,mid}$ 和 $K_{cb,end}$;u_2 为参照草面以上 2 m 高度处日平均风速在生长中期和生长后期的平均值,$1\ m/s< u_2<6\ m/s$;RH_{min} 为日最小相对湿度在生长中期和生长后期的平均值,$20\%<RH_{min}<80\%$;h 为作物高度在生长中期和生长后期的平均值,$0.1\ m<h<10\ m$。

当 $K_{cb,end(表)}<0.45$ 时,RH_{min} 和 u_2 对 K_{cb} 影响较小,$K_{cb}=K_{cb(表)}$,即直接采用 FAO56 表 17 中的数据,不需要校正。

根据能量守恒定律,任何种有作物的地表蒸发和作物蒸腾的总量不能超过其所获得的能量,引入参数 $K_{c,max}$,表示为任何作物蒸腾和地表蒸发的作物系数上限,根据式(6-57)计算。

$$K_{c,max}=\max\left(\left\{1.2+\left[0.04(u_2-2)-0.004(RH_{min}-45)\right]\left(\frac{h}{3}\right)^{0.3}\right\},\left\{K_{cb}+0.05\right\}\right) \tag{6-57}$$

式中:$K_{c,max}$ 为降雨或灌溉后 K_c 的最大值,$1.05\leq K_{c,max}\leq 1.30$;$h$ 为各计算时段(初期、生长旺期、中期、后期)内作物的平均最大高度,m; K_{cb} 为基础作物系数;u_2、RH_{min} 同上。

式(6-57)中,$K_{c,max}$ 总是大于或等于 $K_{cb}+0.05$,这表明当土壤表面完全湿润后或地表被完全覆盖时,K_{cb} 值以 0.05 增加。式(6-57)中的数字 1.2 反映了湿润土壤反射率降低的影响和土壤变湿以前干燥土壤中储存的热量分配,以及湿润间隔大于 3 d(或 4 d)的影响,如果降雨或灌溉比较频繁,每天 1 次或 2 天 1 次,则土壤在湿润过程之间吸收热量的机会较少,式(6-57)中的系数 1.2 可变为 1.1。

$K_c=K_{cb}+K_e\leq K_{c,max}\Rightarrow K_e\leq K_{c,max}-K_{cb}$。当表层土壤干燥时,较少的水分可以用来蒸发,且蒸发水分的减少量与表层土壤含有的剩余水量成正比,引入蒸发减小系数 K_r,同时,蒸发主要发生在裸露的土壤,故在任何时刻的蒸发都受裸土表面所获得的能量限制,即

$$K_e=K_r(K_{c,max}-K_{cb})\leq f_{ew}\cdot K_{c,max} \tag{6-58}$$

式中：K_e 为土壤蒸发系数；K_r 为依据表层土壤蒸发（或水分消耗）累积深度的蒸发减小系数，无量纲；f_{ew} 为裸露和湿润土壤的比值，即最大的土壤蒸发表面所占的百分比。

式(6-58)也可使用Excel公式 min($K_r(K_{c,max}-K_{cb})$, $f_{ew}\cdot K_{c,max}$)计算。

在作物生长初期，裸露土壤的蒸发假定发生在两个阶段：能量限制阶段和蒸发递减阶段。当土壤表面由于降雨或灌溉湿润时，土壤蒸发层含水率达到田间持水率 θ_{FC}，假定此时从裸露土壤到大气的蒸发以最大速率发生，最大蒸发速率只受地表获得的能量限制，到第一阶段末蒸发累积深度 D_e 称为易蒸发水量，以REW表示，也指在第一阶段能够从表层土壤不受限制地蒸发水量的最大深度。REW一般为5~12 mm，通常中细质地土壤的REW值最大，根据土壤类型，REW参考数值如表6-2所示。

表6-2　不同类型土壤的典型水分特征参数

土壤类型（美国土壤质地分类）	蒸发消耗的水量		土壤水分特征参数		
	REW/mm	TEW/mm (Z_e=100 mm)	θ_{FC}/(m³/m³)	θ_{WP}/(m³/m³)	($\theta_{FC}-\theta_{WP}$)/(m³/m³)
砂土	2~7	6~12	0.07~0.17	0.02~0.07	0.05~0.11
壤砂土	4~8	9~14	0.11~0.19	0.03~0.10	0.06~0.12
砂壤土	6~10	15~20	0.18~0.28	0.06~0.16	0.11~0.15
壤土	8~10	16~22	0.20~0.30	0.07~0.17	0.13~0.18
粉砂壤土	8~11	18~25	0.22~0.36	0.09~0.21	0.13~0.19
粉砂	8~11	22~26	0.28~0.36	0.12~0.22	0.16~0.20
粉砂黏壤土	8~11	22~27	0.30~0.37	0.17~0.24	0.13~0.18
粉砂黏土	8~12	22~28	0.30~0.42	0.17~0.29	0.13~0.19
黏土	8~12	22~29	0.32~0.40	0.20~0.24	0.12~0.20

注：1. 本表选自FAO Irrigation and Drainage Paper No. 56。

2. θ_{FC} 为土壤田间持水率；θ_{WP} 为土壤凋萎含水率；TEW=($\theta_{FC}-0.5\theta_{WP}$)$Z_e$。

当表土层蒸发水量达到REW时，土壤蒸发进入蒸发递减阶段，在该阶段，土壤表面明显干燥，裸露土壤的蒸发量随表层土壤存留水量减少，假定第二阶段末，表层土壤最小含水率可以达到凋萎含水率 θ_{WP} 的一半。因此，表层土壤在完全湿润时可被蒸发水量的最大深度可表示为

$$\mathrm{TEW}=(\theta_{FC}-0.5\theta_{WP})Z_e \tag{6-59}$$

式中：TEW为表层土壤在完全湿润时可以被蒸发的总水量，mm；θ_{FC} 为田间持水率，m³/m³；θ_{WP} 为凋萎含水率，m³/m³；Z_e 为由于蒸发而变干的表土层深度（100~150 mm）。

K_r 值可根据表层土壤每日的水量平衡计算。在表土层的整个蒸发过程中，大雨或灌溉后，蒸发处于第一阶段，$K_r=1$，蒸发仅取决于所获得的用于蒸发的能量；当土壤表面变干燥时，$K_r<1$ 且蒸发量减小，蒸发处于第二阶段；当表层土壤无水分可蒸发时，$K_r=0$。

第二阶段的 K_r 计算方法如下：

$$K_r=\frac{\mathrm{TEW}-D_{e,i-1}}{\mathrm{TEW}-\mathrm{REW}},D_{e,i-1}>\mathrm{REW} \tag{6-60}$$

式中：K_r 为蒸发递减系数，无量纲，当 $D_{e,i-1} \leq REW$ 时，$K_r = 1$；$D_{e,i-1}$ 为第 $i-1$ 天末（前一天）土壤表层蒸发量的累计深度，mm；REW 为第一阶段末的蒸发累计深度，mm。

土壤蒸发主要发生在裸露土壤中，随着作物的生长，裸露土壤面积不断变化；降雨或灌溉后部分湿润的土壤表面蒸发速率将增大，因此裸露土壤面积的近似比值（$1-f_c$）和灌溉湿润的土壤表面比值（f_w）被考虑为土壤蒸发的主要部分。表 6-3 提供了降雨和不同灌溉方式下湿润土壤表面比值 f_w 的建议值。

表 6-3　降雨或灌溉湿润表层土壤的 f_w

湿润条件	f_w
降雨	1.0
喷灌	1.0
漫灌	1.0
畦灌	1.0
沟灌（每沟）窄底	0.6~1.0
沟灌（每沟）宽底	0.4~0.6
沟灌（间隔沟）	0.3~0.5
滴灌	0.3~0.4

注：本表选自 FAO Irrigation and Drainage Paper No. 56。

裸露和湿润土壤的比值 f_{ew}，即最大的土壤蒸发表面所占的百分比可通过式（6-61）计算：

$$f_{ew} = \min(1 - f_c, f_w) \tag{6-61}$$

式中：f_c 为植物覆盖的表层土壤面积的平均比值；$1-f_c$ 为裸露土壤的平均比值，$0.01 \leq 1-f_c \leq 1$；f_w 为降雨或灌溉湿润的土壤表面平均比值，$0.01 \leq f_w \leq 1$。

式（6-61）适用于大部分灌溉方式（降雨、漫灌、畦灌、喷灌）。对于滴灌，若直接采用式（6-61），$f_{ew} = f_w$，在生长初期和快速生长期，作物覆盖度较小，蒸发主要发生在灌溉湿润的土壤表面，公式结果符合实际；但在生长中期和生长后期，被湿润的大部分土壤位于冠层之下，并被冠层遮蔽，蒸发仅发生在小部分湿润土壤表面，式（6-61）结果不符合实际，建议采用 $f_{ew} = \left(1-\frac{2}{3}f_c\right)f_w$ 计算。

若在同一天内同时发生降雨和灌溉，f_w 值应为两种湿润方式 f_w 值的加权平均，权重为每种方式引起的入渗深度比例。一般忽略入渗深度小于 3~4 mm 的降雨，即当降雨小于 3~4 mm 时，f_w 值由灌溉系统的 f_w 决定；当降雨大于 3~4 mm 时，不管有无灌溉，f_w 值均等于 1。若当天既无灌溉又无大于 3~4 mm 的降雨时，f_w 值为前一天的 f_w 值。

表 6-4 为作物不同生长阶段被覆盖的土壤面积比 f_c 和裸露于阳光的土壤面积比 $1-f_c$ 的值。f_c 值也可根据式（6-62）计算。

表 6-4　作物不同生长阶段 f_c 和 $1-f_c$

作物生长阶段	f_c	$1-f_c$
生长初期	0~0.1	1.0~0.9
快速生长期	0.1~0.8	0.9~0.2
生长中期	0.8~1.0	0.2~0
生长后期	0.8~0.2	0.2~0.8

注:本表选自 FAO Irrigation and Drainage Paper No. 56。

$$f_c = \left(\frac{K_{cb} - K_{c,min}}{K_{c,max} - K_{c,min}}\right)^{(1+0.5h)} \tag{6-62}$$

式中:f_c 为植物覆盖的表层土壤面积的平均比值,$0<f_c<0.99$;K_{cb} 为特定天或时期的基础作物系数;$K_{c,min}$ 为无地表覆盖的干燥土壤最小 K_c 值,为 0.15~0.20。

式(6-62)的使用应以田间观测资料验证,且需限制 $K_{cb}-K_{c,min} \geqslant 0.01$。$K_{c,min}$ 为土壤产生蒸发和蒸腾的底线水平,通常与一年生作物的 $K_{cb,ini}$ 相同。

下面举例说明上述计算过程。

【例 6-3】　计算河南安阳地区 7 月 10 日(生长中期)喷灌过后棉花的作物系数。根据该地区多年气象数据计算出该时期(6 月 24 日至 8 月 6 日)平均 ET_0 是 3.8 mm/d、最低气温 $T_{min}=22.6$ ℃、最高气温 $T_{max}=31.9$ ℃、地面以上 2 m 高度处平均风速 $u_2=2.1$ m/s(计算过程可参考第 5 章),则采用双作物系数法计算作物系数如下:

根据式(6-5):

$$e^0(T_{max}) = 0.6108\exp\left(\frac{17.27T_{max}}{T_{max} + 237.3}\right) = 4.73$$

$$e^0(T_{min}) = 0.6108\exp\left(\frac{17.27T_{min}}{T_{min} + 237.3}\right) = 2.74$$

根据式(6-55):

$$RH_{min} = \frac{e^0(T_{min})}{e^0(T_{max})} \times 100 = 58\%$$

根据 FAO56 表 17、表 12 可知,$K_{cb,mid}=1.15$,$h=1.2$ m,由于 $RH_{min} \neq 45\%$、$u_2 \neq 2$ m/s,采用式(6-56)修正:

$$K_{cb,mid} = 1.15 + [0.04 \times (2.1 - 2) - 0.004 \times (58 - 45)] \times \left(\frac{1.2}{3}\right)^{0.3} = 1.11$$

根据式(6-57):

$$K_{c,max} = \max\left(\left\{1.2 + [0.04(u_2 - 2) - 0.004(RH_{min} - 45)]\left(\frac{h}{3}\right)^{0.3}\right\}, \{K_{cb} + 0.05\}\right)$$

$$= 1.16$$

根据 FAO56 表 17 可知,$K_{cb,ini}=0.15$,故 $K_{c,min}=0.15$,根据式(6-62):

$$f_c = \left(\frac{K_{cb} - K_{c,min}}{K_{c,max} - K_{c,min}}\right)^{(1+0.5h)} = \left(\frac{1.11 - 0.15}{1.16 - 0.15}\right)^{(1+0.5\times1.2)} = 0.92$$

灌溉方式为喷灌，$f_w = 1.0$，根据式(6-61)：

$$F_{ew} = \min(1 - f_c, f_w) = \min(1 - 0.92, 1.0) = 0.08$$

由于刚喷灌，假定灌溉量足以弥补蒸发的水量，使土壤含水率达到田间持水率，则蒸发位于第一阶段，$K_r = 1$，根据式(6-58)：

$$K_e = \min(K_r(K_{c,max} - K_{cb}), f_{ew} \cdot K_{c,max})$$
$$= \min(1 \times (1.16 - 1.11), 0.08 \times 1.16) = 0.05$$

因此，作物系数：

$$K_c = K_{cb} + K_e = 1.11 + 0.05 = 1.16$$

【例 6-4】　同例 6-3，假设灌溉方式更改为隔沟灌，$K_{c,max}$ 与 f_c 计算同例 6-3。

灌溉方式为隔沟灌，根据表 6-3，$f_w = 0.3$，根据式(6-61)：

$$f_{ew} = \min(1 - f_c, f_w) = \min(1 - 0.92, 0.3) = 0.08$$
$$K_e = \min(1 \times (1.16 - 1.11), 0.08 \times 1.16) = 0.05$$
$$K_c = K_{cb} + K_e = 1.11 + 0.05 = 1.16$$

【例 6-5】　同例 6-3，假设灌溉方式更改为滴灌，$K_{c,max}$ 与 f_c 计算同例 6-3。

灌溉方式为滴灌，根据表 6-3，$f_w = 0.3$，根据式(6-61)：

$$f_{ew} = \min\left(1 - f_c, \left(1 - \frac{2}{3}f_c\right)f_w\right) = \min\left(1 - 0.92, \left(1 - \frac{2}{3} \times 0.92\right) \times 0.3\right)$$
$$= \min(0.08, 0.12) = 0.08$$
$$K_e = \min(1\times(1.16-1.11), 0.08\times1.16) = 0.05$$
$$K_c = K_{cb} + K_e = 1.11 + 0.05 = 1.16$$

三种灌溉方式下，K_c 均为 1.16，这是因为棉花在生育中期被覆盖的土壤面积比 $f_c = 0.92$，裸露土壤仅占 0.08，蒸发所占比例较小，主要以基础作物系数表示的作物蒸腾为主。本结果与图 6-2 相符，同时说明，在生育中期，灌溉方式对土壤蒸发影响不大，可忽略。

从上述三个例子中可发现，判断土壤蒸发处于哪个阶段是关键，它决定了 K_r 的取值，继而影响 K_e。一般采用日水量平衡法计算逐日 K_e，方法如下：

表层土壤日水量平衡方式可表示为式(6-63)：

$$D_{e,i} - D_{e,i-1} = \frac{E_i}{f_{ew}} + T_{ew,i} + DP_{e,i} - (P_i - RO_i) - \frac{I_i}{f_w} \tag{6-63}$$

式中：$D_{e,i}$ 为第 i 天末土壤完全湿润后的累积蒸发(消耗)深度，mm；$D_{e,i-1}$ 为第 $i-1$ 天末土壤完全湿润后的土壤蒸发累积深度，mm；P_i 为第 i 天的降雨量，mm；RO_i 为第 i 天的降雨形成的地表径流量，mm；I_i 为第 i 天渗入土壤的灌溉深度，mm；E_i 为第 i 天的蒸发量，$E_i = K_e \cdot ET_0$，mm；$T_{ew,i}$ 为第 i 天湿润和裸露表层土壤的蒸腾深度，mm；$DP_{e,i}$ 为第 i 天当土壤含水率超过田间持水率时产生的深层渗漏损失，mm；f_w 为灌溉湿润的土壤面积比值，$0.01 \leqslant f_w \leqslant 1$；$f_{ew}$ 为裸露和湿润土壤的比值，$0.01 \leqslant f_{ew} \leqslant 1$。

式(6-63)等号左侧代表第 i 天土壤蒸发深度，等号右侧代表第 i 天土壤蒸发蒸腾总量减去可能补充入土壤中的水量。

对于 $D_{e,i}$，有两个假设：①假定大雨或灌溉后表层土壤含水率达到田间持水率，当天表层土壤蒸发消耗量为 0。②当两次湿润过程间隔过长，或可确定在此次湿润过程前表层土壤中可蒸发水分已全部蒸发，可认定本次湿润过程前的表层土壤累积蒸发量为 TEW，故 $0 \leqslant D_{e,i} \leqslant \mathrm{TEW}$。

式(6-63)中，当日降雨量 $P_i<0.2\mathrm{ET}_0$ 时，被认为完全用于蒸发，可忽略；降雨产生的地表径流主要取决于降雨强度、地表坡度、土壤类型、土壤水力条件和前期土壤含水率以及土地利用和地表覆盖程度等，通常情况下，RO_i 可假定为 0，或考虑成 P_i 的某个百分比，尤其对于表层土壤的水量平衡计算，几乎所有的降雨都可以产生径流，并使表层土壤达到田间持水率。因此，径流对水量平衡计算的影响可以忽略。小降雨过程形成小的地表径流或不形成地表径流。

I_i 通常表示为与整块田地的平均灌溉入渗深度等价的水深，而根据灌溉方式的不同，其湿润的土壤面积并非整块田地，故$\dfrac{I_i}{f_w}$表示与土壤表面湿润部分对应的真实入渗深度。比如，当某次灌水量为 20 m³/亩时，1 亩 = 666.7 m²，田块入渗深度 $I_i=\dfrac{20\ \mathrm{m}^3}{666.7\ \mathrm{m}^2}=30\ \mathrm{mm}$，若采用滴灌灌水方式，湿润土壤面积比值 $f_w=0.3$，则$\dfrac{I_i}{f_w}=100\ \mathrm{mm}$，即田块湿润部分的实际入渗深度为 100 mm。

$E_i=K_e\cdot\mathrm{ET}_0$，表示土壤蒸发主要发生在裸露和湿润土壤中，冠层下的蒸发量被包含在 K_{cb} 中，$\dfrac{E_i}{f_{ew}}$表示裸露和湿润土壤实际蒸发深度。

T_{ew} 为湿润和裸露表层土壤的蒸腾深度。对于大部分作物，根系吸取的水分基本来自冠层下的土壤，表层土壤 f_{ew} 部分的蒸腾可以认为是 0。对于浅根系作物(最大根系层深度小于 0.5~0.6 m)，在土壤湿润后 3~5 d 内，T_{ew} 只是 Z_e 深度内水分通量的一小部分，可通过减小 Z_e 值来假定 $T_{ew}=0$，比如 Z_e 从 0.15 m 降到 0.12 m 或从 0.10 m 降到 0.08 m，这时 T_{ew} 对土壤蒸发产生的影响是很小的，可以忽略不计。

大雨或灌溉后，表层土壤的含水率很有可能超过田间持水率。假定土壤含水率很快接近田间持水率并产生渗漏，则式(6-63)中当天土壤的累积蒸发深度 $D_{e,i}=0$，当天蒸发量 $E_i=0$，蒸腾深度 $T_{ew}=0$，则日水量平衡方程变为式(6-64)：

$$-D_{e,i-1}=\mathrm{DP}_{e,i}-(P_i-\mathrm{RO}_i)-\frac{I_i}{f_w} \tag{6-64}$$

因此，大雨或灌溉后表层土壤的渗漏水量可采用式(6-65)计算：

$$\mathrm{DP}_{e,i}=(P_i-\mathrm{RO}_i)+\frac{I_i}{f_w}-D_{e,i-1}>0 \tag{6-65}$$

如果降雨量较少，土壤含水率低于田间持水率，则土壤就不会产生渗漏，$\mathrm{DP}_{e,i}=0$。

【例 6-6】 已知砂壤土，作物高度 0.30 m，平均风速 $u_2=1.6$ m/s，最小相对湿度 $\mathrm{RH}_{min}=35\%$，处于快速生长期，10 d 内 K_{cb} 由 0.30 上升至 0.40，第 1 天采用窄底沟灌方式灌溉 40 mm，第 6 天降雨 6 mm，求 10 d 内逐日作物腾发量，10 d 内逐日 ET_0 见表 6-5。

表 6-5　采用双作物系数法估算作物需水量

项目	ET_0	K_{cb}	$D_{e,i}$ 末值	K_r	$P-RO$	I	T_{ew}	$1-f_c$	f_w	f_{ew}	K_e	E	DP_e	K_c	ET_c
灌溉前			18	0											
第 1 天	4.5	0.30	5.1	1	0	40	0	0.92	0.8	0.8	0.91	4.1	32	1.21	5.4
第 2 天	5.0	0.31	10.7	1	0	0	0	0.91	0.8	0.8	0.90	4.5	0	1.21	6.1
第 3 天	3.9	0.32	13.8	0.73	0	0	0	0.90	0.8	0.8	0.65	2.5	0	0.97	3.8
第 4 天	4.2	0.33	15.8	0.42	0	0	0	0.89	0.8	0.8	0.37	1.6	0	0.70	2.9
第 5 天	4.8	0.34	16.9	0.22	0	0	0	0.88	0.8	0.8	0.19	0.9	0	0.53	2.5
第 6 天	2.7	0.36	12.7	0.71	6	0	0	0.87	1	0.87	0.60	1.6	0	0.96	2.6
第 7 天	5.8	0.37	15.7	0.53	0	0	0	0.86	1	0.86	0.45	2.6	0	0.82	4.8
第 8 天	5.1	0.38	16.8	0.23	0	0	0	0.85	1	0.85	0.19	1.0	0	0.57	2.9
第 9 天	4.7	0.39	17.4	0.11	0	0	0	0.84	1	0.84	0.09	0.4	0	0.48	2.3
第 10 天	5.2	0.40	17.8	0.06	0	0	0	0.83	1	0.83	0.05	0.3	0	0.45	2.3

分析:要求作物腾发量,需要得到逐日作物系数,基础作物系数已知,故需要计算逐日土壤蒸发系数 K_e,根据式(6-58),需要得到 K_r、$K_{c,max}$、f_{ew} 值。K_r 可根据式(6-60)计算,需要参数 REW、TEW、$D_{e,i-1}$ 的值;$K_{c,max}$ 可根据式(6-57)计算,f_{ew} 可根据式(6-61)计算,需要得到参数 f_c 和 f_w 值。

根据式(6-57):

$$K_{c,max} = \max\left(\left\{1.2 + [0.04 \times (u_2 - 2) - 0.004(RH_{min} - 45)]\left(\frac{h}{3}\right)^{0.3}\right\}, \{K_{cb} + 0.05\}\right)$$
$$= \max(\{1.2 + [0.04 \times (-0.4) - 0.004 \times (-10)] \times (0.1)^{0.3}\}, 0.30 + 0.05)$$
$$= 1.21$$

$K_{c,min}$ 为无地表覆盖的干燥土壤最小 K_c 值,为 0.15~0.20,本次取值 0.18。根据式(6-62),当 $K_{cb}=0.30$ 时,$f_c=0.08$,$1-f_c=0.92$。

$$f_c = \left(\frac{K_{cb} - K_{c,min}}{K_{c,max} - K_{c,min}}\right)^{(1+0.5h)} = \left(\frac{0.30 - 0.18}{1.21 - 0.18}\right)^{(1+0.5\times0.3)} = 0.08$$

当 $K_{cb}=0.40$ 时,$f_c=0.17$,$1-f_c=0.83$。

将 K_{cb} 和 $1-f_c$ 值在 10 d 内进行线性插值,以获得逐日 K_{cb} 和 $1-f_c$ 值。

土壤为砂壤土,查表 6-2,REW≈8 mm,$\theta_{FC}=0.23\ m^3/m^3$,$\theta_{WP}=0.10\ m^3/m^3$,表土层深度 Z_e 取 100 mm,根据式(6-59):

$$TEW = (\theta_{FC} - 0.5\theta_{WP})Z_e = (0.23 - 0.5 \times 0.10) \times 100 = 18(mm)$$

日水量平衡过程及参数可计算如下:

第 1 天灌水前,假定表土层中已无可蒸发水分,表层土壤累积蒸发深度已达到最大值 TEW。

第 1 天,窄底沟灌 40 mm,查表 6-3,$f_w=0.8$,则田块湿润部分的实际入渗深度 40/0.8=50(mm);蒸发处于第一阶段,$K_r=1$;无降雨,无径流,$P-RO=0$;表层土壤蒸腾 $T_{ew}=0$,根据式(6-61):

$$f_{ew} = \min(1 - f_c, f_w) = \min(0.92, 0.8) = 0.8$$

根据式(6-58):

$$K_e = \min(K_r(K_{c,max} - K_{cb}), f_{ew} \cdot K_{c,max}) = \min(1.0 \times (1.21 - 0.30), 0.8 \times 1.21) = 0.91$$

蒸发量 $E=K_e \cdot ET_0=0.91\times4.5=4.1$(mm)。

灌溉 40 mm,表层土壤含水率必将达到田间持水率并产生渗漏,根据式(6-65):

$$DP_{e,1} = (P_1 - RO_1) + \frac{I_1}{f_w} - D_{e,1-1} = 0 + \frac{40}{0.8} - 18 = 32(mm)$$

根据式(6-63):

$$D_{e,1} - D_{e,1-1} = \frac{E_1}{f_{ew}} + T_{ew,1} + DP_{e,1} - (P_1 - RO_1) - \frac{I_1}{f_w}$$

$$D_{e,1} - 18 = \frac{4.1}{0.8} + 0 + 32 - 0 - \frac{40}{0.8} = -12.9$$

$$D_{e,1} = 5.1\ mm$$

即第 1 天末表层土壤累积蒸发水深 5.1 mm。

$$K_c = K_{cb} + K_e = 0.30 + 0.91 = 1.21$$

$$ET_c = K_c \cdot ET_0 = 1.21 \times 4.5 = 5.4(mm)$$

第 2 天:由于前一天表层土壤累积蒸发深度 5.1 mm<8 mm≈REW,故表层土壤蒸发仍处于第一阶段,$K_r=1.0$。

无灌溉、无降雨、无渗漏,$I=0$,$P-RO=0$,$DP_e=0$,$T_{ew}=0$,f_w 值为前一天的 f_w 值,即 0.8,$f_{ew}=0.8$。

根据式(6-58):

$$K_e = \min(K_r(K_{c,max} - K_{cb}), f_{ew} \cdot K_{c,max}) = \min(1.0 \times (1.21 - 0.31), 0.8 \times 1.21) = 0.90$$

蒸发量 $E=K_e \cdot ET_0=0.90\times5.0=4.5$(mm)。

根据式(6-63):

$$D_{e,2} - D_{e,2-1} = \frac{E_2}{f_{ew}} + T_{ew,2} + DP_{e,2} - (P_2 - RO_2) - \frac{I_2}{f_w}$$

$$D_{e,2} - 5.1 = \frac{4.5}{0.8} + 0 + 0 - 0 - \frac{0}{0.8} = 5.6$$

$$D_{e,2} = 10.7 \text{ mm}$$

即第 2 天末表层土壤累积蒸发水深 10.7 mm。

$$K_c = K_{cb} + K_e = 0.31 + 0.90 = 1.21$$

$$ET_c = K_c \cdot ET_0 = 1.21 \times 5.0 = 6.1(mm)$$

第 3 天:由于前一天表层土壤累积蒸发深度 10.7 mm>8 mm≈REW,故表层土壤蒸发进入第二阶段,根据式(6-60):

$$K_r = \frac{TEW - D_{e,i-1}}{TEW - REW} = \frac{18 - 10.7}{18 - 8} = 0.73$$

无灌溉、无降雨、无渗漏,$I=0$,$P-RO=0$,$DP_e=0$,$T_{ew}=0$,f_w 值为前一天的 f_w 值,即 0.8,$f_{ew}=0.8$。

根据式(6-58):

$$K_e = \min(K_r(K_{c,max} - K_{cb}), f_{ew} \cdot K_{c,max}) = \min(0.73 \times (1.21 - 0.32), 0.8 \times 1.21)$$
$$= 0.65$$

蒸发量 $E=K_e \cdot ET_0=0.65\times3.9=2.5$(mm)。

根据式(6-63):

$$D_{e,3} - D_{e,3-1} = \frac{E_3}{f_{ew}} + T_{ew,3} + DP_{e,3} - (P_3 - RO_3) - \frac{I_3}{f_w}$$

$$D_{e,3} - 10.7 = \frac{2.5}{0.8} + 0 + 0 - 0 - \frac{0}{0.8} = 3.1$$

$$D_{e,3} = 13.8 \text{ mm}$$

即第 3 天末表层土壤累积蒸发水深 13.8 mm。

$$K_c = K_{cb} + K_e = 0.32 + 0.65 = 0.97$$

$$ET_c = K_c \cdot ET_0 = 0.97 \times 3.9 = 3.8(mm)$$

第 4 天:由于前一天表层土壤累积蒸发深度 13.8 mm<18 mm=TEW,故表层土壤蒸发

仍在第二阶段，根据式(6-60)：

$$K_r = \frac{\text{TEW} - D_{e,i-1}}{\text{TEW} - \text{REW}} = \frac{18 - 13.8}{18 - 8} = 0.42$$

无灌溉、无降雨、无渗漏，$I=0$，$P-\text{RO}=0$，$\text{DP}_e=0$，$T_{ew}=0$，f_w 值为前一天的 f_w 值，即 0.8，$f_{ew}=0.8$。

根据式(6-58)：

$$K_e = \min(K_r(K_{c,\max} - K_{cb}), f_{ew} \cdot K_{c,\max}) = \min(0.42 \times (1.21 - 0.33), 0.8 \times 1.21) = 0.37$$

蒸发量 $E=K_e \cdot \text{ET}_0=0.37\times4.2=1.6$ mm。

根据式(6-63)：

$$D_{e,4} - D_{e,4-1} = \frac{E_4}{f_{ew}} + T_{ew,4} + \text{DP}_{e,4} - (P_4 - \text{RO}_4) - \frac{I_4}{f_w}$$

$$D_{e,4} - 13.8 = \frac{1.6}{0.8} + 0 + 0 - 0 - \frac{0}{0.8} = 2.0$$

$$D_{e,4} = 15.8 \text{ mm}$$

即第 4 天末表层土壤累积蒸发水深 15.8 mm。

$$K_c = K_{cb} + K_e = 0.33 + 0.37 = 0.70$$

$$\text{ET}_c = K_c \cdot \text{ET}_0 = 0.70 \times 4.2 = 2.9(\text{mm})$$

第 5 天：由于前一天表层土壤累积蒸发深度 15.8 mm<18 mm=TEW，故表层土壤蒸发仍在第二阶段，根据式(6-60)：

$$K_r = \frac{\text{TEW} - D_{e,i-1}}{\text{TEW} - \text{REW}} = \frac{18 - 15.8}{18 - 8} = 0.22$$

无灌溉、无降雨、无渗漏，$I=0$，$P-\text{RO}=0$，$\text{DP}_e=0$，$T_{ew}=0$，f_w 值为前一天的 f_w 值，即 0.8，$f_{ew}=0.8$。

根据式(6-58)：

$$K_e = \min(K_r(K_{c,\max} - K_{cb}), f_{ew} \cdot K_{c,\max}) = \min(0.22 \times (1.21 - 0.34), 0.8 \times 1.21) = 0.19$$

蒸发量 $E=K_e \cdot \text{ET}_0=0.19\times4.8=0.9$(mm)。

根据式(6-63)：

$$D_{e,5} - D_{e,5-1} = \frac{E_5}{f_{ew}} + T_{ew,5} + \text{DP}_{e,5} - (P_5 - \text{RO}_5) - \frac{I_5}{f_w}$$

$$D_{e,5} - 15.8 = \frac{0.9}{0.8} + 0 + 0 - 0 - \frac{0}{0.8} = 1.1$$

$$D_{e,5} = 16.9 \text{ mm}$$

即第 5 天末表层土壤累积蒸发水深 16.9 mm。

$$K_c = K_{cb} + K_e = 0.34 + 0.19 = 0.53$$

$$\text{ET}_c = K_c \cdot \text{ET}_0 = 0.53 \times 4.8 = 2.5(\text{mm})$$

第 6 天降雨 6 mm，由于前一天表层土壤累积蒸发深度 16.9 mm，补充 6 mm 降雨后累积蒸发深度 10.9 mm，REW≈8 mm<10.9 mm<18 mm=TEW，故表层土壤蒸发仍在第二阶段，未进入第一阶段，故无渗漏，$DP_e=0$。

根据式(6-60)：

$$K_r=\frac{TEW-D_{e,i-1}}{TEW-REW}=\frac{18-10.9}{18-8}=0.71$$

降雨 6 mm>4 mm，$f_w=1.0$，$f_{ew}=0.87$；$T_{ew}=0$。

根据式(6-58)：

$$K_e=\min(K_r(K_{c,\max}-K_{cb}),f_{ew}\cdot K_{c,\max})=\min(0.71\times(1.21-0.36),0.87\times1.21)$$
$$=0.60$$

蒸发量 $E=K_e\cdot ET_0=0.60\times2.7=1.6$(mm)。

根据式(6-63)：

$$D_{e,6}-D_{e,6-1}=\frac{E_6}{f_{ew}}+T_{ew,6}+DP_{e,6}-(P_6-RO_6)-\frac{I_6}{f_w}$$

$$D_{e,6}-16.9=\frac{1.6}{0.87}+0+0-(6-0)-\frac{0}{1.0}=-4.2$$

$$D_{e,6}=12.7\ \text{mm}$$

即第 6 天末表层土壤累积蒸发水深 12.7 mm。

$$K_c=K_{cb}+K_e=0.36+0.60=0.96$$

$$ET_c=K_c\cdot ET_0=0.96\times2.7=2.6(\text{mm})$$

第 7 天：由于前一天表层土壤累积蒸发深度 12.7 mm<18 mm=TEW，故表层土壤蒸发仍在第二阶段，根据式(6-60)：

$$K_r=\frac{TEW-D_{e,i-1}}{TEW-REW}=\frac{18-12.7}{18-8}=0.53$$

无灌溉、无降雨、无渗漏，$I=0$，$P-RO=0$，$DP_e=0$，$T_{ew}=0$，f_w 值为前一天的 f_w 值，即 1.0，$f_{ew}=0.86$。

根据式(6-58)：

$$K_e=\min(K_r(K_{c,\max}-K_{cb}),f_{ew}\cdot K_{c,\max})=\min(0.53\times(1.21-0.37),0.86\times1.21)$$
$$=0.45$$

蒸发量 $E=K_e\cdot ET_0=0.45\times5.8=2.6$(mm)。

根据式(6-63)：

$$D_{e,7}-D_{e,7-1}=\frac{E_7}{f_{ew}}+T_{ew,7}+DP_{e,7}-(P_7-RO_7)-\frac{I_7}{f_w}$$

$$D_{e,7}-12.7=\frac{2.6}{0.86}+0+0-0-\frac{0}{1.0}=3.0$$

$$D_{e,7}=15.7\ \text{mm}$$

即第 7 天末表层土壤累积蒸发水深 15.7 mm。

$$K_c=K_{cb}+K_e=0.37+0.45=0.82$$

$$ET_c=K_c\cdot ET_0=0.82\times5.8=4.8(\text{mm})$$

第 8 天:由于前一天表层土壤累积蒸发深度 15.7 mm<18 mm=TEW,故表层土壤蒸发仍在第二阶段,根据式(6-60):

$$K_r = \frac{\mathrm{TEW} - D_{e,i-1}}{\mathrm{TEW} - \mathrm{REW}} = \frac{18 - 15.7}{18 - 8} = 0.23$$

无灌溉、无降雨、无渗漏,$I=0$,$P-\mathrm{RO}=0$,$\mathrm{DP}_e=0$,$T_{ew}=0$,f_w 值为前一天的 f_w 值,即 1.0,$f_{ew}=0.85$。

根据式(6-58):

$$K_e = \min(K_r(K_{c,\max} - K_{cb}), f_{ew} \cdot K_{c,\max}) = \min(0.23 \times (1.21 - 0.38), 0.85 \times 1.21) = 0.19$$

蒸发量 $E=K_e \cdot \mathrm{ET}_0=0.19\times5.1=1.0$(mm)。

根据式(6-63):

$$D_{e,8} - D_{e,7} = \frac{E_8}{f_{ew}} + T_{ew,8} + \mathrm{DP}_{e,8} - (P_8 - \mathrm{RO}_8) - \frac{I_8}{f_w}$$

$$D_{e,8} - 15.7 = \frac{1.0}{0.85} + 0 + 0 - 0 - \frac{0}{1.0} = 1.2$$

$$D_{e,8} = 16.9 \text{ mm}$$

即第 8 天末表层土壤累积蒸发水深 16.9 mm。

$$K_c = K_{cb} + K_e = 0.38 + 0.19 = 0.57$$

$$\mathrm{ET}_c = K_c \cdot \mathrm{ET}_0 = 0.57 \times 5.1 = 2.9(\text{mm})$$

第 9 天:由于前一天表层土壤累积蒸发深度 16.9 mm<18 mm=TEW,故表层土壤蒸发仍在第二阶段,根据式(6-60):

$$K_r = \frac{\mathrm{TEW} - D_{e,i-1}}{\mathrm{TEW} - \mathrm{REW}} = \frac{18 - 16.9}{18 - 8} = 0.11$$

无灌溉、无降雨、无渗漏,$I=0$,$P-\mathrm{RO}=0$,$\mathrm{DP}_e=0$,$T_{ew}=0$,f_w 值为前一天的 f_w 值,即 1.0,$f_{ew}=0.84$。

根据式(6-58):

$$K_e = \min(K_r(K_{c,\max} - K_{cb}), f_{ew} \cdot K_{c,\max}) = \min(0.11 \times (1.21 - 0.39), 0.84 \times 1.21) = 0.09$$

蒸发量 $E=K_e \cdot \mathrm{ET}_0=0.09\times4.7=0.4$(mm)。

根据式(6-63):

$$D_{e,9} - D_{e,8} = \frac{E_9}{f_{ew}} + T_{ew,9} + \mathrm{DP}_{e,9} - (P_9 - \mathrm{RO}_9) - \frac{I_9}{f_w}$$

$$D_{e,9} - 16.9 = \frac{0.4}{0.84} + 0 + 0 - 0 - \frac{0}{1.0} = 0.5$$

$$D_{e,9} = 17.4 \text{ mm}$$

即第 9 天末表层土壤累积蒸发水深 17.4 mm。

$$K_c = K_{cb} + K_e = 0.39 + 0.09 = 0.48$$

$$\mathrm{ET}_c = K_c \cdot \mathrm{ET}_0 = 0.48 \times 4.7 = 2.3(\text{mm})$$

第 10 天：由于前一天表层土壤累积蒸发深度 17.4 mm<18 mm=TEW，故表层土壤蒸发仍在第二阶段，根据式(6-60)：

$$K_r=\frac{\text{TEW}-D_{e,i-1}}{\text{TEW}-\text{REW}}=\frac{18-17.4}{18-8}=0.06$$

无灌溉、无降雨、无渗漏，$I=0$，$P-\text{RO}=0$，$\text{DP}_e=0$，$T_{ew}=0$，f_w 值为前一天的 f_w 值，即 1.0，$f_{ew}=0.83$。

根据式(6-58)：

$$K_e=\min(K_r(K_{c,max}-K_{cb}),f_{ew}\cdot K_{c,max})=\min(0.06\times(1.21-0.40),0.83\times 1.21)$$
$$=0.05$$

蒸发量 $E=K_e\cdot \text{ET}_0=0.05\times5.2=0.3(\text{mm})$。

根据式(6-63)：

$$D_{e,10}-D_{e,9}=\frac{E_{10}}{f_{ew}}+T_{ew,10}+\text{DP}_{e,10}-(P_{10}-\text{RO}_{10})-\frac{I_{10}}{f_w}$$

$$D_{e,10}-17.4=\frac{0.3}{0.83}+0+0-0-\frac{0}{1.0}=0.4$$

$$D_{e,10}=17.8\ \text{mm}$$

即第 10 天末表层土壤累积蒸发水深 17.8 mm。

$$K_c=K_{cb}+K_e=0.40+0.05=0.45$$

$$\text{ET}_c=K_c\cdot\text{ET}_0=0.45\times5.2=2.3(\text{mm})$$

需要注意的是，一天内降雨或灌溉发生的时间不同，其 K_r 计算不同：如果降雨或灌溉发生在一天的较早时间，则表层土壤在前一天的蒸发量要考虑此次灌溉或降雨，继而影响 K_r 公式中 $D_{e,i-1}$ 的取值。本例中，第 1 天灌溉假定在早晨发生，则 $D_{e,i-1}-I/f_w-(P-\text{RO})=18-40/0.8=-32<0$，即灌溉入渗的水量已足够补充前一天表层土壤的蒸发量，故该天开始时土壤累积蒸发量已为 0，土壤含水率达到田间持水率，$K_r=0$；第 6 天降雨 6 mm 假定在早晨发生，则 $D_{e,i-1}-I/f_w-(P-\text{RO})=16.9-6=10.9>0$，即第 6 天初时土壤累积蒸发量为 10.9，故更改 K_r 计算公式中 $D_{e,i-1}$ 数值为 10.9，原为 16.9。如果降雨或灌溉发生在一天的较晚时间，则该数据应统计入第二天降雨或灌溉入渗深度，视作第二天早期降雨或灌溉数据，算法同上。

6.1.2　分析作物需水量

通过上述方法，获得的作物需水量数据是以时间为尺度的数据，多点作物需水量数据涉及空间分布，故对作物需水量数据的分析可依据作物生育进程绘制趋势图，也可根据不同站点作物需水量采用 ARCGIS 软件绘制空间分布图。

计算作物生育期不同阶段及全生育期需水量累计值后，可以计算各阶段需水量占全生育期的百分比，即需水模系数。绘制不同年份作物需水量与相应产量数据散点图，并进行趋势分析，计算不同产量水平条件下的需水系数，分析阶段需水量与作物生长发育的关系，找出对作物产量影响最显著的时期。

部分试验站点配置有大型蒸渗仪，其土壤含水率数据为自动采集，表 6-6 为下载的部

表 6-6　采用大型蒸渗仪测定的土壤含水率

SMPLTIME	L01VWC	L02VWC	L03VWC	L04VWC	L05VWC	L06VWC	L07VWC	L08VWC
采样开始时刻（年-月-日 T 时:分:秒）	第 1 层 体积含水率 VWC/%	第 2 层 体积含水率 VWC/%	第 3 层 体积含水率 VWC/%	第 4 层 体积含水率 VWC/%	第 5 层 体积含水率 VWC/%	第 6 层 体积含水率 VWC/%	第 7 层 体积含水率 VWC/%	第 8 层 体积含水率 VWC/%
2020-05-14T10:30:00	15.01	22.74	14.89	17.77	10.19	28.23	29.81	14.84
2020-05-14T10:45:00	14.97	22.74	14.93	17.77	10.19	28.23	29.81	14.84
2020-05-14T11:00:00	15.01	22.71	14.89	17.73	10.19	28.19	29.81	14.84
2020-05-14T11:15:00	15.01	22.74	14.84	17.77	10.15	28.23	29.81	14.84
2020-05-14T11:30:00	15.06	22.67	14.89	17.77	10.15	28.23	29.81	14.84
2020-05-14T11:45:00	15.01	22.63	14.89	17.73	10.15	28.23	29.81	14.84
2020-05-14T12:00:00	15.06	22.71	14.89	17.73	10.15	28.23	29.81	14.84
2020-05-14T12:15:00	15.06	22.63	14.89	17.73	10.15	28.19	29.81	14.84
…	…	…	…	…	…	…	…	…
2020-05-31T21:45:00	16.02	21.37	13.43	16.27	9.82	28.16	29.78	15.14
2020-05-31T22:00:00	16.02	21.37	13.43	16.27	9.82	28.16	29.78	15.14
2020-05-31T22:15:00	16.02	21.33	13.43	16.27	9.82	28.16	29.78	15.14
2020-05-31T22:30:00	16.02	21.33	13.47	16.27	9.82	28.19	29.78	15.14
2020-05-31T22:45:00	15.98	21.37	13.47	16.27	9.82	28.16	29.78	15.14
2020-05-31T23:00:00	15.93	21.37	13.43	16.31	9.82	28.16	29.81	15.14
2020-05-31T23:15:00	15.98	21.37	13.43	16.27	9.82	28.16	29.78	15.14
2020-05-31T23:30:00	15.93	21.40	13.43	16.27	9.87	28.19	29.78	15.14
2020-05-31T23:45:00	15.98	21.37	13.43	16.27	9.82	28.16	29.81	15.14

分数据,此次下载数据共 1686 条,数据设定每 15 min 测量一次,分别测定土层下 180 cm 深度,第 1 层为 0~20 cm、第 2 层为 20~40 cm、第 3 层为 40~60 cm、第 4 层为 60~80 cm、第 5 层为 80~100 cm、第 6 层为 100~120 cm、第 7 层为 120~140 cm、第 8 层为 140~180 cm。

数据记录时间为日期和时间合并在一起,可使用 2.8.4 节数据分列功能将其分为两列:日期和时间,再参考 2.7 节数据透视表的制作对其进行分析。自动采集的土壤含水率数据一般为体积含水率,若需要土壤质量含水率数据,可结合土壤容重进行转换。

土壤质量含水率为土壤中水分的质量与干土质量的比值,用百分数表示,因在同一地区重力加速度相同,所以又称作重量含水率。

计算公式为:土壤质量含水率(%)=(土壤水质量/干土质量)×100%。

土壤体积含水率指单位土壤总容积中水分所占的容积分数,又称容积湿度,用百分数表示。

计算公式为:土壤体积含水量(%)=(土壤水容积/土壤总容积)×100%。

两者转换关系:体积含水率(%)=质量含水率(%)×土壤容重。

6.1.3　多站点参考作物需水量计算

采用 Penman-Monteith 方法计算参考作物需水量,由于公式涉及参数较多,计算较为复杂,国内外提供的各种模型计算虽方便,但却不能窥视过程且无法更改参数,基于此,本节利用 Excel 函数功能详细介绍公式中参数的计算过程,以实现参考作物需水量的批量化计算及适应后续参数的校核订正。

从 6.1.1 节可知,计算参考作物需水量 ET_0 所用参数有纬度,高程,年、月、日,平均风速,相对湿度,日照时数,最低气温,最高气温,分别放置在 Excel D~M 列中,各指标均采用标准单位:纬度单位为度(°),对于度分秒单位,则提前进行换算,比如,$37°15'54''=37+\frac{15}{60}+\frac{54}{3600}=37.265°$;高程单位为米(m),年、月、日均采用公历记法;平均风速单位为米/秒(m/s),相对湿度以百分数计(%);日照时数为小时(h),最低气温和最高气温为摄氏度(℃)。

逐一计算公式中所用中间参数,各参数进行计算编辑时对基本参数的引用使用以第二行单元格为例。N 列为湿度计常数 γ,根据式(6-41)和式(6-42),单元格 N2 键入计算式为"(0.001013/(2.45*0.622))*101.3*((293-0.0065*E2)/293)^5.26",根据上文,E2 单元格为高程;O 列为 2 m 高处风速,根据式(6-40),单元格 O2 键入计算式为"I2*4.87/LN(67.8*10-5.42)",根据上文,I2 单元格为 10 m 处风速,即气象站中风速仪测得数据;P 列为日序数 J,单元格 P2 键入计算式为"INT(275*G2/9-30+H2)+IF(G2>2,-2,0)+IF(MOD(F2,4)=0,IF(G2>2,1,0),0)",根据上文,F2、G2、H2 分别为年、月、日数据,该计算式考虑了闰年和闰月的影响,若以旬为时段计算参考作物需水量,则只计算 H=5、15 和 25 时的 J 值,若以月为时段计算参考作物需水量,J 取月中值,计算式可改为“INT(30.4 * G2-15)”；Q 列为太阳磁偏角 δ，根据式(6-19)，单元格 Q2 键入计算式为“0.409 * SIN(2 * PI()/365 * P2-1.39)”；R 列为以弧度表示的纬度值，根据式(6-20)，单元格 R2 键入计算式为“D2 * PI()/180”；S 列为太阳时角 ω_s，根据式(6-17)，单元格 S2 键入计算式为“ACOS(-TAN(R2) * TAN(Q2))”；T 列为地球与太阳间相对距离的倒数 d_r，根据式(6-16)，单元格 T2 键入计算式为“1+0.033 * COS(2 * PI()/365 * P2)”；U 列为太阳天顶辐射 R_a，根据式(6-15)，单元格 U2 键入计算式为“24 * 60 * 0.082/PI() * T2 * (S2 * SIN(R2) * SIN(Q2)+COS(R2) * COS(Q2) * SIN(S2))”；V 列为空气温度为最高气温时的饱和水汽压 $e^0(T_{max})$，根据式(6-5)，单元格 V2 键入计算式为“0.6108 * EXP(17.27 * M2/(M2+237.3))”；W 列为空气温度为最低气温时的饱和水汽压 $e^0(T_{min})$，根据式(6-5)，单元格 W2 键入计算式为“0.6108 * EXP(17.27 * L2/(L2+237.3))”；X 列为日饱和水汽压 e_s，根据式(6-7)，单元格 X2 键入计算式为“(V2+W2)/2”；Y 列为实际水汽压，由于气象部门提供的相对湿度为日平均相对湿度，根据式(6-14)，单元格 Y2 键入计算式为“X2 * J2/100”；Z 列为饱和水汽压与温度关系曲线在 T 处的切线斜率 Δ，根据式(6-4)~式(6-6)，单元格 Z2 键入计算式为“4098 * 0.6108 * EXP((17.27 * (M2+L2)/2)/((M2+L2)/2+237.3))/((M2+L2)/2+237.3)^2”；AA 列为太阳短波辐射 R_s，根据式(6-27)和式(6-28)，单元格 AA2 键入计算式为“(0.25+0.5 * (K2/(24 * S2/PI()))) * U2”；AB 列为净太阳辐射 R_{ns}，根据式(6-32)，单元格 AB2 键入计算式为“(1-0.23) * AA2”；AC 列为晴空太阳辐射 R_{so}，根据式(6-30)，单元格 AC2 键入计算式为“(0.75+0.00002 * E2) * U2”；AD 列为相对短波辐射 R_s/R_{so}，单元格 AD2 键入计算式为“AA2/AC2”；AE 列为净输出长波辐射 R_{nl}，根据式(6-33)，单元格 AE2 键入计算式为“2.4515 * 10^(-9) * (1.35 * AD2-0.35) * (0.34-0.14 * SQRT(Y2)) * ((M2+273.16)^4+(L2+273.16)^4)”；AF 列为净辐射 R_n，根据式(6-34)，单元格 AF2 键入计算式为“AB2-AE2”。

所有的参数计算完成后，可根据式(6-3)计算参考作物需水量 ET_0，由于这里介绍的计算时段为日，故 $G\approx0$，其他计算时段 G 值可参照 6.1.1 节土壤热通量的相关计算方法，AG 列为 ET_0，单元格 AG2 可键入计算式“(0.408 * Z2 * AF2+N2 * 900 * O2 * (X2-Y2)/((M2+L2)/2+273))/(Z2+N2 * (1+0.34 * O2))”。

以上为利用 Excel 计算 ET_0 的具体步骤和方法，只要基本参数齐全，所有中间参数及最终结果均可依据 Excel 功能(双击单元格右下角十字键)自动填充完成。对部分参数，例如回归常数 a_s 和 b_s 若有其他数值，可进行修改，若部分站点有实测辐射数据 R_s，则可替换 AA 列数据后计算 ET_0。

为直观了解各指标计算公式，将其汇总于表 6-7 中。

表 6-7　利用 Excel 批量计算多站点逐日 ET_0

列标	参数/单位	公式	示例
D	纬度/(°)		40.55
E	高程/m		1012.2
F	年份		1951
G	月份		1
H	日		1
I	平均风速/($m \cdot s^{-1}$)		2.4
J	相对湿度/%		67
K	日照时数/h		6.7
L	最低气温/℃		-14
M	最高气温/℃		-3.8
N	γ	(0.001013/(2.45 * 0.622)) * 101.3 * ((293-0.0065 * E2)/293)^5.26	0.05976
O	u_2	I2 * 4.87/LN(67.8 * 10-5.42)	1.7951
P	J	INT(275 * G2/9-30+H2)+IF(G2>2,-2,0)+IF(MOD(F2,4)=0,IF(G2>2,1,0),0)	1
Q	δ	0.409 * SIN(2 * PI()/365 * P2-1.39)	-0.401
R	ϕ	D2 * PI()/180	0.7077

续表 6-7

列标	参数/单位	公式	示例
S	ω_s	ACOS(-TAN(R2) * TAN(Q2))	1.1996
T	d_r	1+0.033 * COS(2 * PI()/365 * P2)	1.033
U	R_a	24 * 60 * 0.082/PI() * T2 * (S2 * SIN(R2) * SIN(Q2)+COS(R2) * COS(Q2) * SIN(S2))	13.4919
V	$e^0(T_{max})$	0.6108 * EXP(17.27 * M2/(M2+237.3))	0.461147
W	$e^0(T_{min})$	0.6108 * EXP(17.27 * L2/(L2+237.3))	0.206854
X	e_s	(V2+W2)/2	0.334
Y	e_a	X2 * J2/100	0.22378
Z	Δ	4098 * 0.6108 * EXP((17.27 * (M2+L2)/2)/((M2+L2)/2+237.3))/((M2+L2)/2+237.3)^2	0.02448
AA	R_s	(0.25+0.5 * (K2/(24 * S2/PI()))) * U2	8.3050333
AB	R_{ns}	(1-0.23) * AA2	6.39487567
AC	R_{so}	(0.75+0.00002 * E2) * U2	10.392034
AD	R_s/R_{so}	AA2/AC2	0.799173
AE	R_{nl}	2.4515 * 10^(-9) * (1.35 * AD2-0.35) * (0.34-0.14 * SQRT(Y2)) * ((M2+273.16)^4+(L2+273.16)^4)	4.781950114
AF	R_n	AB2-AE2	1.6129256
AG	ET_0	(0.408 * Z2 * AF2+N2 * 900 * O2 * (X2-Y2)/((M2+L2)/2+273))/(Z2+N2 * (1+0.34 * O2))	0.467248

6.2　作物水分生产函数的拟合

作物水分生产函数是描述作物产量与水分投入量(或消耗量)之间的数学关系,包括不同阶段、不同程度缺水以及缺水历时对作物产量影响的定量关系;是非充分灌溉条件下预测缺水对作物产量影响,以及在水资源短缺条件下实现有限水量的最优化配置与利用的重要基础。

6.2.1　全生育期水分生产函数

作物全生育期耗水量与最终产量之间的关系即作物全生育期水分生产函数，其多用于作物经济灌溉定额的确定和投入产出分析。

根据前人研究,作物生长过程中耗水量与产量之间的关系可描述为:随着作物用水量从极少的量(严重干旱)变化到极大的量(严重涝害),作物的生物学产量会从无到有,逐步增加到最大值,然后逐步下降;对于以生产籽实(如小麦、玉米等)或果实(西红柿、茄子等)为目标的作物,在作物总用水量从零增加到一定的数量之前,作物不会形成任何经济产量;当用水量超过可以形成一定经济产量的阈值后,随着用水量继续增加,经济产量也会不断增加,并逐步达到最大值;之后,随着用水量的进一步增加,作物会开始受到不同程度的危害,致使经济产量不断下降,最终有可能到达零值。

作物全生育期耗水量与最终产量之间关系的详细变化过程是比较复杂的,很难用简单的低阶函数描述,多数情况下作物全生育期用水量与产量关系可以用二次函数关系表达。

$$y = a\mathrm{ET}_c^2 + b\mathrm{ET}_c + c \tag{6-66}$$

式中:y 为作物产量,kg/hm^2;ET_c 为作物全生育期耗水量,mm;a、b、c 为回归系数。

作物全生育期水分生产函数一般呈现正抛物线型,存在极大值,即作物产量(y)的最大值出现在 ET_c 值为$\frac{\mathrm{d}y}{\mathrm{dET}_c}=0$ 处。记该处的作物耗水量值为 $\mathrm{ET}_{c大}$,则有:

$$\frac{\mathrm{d}y}{\mathrm{dET}_c} = \frac{\mathrm{d}(a\mathrm{ET}_c^2 + b\mathrm{ET}_c + c)}{\mathrm{dET}_c} = 2a\mathrm{dET}_c + b = 0 \tag{6-67}$$

$$\mathrm{ET}_{c大} = -\frac{b}{2a}(y\text{ 最大时对应的}\mathrm{ET}_c\text{ 值}) \tag{6-68}$$

作物需水系数表示每公顷土地上每生产 1 kg 粮食需要消耗的水量数,单位为 m^3/kg。

$$k = \frac{\mathrm{ET}_c}{y} = \frac{\mathrm{ET}_c}{a\mathrm{ET}_c^2 + b\mathrm{ET}_c + c} \tag{6-69}$$

式中:k 为作物需水系数,m^3/kg。

式(6-67)是正抛物线,所以式(6-69)是一个反抛物线,反抛物线函数存在极小值,故$\frac{1}{k}$存在极大值。

$$\frac{1}{k}=\frac{a\mathrm{ET}_{\mathrm{c}}^{2}+b\mathrm{ET}_{\mathrm{c}}+c}{\mathrm{ET}_{\mathrm{c}}}=a\mathrm{ET}_{\mathrm{c}}+b+\frac{c}{\mathrm{ET}_{\mathrm{c}}}$$

令$\frac{\mathrm{d}(1/k)}{\mathrm{dET}_{\mathrm{c}}}=0$,则有$\frac{\mathrm{d}(1/k)}{\mathrm{dET}_{\mathrm{c}}}=a+0+\frac{-c}{\mathrm{ET}_{\mathrm{c}}^{2}}=0\Rightarrow\mathrm{ET}_{\mathrm{c}}=\sqrt{c/a}$

则反抛物线函数的极小值 $\mathrm{ET}_{\mathrm{c小}}=\sqrt{c/a}$。

可采用 2.4.2 节方法获得抛物线方程。

6.2.2 分生育阶段水分生产函数

作物各生育阶段耗水量与最终产量之间的关系即作物分生育阶段水分生产函数,多用于有限水量在不同区域、不同作物种类以及作物不同生育阶段之间的优化配置。

因为要知道作物各生育阶段不同的水分胁迫状况对作物最终产量的影响,故需要设置更多的试验处理进行研究,试验组合和变量增多,对试验基本条件及环境控制的要求也更高,试验过程的工作量和成本也大大增加。

常用的作物分生育阶段用水量-产量关系模型可分为相加模型和相乘模型两大类。由于作物的各个生育阶段都只是整个生长发育过程的一个有机组成部分,都不可能单独形成产量,所以各生育阶段的影响是很难完全割裂开来进行分析的。由于相加模型从形式上看各生育阶段的影响是独立表达的,不能很好地描述任一阶段水分严重亏缺都会导致最终产量为零的情况,故而相乘模型用得更为普遍。

相乘模型以 Jensen 模型最具代表性,其表达形式如下:

$$\frac{Y_{\mathrm{a}}}{Y_{\mathrm{m}}}=\prod_{i=1}^{n}\left(\frac{\mathrm{ET}_{ci}}{\mathrm{ET}_{\mathrm{cm}i}}\right)^{\lambda_{i}} \tag{6-70}$$

式中:Y_{a} 为作物在非充分供水条件下的实际产量,kg/hm^2;Y_{m} 为作物在充分供水条件下的最大产量,kg/hm^2;ET_{ci} 为作物在非充分供水时第 i 个生育阶段的实际耗水量,mm;$\mathrm{ET}_{\mathrm{cm}i}$ 为作物在充分供水时第 i 个生育阶段的最大耗水量,mm;i 代表作物第 i 个生育阶段;n 代表整个生育期划分的生育阶段数量;λ_i 为作物第 i 个生育阶段对缺水的敏感指数。

在灌溉试验中,使用 Jensen 模型是为了获得各生育阶段对缺水的敏感指数。

以冬小麦不同水分处理下各生育阶段耗水量与最终产量关系为例说明敏感指数的计算方法。表 6-8 为冬小麦各生育阶段耗水量与产量数据。

处理 1 为充分供水,即 $\mathrm{ET}_{\mathrm{cm1}}$ = 55. 16 mm, $\mathrm{ET}_{\mathrm{cm2}}$ = 76. 3 mm, $\mathrm{ET}_{\mathrm{cm3}}$ = 18. 13 mm, $\mathrm{ET}_{\mathrm{cm4}}$ = 59. 8 mm, $\mathrm{ET}_{\mathrm{cm5}}$ = 26. 62 mm, Y_{m} = 566. 5 kg/hm^2;处理 2 至处理 6 为非充分供水, $\mathrm{ET}_{\mathrm{c1}}$ 代表处理 2 至处理 6 的播种-返青期耗水量,分别为 32. 11 mm、12. 57 mm、39. 89 mm、46. 58 mm、44. 93 mm, $\mathrm{ET}_{\mathrm{c5}}$ 代表处理 2 至处理 6 的灌浆-成熟期耗水量,分别为 6. 49 mm、15. 61 mm、16. 29 mm、18. 3 mm、14 mm。

根据 Jensen 模型对表 6-8 数据进行处理,计算处理 1 至处理 6 各阶段耗水量和产量与处理 1 各阶段耗水量和产量的比值。

表 6-8　冬小麦各生育阶段耗水量与产量

处理编号	各生育阶段耗水量/mm					产量/(kg/hm^2)
	播种-返青	返青-拔节	拔节-抽穗	抽穗-灌浆	灌浆-成熟	
1	55.16	76.3	18.13	59.8	26.62	566.5
2	32.11	48.45	4.52	2.93	6.49	188.8
3	12.57	56.89	17.86	29.56	15.61	315
4	39.89	39.21	10.85	24.73	16.29	331.5
5	46.58	32.5	8.51	22.72	18.3	353.2
6	44.93	55.36	11.04	39.52	14	418.8

首先,将表 6-8 数据输入 Excel 中,按照以下步骤求解不同生育阶段水分敏感指数。

(1)利用 Excel 函数 MAX(number1,number2,…)计算不同生育阶段最大耗水量,如图 6-3 单元格 B11、C11、D11、E11、F11。

(2)用同样的方法求得所有处理中最高产量,如图 6-3 单元格 G12。

(3)计算各阶段$\left(\frac{ET_{ci}}{ET_{cmi}}\right)$,如图 6-3 单元格 B16 与单元格 F21 之间的区域。

(4)计算各阶段$\left(\frac{Y_i}{Y_{mi}}\right)$,如图 6-3 单元格 G16 与单元格 G21 之间的区域。

	A	B	C	D	E	F	G
1	表6-8 冬小麦各生育阶段耗水量与产量						
2	处理	各生育阶段耗水量/mm					产量/(kg/hm^2)
3		播种-返青	返青-拔节	拔节-抽穗	抽穗-灌浆	灌浆-成熟	
4	T1	55.16	76.3	18.13	59.8	26.62	566.5
5	T2	32.11	48.45	4.52	2.93	6.49	188.8
6	T3	12.57	56.89	17.86	29.56	15.61	315
7	T4	39.89	39.21	10.85	24.73	16.29	331.5
8	T5	46.58	32.5	8.51	22.72	18.3	353.2
9	T6	44.93	55.36	11.04	39.52	14	418.8
10							
11	ET_{imax}	=MAX(B4:B9)	=MAX(C4:C9)	=MAX(D4:D9)	=MAX(E4:E9)	=MAX(F4:F9)	
12	Y_{max}						=MAX(G4:G9)
13	ET_i/ET_{imax}						Y_i/Y_{imax}
14		生育阶段编号					
15	处理	1	2	3	4	5	
16	T1	=B4/B$11	=C4/C$11	=D4/D$11	=E4/E$11	=F4/F$11	=G4/G$12
17	T2	=B5/B$11	=C5/C$11	=D5/D$11	=E5/E$11	=F5/F$11	=G5/G$12
18	T3	=B6/B$11	=C6/C$11	=D6/D$11	=E6/E$11	=F6/F$11	=G6/G$12
19	T4	=B7/B$11	=C7/C$11	=D7/D$11	=E7/E$11	=F7/F$11	=G7/G$12
20	T5	=B8/B$11	=C8/C$11	=D8/D$11	=E8/E$11	=F8/F$11	=G8/G$12
21	T6	=B9/B$11	=C9/C$11	=D9/D$11	=E9/E$11	=F9/F$11	=G9/G$12

图 6-3　不同阶段各处理最大耗水量、产量求解

结果如表 6-9 所示。注意:为保证拟合曲线截距为 0,应将处理 1 视作其中一个处理。

表 6-9 不同处理下冬小麦各生育阶段耗水量、产量与充分供水比值

处理编号	非充分供水与充分供水比值					
	各生育阶段耗水量					产量
	播种-返青	返青-拔节	拔节-抽穗	抽穗-灌浆	灌浆-成熟	
1	1	1	1	1	1	1
2	0.5821	0.6350	0.2493	0.0490	0.2438	0.3333
3	0.2279	0.7456	0.9851	0.4943	0.5864	0.5560
4	0.7232	0.5139	0.5985	0.4135	0.6119	0.5852
5	0.8445	0.4260	0.4694	0.3799	0.6875	0.6235
6	0.8145	0.7256	0.6089	0.6609	0.5259	0.7393

根据表 6-9 中数据,可以将 Jensen 模型进行转化,设 $y=\frac{Y_a}{Y_m}$,$x_i=\frac{ET_{ci}}{ET_{cmi}}$,则式(6-70)转化为

$$y=\prod_{i=1}^{n}x_i^{\lambda_i} \tag{6-71}$$

本例有 5 个生育阶段,则式(6-71)可以展开为

$$y=x_1^{\lambda_1}\cdot x_2^{\lambda_2}\cdot x_3^{\lambda_3}\cdot x_4^{\lambda_4}\cdot x_5^{\lambda_5} \tag{6-72}$$

式(6-72)两边同时取对数,转变为

$$\ln y=\lambda_1\ln x_1+\lambda_2\ln x_2+\lambda_3\ln x_3+\lambda_4\ln x_4+\lambda_5\ln x_5 \tag{6-73}$$

(5)根据上述步骤求得 $\ln x_i$ 和 $\ln y$,结果如表 6-10 所示。

表 6-10 对表 6-9 中数据取对数后

处理编号	各处理与充分供水比值取对数					
	各生育阶段耗水量					产量
	播种-返青	返青-拔节	拔节-抽穗	抽穗-灌浆	灌浆-成熟	
1	0	0	0	0	0	0
2	-0.5411	-0.4541	-1.3890	-3.0160	-1.4114	-1.0988
3	-1.4789	-0.2936	-0.0150	-0.7046	-0.5338	-0.5869
4	-0.3241	-0.6657	-0.5134	-0.8830	-0.4911	-0.5359
5	-0.1691	-0.8534	-0.7563	-0.9678	-0.3748	-0.4724
6	-0.2051	-0.3208	-0.4960	-0.4142	-0.6426	-0.3021

将表 6-10 中数据带入式(6-73)即可计算出各生育阶段敏感指数 λ_i,也可利用 Excel 内置回归分析模块。首先,点击菜单栏"数据"→数据分析→回归,在弹出菜单栏中选择相应数据区域,注意,此时 X 值输入区域应选择表 6-10 中单元格为"播种-返青"与

“-0. 6426”间区域的所有单元格，并勾选标志，置信度 95%，Y 值输入区域为产量列，结果输出区域选择页面上任意一个单元格，残差与正态分布栏不勾选，点击“确定”，回归结果如下。

图 6-4 回归参数表中第一列数据即为生育阶段敏感指数，即本试验条件下冬小麦播种-返青、返青-拔节、拔节-抽穗、抽穗-灌浆和灌浆-成熟的水分敏感指数分别为 0. 0013、0. 441、-0. 511、0. 332 和 0. 430。因此，建立的幂函数回归模型为 $\ln y = 0.0013\ln x_1 + 0.441\ln x_2 - 0.511\ln x_3 + 0.332\ln x_4 + 0.430\ln x_5$。

SUMMARY OUTPUT

回归统计	
Multiple R	1
R Square	1
Adjusted R Square	65535
标准误差	0
观测值	6

方差分析

	df	SS	MS	F	Significance F
回归分析	5	0.657313346	0.131463	#NUM!	#NUM!
残差	0	0	65535		
总计	5	0.657313346			

	Coefficients	标准误差	t Stat	P-value	Lower 95%	Upper 95%	下限 95.0%	上限 95.0%
Intercept	0	0	65535	#NUM!	0	0	0	0
播种-返青	0.001280135	0	65535	#NUM!	0.001280135	0.00128	0.00128	0.00128
返青-拔节	0.441018578	0	65535	#NUM!	0.441018578	0.441019	0.441019	0.441019
拔节-抽穗	-0.51076099	0	65535	#NUM!	-0.510760993	-0.51076	-0.51076	-0.51076
抽穗-灌浆	0.331705065	0	65535	#NUM!	0.331705065	0.331705	0.331705	0.331705
灌浆-成熟	0.42997287	0	65535	#NUM!	0.42997287	0.429973	0.429973	0.429973

图 6-4　多元线性模型回归结果

这里需要注意一点：使用该模型计算时，生育阶段和处理数不能相同。比如该例中冬小麦生育阶段共 5 个，如果处理也是 5 个，则回归无法进行，系统将给出提示（见图 6-5），那就需要改变行数即处理数。因此，在进行回归分析时，应提前根据列数选择行数或根据生育阶段设置处理数。

图 6-5　回归不能进行错误提示

附 录

附录 1 正交表

附表 1 3 因素 2 水平正交表 $L_4(2^3)$

水平号 因素号 处理号	1	2	3
1	1	1	1
2	1	2	2
3	2	1	2
4	2	2	1

附表 2 7 因素 2 水平正交表 $L_8(2^7)$

水平号 因素号 处理号	1	2	3	4	5	6	7
1	1	1	1	1	1	1	1
2	1	1	1	2	2	2	2
3	1	2	2	1	1	2	2
4	1	2	2	2	2	1	1
5	2	1	2	1	2	1	2
6	2	1	2	2	1	2	1
7	2	2	1	1	2	2	1
8	2	2	1	2	1	1	2

附表3　4因素3水平正交表 $L_9(3^4)$

处理号＼水平号＼因素号	1	2	3	4
1	1	1	1	1
2	1	2	2	2
3	1	3	3	3
4	2	1	2	3
5	2	2	3	1
6	2	3	1	2
7	3	1	3	2
8	3	2	1	3
9	3	3	2	1

附表4　5因素4水平正交表 $L_{16}(4^5)$

处理号＼水平号＼因素号	1	2	3	4	5
1	1	1	1	1	1
2	1	2	2	2	2
3	1	3	3	3	3
4	1	4	4	4	4
5	2	1	2	3	4
6	2	2	1	4	3
7	2	3	4	1	2
8	2	4	3	2	1
9	3	1	3	4	2
10	3	2	4	3	1
11	3	3	1	2	4
12	3	4	2	1	3
13	4	1	4	2	3
14	4	2	3	1	4
15	4	3	2	4	1
16	4	4	1	3	2

附表 5　1 因素 4 水平、4 因素 2 水平混合正交表 $L_8(4^1 \times 2^4)$

处理号 \ 水平号 \ 因素号	1	2	3	4	5
1	1	1	1	1	1
2	1	2	2	2	2
3	2	1	1	2	2
4	2	2	2	1	1
5	3	1	2	1	2
6	3	2	1	2	1
7	4	1	2	2	1
8	4	2	1	1	2

附表 6　1 因素 3 水平、4 因素 2 水平混合正交表 $L_{12}(3^1 \times 2^4)$

处理号 \ 水平号 \ 因素号	1	2	3	4	5
1	1	1	1	1	1
2	1	1	1	2	2
3	1	2	2	1	2
4	1	2	2	2	1
5	2	1	2	1	1
6	2	1	2	2	2
7	2	2	1	1	1
8	2	2	1	2	2
9	3	1	2	1	2
10	3	1	1	2	1
11	3	2	1	1	2
12	3	2	2	2	1

附表7　1因素6水平、2因素2水平混合正交表 $L_{12}(6^1\times2^2)$

处理号 \ 水平号 \ 因素号	1	2	3
1	2	1	1
2	5	1	2
3	5	2	1
4	2	2	2
5	4	1	1
6	1	1	2
7	1	2	1
8	4	2	2
9	3	1	1
10	6	1	2
11	6	2	1
12	3	2	2

附表8　2因素4水平、9因素2水平混合正交表 $L_{16}(4^2\times2^9)$

处理号 \ 水平号 \ 因素号	1	2	3	4	5	6	7	8	9	10	11
1	1	1	1	1	1	1	1	1	1	1	1
2	1	2	1	1	1	2	2	2	2	2	2
3	1	3	2	2	2	1	1	1	2	2	2
4	1	4	2	2	2	2	2	2	1	1	1
5	2	1	1	2	2	1	2	2	1	2	2
6	2	2	1	2	2	2	1	1	2	1	1
7	2	3	2	1	1	1	2	2	2	1	1
8	2	4	2	1	1	2	1	1	1	2	2
9	3	1	2	1	2	2	1	2	2	1	2
10	3	2	2	1	2	1	2	1	1	2	1
11	3	3	1	2	1	2	1	2	1	2	1

续附表 8

处理号＼水平号＼因素号	1	2	3	4	5	6	7	8	9	10	11
12	3	4	1	2	1	1	2	1	2	1	2
13	4	1	2	2	1	2	2	1	2	2	1
14	4	2	2	2	1	1	1	2	1	1	2
15	4	3	1	1	2	2	2	1	1	1	2
16	4	4	1	1	2	1	1	2	2	2	1

附表 9　4 因素 4 水平、3 因素 2 水平混合正交表 $L_{16}(4^4 \times 2^3)$

处理号＼水平号＼因素号	1	2	3	4	5	6	7
1	1	1	1	1	1	1	1
2	1	2	2	2	1	2	2
3	1	3	3	3	2	1	2
4	1	4	4	4	2	2	1
5	2	1	2	3	2	2	1
6	2	2	1	4	2	1	2
7	2	3	4	1	1	2	2
8	2	4	3	2	1	1	1
9	3	1	3	4	1	2	2
10	3	2	4	3	1	1	1
11	3	3	1	2	2	2	1
12	3	4	2	1	2	1	2
13	4	1	4	2	2	1	2
14	4	2	3	1	2	2	1
15	4	3	2	4	1	1	1
16	4	4	1	3	1	2	2

附录 2 Excel 工作表函数

Microsoft Excel 中包含了大量的工作表函数,用来完成各种数据处理任务,它们既可直接用于 Excel 计算公式中,也可在 VBA 代码中使用。本附录按类别列出了科研人员可能用到的工作表函数,以方便工作需要。关于每个函数的具体参数和使用要求,请参阅帮助信息。

2.1 数据库和列表管理函数

Excel 中包含了一些用于对存储在列表或数据库中的数据进行分析的工作表函数,这些函数统称为 Dfunctions,每个函数均有 3 个参数:database、field 和 criteria。这些参数指向函数所使用的工作表区域。

附表 10 数据库和列表管理函数

函数名	作用
DAVERAGE	返回选定数据库项的平均值
DCOUNT	计算数据库中包含数字的单元格个数
DCOUNTA	计算数据库中非空单元格的个数
DGET	从数据库中提取满足指定条件的单个记录
DMAX	返回选定数据库项中的最大值
DMIN	返回选定数据库项中的最小值
DPRODUCT	将数据库中满足条件的记录的特定字段中的数值相乘
DSTDEV	基于选定数据库项中的单个样本估算标准偏差
DSTDEVP	基于选定数据库项中的样本总体计算标准偏差
DSUM	对数据库中满足条件的记录的字段列中的数字求和
DVAR	基于选定的数据库项的单个样本估算方差
DVARP	基于选定的数据库项的样本总体估算方差
GETPIVOTDATA	返回存储于数据透视表中的数据

2.2 日期和时间函数

附表 11 日期和时间函数

函数名	作用
DATE	返回特定日期的序列号
DATEVALUE	将文本格式的日期转换为序列号
DAY	将序列号转换为月份中的日
DAYS360	按每年 360 d 计算两个日期之间的天数
EDATE	返回在开始日期之前或之后指定月数的日期的序列号
EOMONTH	返回指定月数之前或之后某月的最后一天的序列号
HOUR	将序列号转换为小时
MINUTE	将序列号转换为分钟
MONTH	将序列号转换为月
NETWORKDAYS	返回两个日期之间的全部工作日数
NOW	返回当前日期和时间的序列号
SECOND	将序列号转换为秒
TIME	返回特定时间的序列号
TIMEVALUE	将文本格式的时间转换为序列号
TODAY	返回今天日期的序列号
WEEKDAY	将序列号转换为星期几
WEEKNUM	将序列号转换为一年中相应的周数
WORKDAY	返回指定工作日数之前或之后某日期的序列号
YEAR	将序列号转换为年
YEARFRAC	返回代表开始日期和结束日期之间总天数的以年为单位的分数

2.3 工程函数

附表 12 工程函数

函数名	作用
BESSELI	返回经过修改的贝塞尔函数 In(x)
BESSELJ	返回贝塞尔函数 Jn(x)
BESSELK	返回经过修改的贝塞尔函数 Kn(x)
BESSELY	返回贝塞尔函数 Yn(x)
BIN2DEC	将二进制数转换为十进制数
BIN2HEX	将二进制数转换为十六进制数

续附表 12

函数名	作用
BIN2OCT	将二进制数转换为八进制数
COMPLEX	将实系数和虚系数转换为复数
CONVERT	将数字从一种度量系统转换为另一种度量系统
DEC2BIN	将十进制数转换为二进制数
DEX2HEX	将十进制数转换为十六进制数
DEX2OCT	将十进制数转换为八进制数
DELTA	检测两个值是否相等
ERF	返回误差函数
ERFC	返回余误差函数
GESTEP	检测数字是否大于某个临界值
HEX2BIN	将十六进制数转换为二进制数
HEX2DEC	将十六进制数转换为十进制数
HEX2OCT	将十六进制数转换为八进制数
IMABS	返回复数的绝对值(模)
IMAGINARY	返回复数的虚系数
IMARGUMENT	返回参数 theta,一个以弧度表示的角度
IMCONJUGATE	返回复数的共轭复数
IMCOS	返回复数的余弦
IMDIV	返回两个复数的商
IMEXP	返回复数的指数
IMLN	返回复数的自然对数
IMLOG10	返回复数的常用对数
IMLOG2	返回复数的以 2 为底数的对数
IMPOWER	返回复数的整数幂
IMPRODUCT	返回从 2 到 29 的复数的乘积
IMREAL	返回复数的实系数
IMSIN	返回复数的正弦
IMSQRT	返回复数的平方根
IMSUB	返回两个复数的差
IMSUM	返回两个复数的和
OCT2BIN	将八进制数转换为二进制数
OCT2DEC	将八进制数转换为十进制数
OCT2HEX	将八进制数转换为十六进制数

2.4　信息函数

附表 13　信息函数

函数名	作用
CELL	返回有关单元格格式、位置或内容的信息
ERROR. TYPE	返回对应于错误类型的数字
INFO	返回有关当前操作环境的信息
ISBLANK	如果值为空,则返回 TRUE
ISERR	如果值为除#N/A 外的任何错误值,则返回 TRUE
ISERROR	如果值为任何错误值,则返回 TRUE
ISEVEN	如果数字为偶数,则返回 TRUE
ISLOGICAL	如果值为逻辑值,则返回 TRUE
ISNA	如果值为#N/A 错误值,则返回 TRUE
ISNONTEXT	如果值不是文本,则返回 TRUE
ISNUMBER	如果值为数字,则返回 TRUE
ISODD	如果数字为奇数,则返回 TRUE
ISREF	如果值为一个引用,则返回 TRUE
ISTEXT	如果值为文本,则返回 TRUE
N	返回转换为数字的值
NA	返回错误值#N/A
TYPE	返回表示值的数据类型的数字

2.5　逻辑函数

附表 14　逻辑函数

函数名	作用
AND	如果所有参数均为 TRUE,则返回 TRUE
FALSE	返回逻辑值 FALSE
IF	指定要执行的逻辑检测
NOT	对参数的逻辑值求反
OR	如果任一参数为 TRUE,则返回 TRUE
TRUE	返回逻辑值 TRUE

2.6 查找和引用函数

附表 15 查找和引用函数

函数名	作用
ADDRESS	以文本形式返回对工作表中某个单元格的引用
AREAS	返回引用中的区域个数
CHOOSE	从值的列表中选择一个值
COLUMN	返回引用的列标
COLUMNS	返回引用中的列数
HLOOKUP	在数组的首行查找并返回指定单元格的值
HYPERLINK	创建快捷方式或跳转,以打开存储在网络服务器、Intranet 或 Internet 上的文档
INDEX	使用索引从引用或数组中选择值
INDIRECT	返回由文本值表示的引用
LOOKUP	在向量或数组中查找值
MATCH	在引用或数组中查找值
OFFSET	从给定引用中返回引用偏移量
ROW	返回引用的行号
ROWS	返回引用中的行数
RTD	从支持 COM 自动化的程序中返回实时数据
TRANSPOSE	返回数组的转置
VLOOKUP	在数组第一列中查找,然后在行之间移动以返回单元格的值

2.7 数学和三角函数

附表 16 数学和三角函数

函数名	作用
ABS	返回数字的绝对值
COS	返回数字的余弦值
ACOS	返回数字的反余弦值
COSH	返回数字的双曲余弦值
ACOSH	返回数字的反双曲余弦值
SIN	返回给定角度的正弦值
ASIN	返回数字的反正弦值
SINH	返回数字的双曲正弦值
ASINH	返回数字的反双曲正弦值
TAN	返回数字的正切值
ATAN	返回数字的反正切值
TANH	返回数字的双曲正切值
ATANH	返回数字的反双曲正切值
ATAN2	从 X 和 Y 坐标返回反正切
CEILING	将数字舍入为最接近的整数或最接近的有效数字的倍数
MROUND	返回按指定倍数舍入后的数字
EVEN	将数字向上舍入为最接近的偶型整数
ODD	将数字向上舍入为最接近的奇型整数
FLOOR	将数字朝着零的方向向下舍入
INT	将数字向下舍入为最接近的整数
ROUND	将数字舍入到指定位数
ROUNDDOWN	将数字朝零的方向舍入
ROUNDUP	将数朝远离零的方向舍入
TRUNC	将数字截尾取整
COMBIN	返回给定数目对象的组合数
DEGREES	将弧度转换为度
RADIANS	将度转换为弧度
EXP	返回 e 的指定数乘幂

续附表 16

函数名	作用
FACT	返回数字的阶乘
FACTDOUBLE	返回数字的双阶乘
GCD	返回最大公约数
LCM	返回最小公倍数
LN	返回数字的自然对数
LOG	返回数字的指定底数的对数
LOG10	返回数字的常用对数
MDETERM	返回数组的矩阵行列式
MINVERSE	返回数组的逆矩阵
MMULT	返回两数组的矩阵乘积
QUOTIENT	返回商的整数部分
MOD	返回两数相除的余数
MULTINOMIAL	返回参数和的阶乘与各参数阶乘乘积的比值
POWER	返回数的乘幂结果
RAND	返回 0~1 的随机数
RANDBETWEEN	返回指定数字之间的随机数
ROMAN	将阿拉伯数字转换为文本形式的罗马数字
SERIESSUM	返回基于公式的幂级数的和
SIGN	返回数字的符号
SQRT	返回正平方根
PI	返回 Pi 值
SQRTPI	返回某数与 Pi 的乘积的平方根
SUBTOTAL	返回数据库列表或数据库中的分类汇总
SUM	将参数求和
SUMSQ	返回参数的平方和
SUMIF	按给定条件将指定单元格求和
PRODUCT	将所有以参数形式给出的数字相乘
SUMPRODUCT	返回相对应的数组部分的乘积和
SUMX2MY2	返回两个数组中相对应值的平方差之和
SUMX2PY2	返回两个数组中相对应值的平方和之和
SUMXMY2	返回两个数组中相对应值差的平方之和

2.8　统计函数

附表 17　统计函数

函数名	作用
AVEDEV	返回数据点与其平均值的绝对偏差的平均值
AVERAGE	返回参数的平均值
AVERAGEA	返回参数的平均值,包括数字、文本和逻辑值
AVERAGEIF	返回某个区域内满足给定条件的所有单元格的算术平均值
AVERAGEIFS	返回满足多个条件的所有单元的算术平均值
BETADIST	返回 Beta 累积分布函数
BETAINV	返回指定 Beta 分布的累积分布函数的反函数
BINOMDIST	返回一元二项式分布概率
CHIDIST	返回 chi 平方分布的单尾概率
CHIINV	返回 chi 平方分布的反单尾概率
CHITEST	返回独立性检验值
CONFIDENCE	返回总体平均值的置信区间
CORREL	返回两个数据集之间的相关系数
COUNT	计算参数列表中数字的个数
COUNTA	计算参数列表中值的个数
COUNTBLANK	计算区间内的空白单元格个数
COUNTIF	计算某个区域中满足给定条件的单元格数目
COUNTIFS	统计一组给定条件所指定的单元格数目
COVAR	返回协方差,即成对偏移乘积的平均数
CRITBINOM	返回使累积二项式分布小于等于临界值的最小值
DEVSQ	返回偏差的平方和
EXPONDIST	返回指数分布
FDIST	返回 F 概率分布
FINV	返回反 F 概率分布
FISHER	返回 Fisher 变换
FISHERINV	返回反 Fisher 变换
FORECAST	根据线性趋势返回值
FREQUENCY	以向量数组的形式返回频率分布

续附表 17

函数名	作用
FTEST	返回 F 检验的结果
GAMMADIST	返回 gamma 分布
GAMMAINV	返回反 gamma 累积分布
GAMMALN	返回 gamma 函数的自然对数,$r(x)$
GEOMEAN	返回几何平均值
GROWTH	根据指数趋势返回值
HARMEAN	返回调和平均值
HYPGEOMDIST	返回超几何分布
INTERCEPT	返回线性回归线截距
KURT	返回数据集的峰值
LARGE	返回数据集中第 k 个最大值
LINEST	返回线性趋势的参数
LOGEST	返回指数趋势的参数
LOGINV	返回反对数正态分布
LOGNORMDIST	返回累积对数正态分布函数
MAX	返回参数列表中的最大值
MAXA	返回参数列表中的最大值,包括数字、文本和逻辑值
MEDIAN	返回给定数字的中值
MIN	返回参数列表中的最小值
MINA	返回参数列表中的最小值,包括数字、文本和逻辑值
MODE	返回数据集中出现最多的值
NEGBINOMDIST	返回负二项式分布
NORMDIST	返回正态累积分布
NORMINV	返回反正态累积分布
NORMSDIST	返回标准正态累积分布
NORMSINV	返回反标准正态累积分布
PEARSON	返回 Pearson 乘积矩相关系数
PERCENTILE	返回区域中的第 k 个百分位值
PERCENTRANK	返回数据集中值的百分比排位
PERMUT	返回给定数目对象的排列数
POISSON	返回 Poisson 分布

续附表17

函数名	作用
PROB	返回区域中的值在上、下限之间的概率
QUARTILE	返回数据集的四分位数
RANK	返回某数在数字列表中的排位
RSQ	返回 Pearson 乘积矩相关系数的平方
SKEW	返回分布的偏斜度
SLOPE	返回线性回归直线的斜率
SMALL	返回数据集中的第 k 个最小值
STANDARDIZE	返回正态化数值
STDEV	基于样本估算标准偏差
STDEVA	基于样本估算标准偏差,包括数字、文本和逻辑值
STDEVP	计算基于整个样本总体的标准偏差
STDEVPA	计算整个样本总体的标准偏差,包括数字、文本和逻辑值
STEYX	返回通过线性回归法预测每个 x 的 y 值时所产生的标准误差
TDIST	返回学生的 t 分布
TINV	返回学生的 t 分布的反分布
TREND	返回沿线性趋势的值
TRIMMEAN	返回数据集的内部平均值
TTEST	返回与学生的 t 检验相关的概率
VAR	计算基于给定样本的估算方差
VARA	基于样本估算方差,包括数字、文本和逻辑值
VARP	计算基于整个样本总体计算方差
VARPA	基于整个样本总体计算方差,包括数字、文本和逻辑值
WEIBULL	返回 Weibull 分布
ZTEST	返回 z 检验的单尾概率值

2.9 文本和数据函数

附表 18 文本和数据函数

函数名	作用
ASC	将字符串内的全角(双字节)英文字母或片假名更改为半角(单字节)字符
BAHTTEXT	按 β(铢)货币格式将数字转换为文本
CHAR	返回由代码数字指定的字符
CLEAN	删除文本中所有打印不出的字符
CODE	返回文本字符串中第一个字符的数字代码
CONCATENATE	将若干文本项合并到一个文本项中
RMB	按￥(RMB)或$(美元)货币格式将数字转换为文本
EXACT	检查两个文本值是否完全相同
FIND	在一文本值内查找另一文本值(区分大小写)
HXED	将数字设置为具有固定小数位的文本格式
JIS	将字符串中的半角(单字节)英文字符或片假名更改为全角(双字节)字符
LEFT	返回文本值最左边的字符
LEN	返回文本字符串中的字符个数
LOWER	将文本转换为小写形式
MID	从文本字符串中的指定位置起返回特定个数的字符
PHONETIC	从日文汉字字符串中提取出拼音(furigana)字符
PROPER	将文本值中每一个单词的首字母设置为大写
REPLACE	替换文本内的字符
REPT	按给定次数重复文本
RIGHT	返回文本值最右边的字符
SEARCH	在一文本值中查找另一文本值(不区分大小写)
SUBSTITUTE	在文本字符串中以新文本替换旧文本
T	将参数转换为文本
TEXT	设置数字的格式并将数字转换为文本
TRIM	删除文本中的空格
UPPER	将文本转换为大写形式
VALUE	将文本参数转换为数字

附录3 Duncan's 新复极差检验 SSR值

附表19

α=0.05	检验极差的平均个数 k																		
自由度 df	2	3	4	5	6	7	8	9	10	11	12	13	14	15	16	17	18	19	20
1	17.97	17.97	17.97	17.97	17.97	17.97	17.97	17.97	17.97	17.97	17.97	17.97	17.97	17.97	17.97	17.97	17.97	17.97	17.97
2	6.09	6.09	6.09	6.09	6.09	6.09	6.09	6.09	6.09	6.09	6.09	6.09	6.09	6.09	6.09	6.09	6.09	6.09	6.09
3	4.50	4.52	4.52	4.52	4.52	4.52	4.52	4.52	4.52	4.52	4.52	4.52	4.52	4.52	4.52	4.52	4.52	4.52	4.52
4	3.93	3.93	4.01	4.03	4.03	4.03	4.03	4.03	4.03	4.03	4.03	4.03	4.03	4.03	4.03	4.03	4.03	4.03	4.03
5	3.75	3.80	3.81	3.81	3.81	3.64	3.81	3.81	3.81	3.81	3.81	3.81	3.81	3.81	3.81	3.81	3.81	3.81	3.81
6	3.46	3.59	3.65	3.68	3.69	3.70	3.70	3.70	3.70	3.70	3.70	3.70	3.70	3.70	3.70	3.70	3.70	3.70	3.70
7	3.34	3.48	3.55	3.59	3.61	3.62	3.63	3.63	3.63	3.63	3.63	3.63	3.63	3.63	3.63	3.63	3.63	3.63	3.63
8	3.26	3.40	3.48	3.52	3.55	3.57	3.58	3.58	3.58	3.58	3.58	3.58	3.58	3.58	3.58	3.58	3.58	3.58	3.58
9	3.20	3.34	3.42	3.47	3.50	3.52	3.54	3.54	3.55	3.55	3.55	3.55	3.55	3.55	3.55	3.55	3.55	3.55	3.55
10	3.15	3.29	3.38	3.43	3.47	3.49	3.51	3.52	3.52	3.53	3.53	3.53	3.53	3.53	3.53	3.53	3.53	3.53	3.53
11	3.11	3.26	3.34	3.40	3.44	3.46	3.48	3.49	3.50	3.51	3.51	3.51	3.51	3.51	3.51	3.51	3.51	3.51	3.51
12	3.08	3.23	3.31	3.37	3.41	3.44	3.46	3.47	3.48	3.49	3.50	3.50	3.50	3.50	3.50	3.50	3.50	3.50	3.50
13	3.06	3.20	3.29	3.35	3.39	3.42	3.44	3.46	3.47	3.48	3.48	3.49	3.49	3.49	3.49	3.49	3.49	3.49	3.49
14	3.03	3.18	3.27	3.33	3.37	3.44	3.40	3.43	3.46	3.47	3.47	3.48	3.48	3.48	3.48	3.48	3.48	3.48	3.48

续附表 19

$\alpha=0.05$	检验极差的平均个数 k																		
自由度 df	2	3	4	5	6	7	8	9	10	11	12	13	14	15	16	17	18	19	20
15	3.01	3.16	3.25	3.31	3.36	3.39	3.41	3.43	3.45	3.46	3.47	3.47	3.48	3.48	3.48	3.48	3.48	3.48	3.48
16	3.00	3.14	3.24	3.30	3.34	3.38	3.40	3.42	3.44	3.45	3.46	3.47	3.47	3.47	3.48	3.48	3.48	3.48	3.48
17	2.98	3.13	3.22	3.29	3.33	3.37	3.39	3.41	3.43	3.44	3.45	3.46	3.47	3.47	3.47	3.47	3.48	3.48	3.48
18	2.97	3.12	3.21	3.27	3.32	3.36	3.38	3.40	3.42	3.44	3.45	3.45	3.46	3.47	3.47	3.47	3.47	3.47	3.47
19	2.96	3.11	3.20	3.26	3.31	3.35	3.38	3.40	3.42	3.43	3.44	3.45	3.46	3.46	3.47	3.47	3.47	3.47	3.47
20	2.95	3.10	3.19	3.26	3.30	3.34	3.37	3.39	3.41	3.42	3.44	3.45	3.45	3.46	3.46	3.47	3.47	3.47	3.47
21	2.94	3.09	3.18	3.25	3.30	3.33	3.36	3.39	3.40	3.42	3.43	3.44	3.45	3.46	3.46	3.47	3.47	3.47	3.47
22	2.93	3.08	3.17	3.24	3.29	3.33	3.36	3.38	3.40	3.41	3.43	3.44	3.45	3.45	3.46	3.46	3.47	3.47	3.47
23	2.93	3.07	3.17	3.23	3.28	3.32	3.35	3.37	3.39	3.41	3.42	3.43	3.44	3.45	3.46	3.46	3.47	3.47	3.47
24	2.92	3.07	3.16	3.23	3.28	3.32	3.35	3.37	3.39	3.41	3.42	3.43	3.44	3.45	3.46	3.46	3.47	3.47	3.47
25	2.91	3.06	3.15	3.22	3.27	3.31	3.34	3.37	3.39	3.40	3.42	3.43	3.44	3.45	3.45	3.46	3.46	3.47	3.47
26	2.91	3.05	3.15	3.22	3.27	3.31	3.34	3.36	3.38	3.40	3.41	3.43	3.44	3.45	3.45	3.46	3.46	3.47	3.47
27	2.90	3.05	3.14	3.21	3.26	3.30	3.33	3.36	3.38	3.40	3.41	3.42	3.43	3.44	3.45	3.46	3.46	3.47	3.47
28	2.90	3.04	3.14	3.21	3.26	3.30	3.33	3.36	3.38	3.39	3.41	3.42	3.43	3.44	3.45	3.46	3.46	3.47	3.47
29	2.89	3.04	3.14	3.20	3.25	3.29	3.33	3.35	3.37	3.39	3.41	3.42	3.43	3.44	3.45	3.46	3.46	3.47	3.47
30	2.89	3.04	3.13	3.20	3.25	3.29	3.32	3.35	3.37	3.39	3.41	3.42	3.43	3.44	3.45	3.45	3.46	3.47	3.47

续附表 19

α=0.05	检验极差的平均个数 k																		
自由度 df	2	3	4	5	6	7	8	9	10	11	12	13	14	15	16	17	18	19	20
31	2.88	3.03	3.13	3.20	3.25	3.29	3.31	3.37	3.39	3.40	3.42	3.43	3.44	3.45	3.45	3.46	3.47	3.47	3.47
32	2.88	3.03	3.12	3.19	3.24	3.28	3.32	3.34	3.37	3.39	3.40	3.42	3.43	3.44	3.45	3.45	3.46	3.47	3.47
33	3.02	3.12	3.19	3.24	3.28	3.31	2.88	3.34	3.36	3.38	3.40	3.41	3.43	3.44	3.44	3.45	3.46	3.47	3.47
34	3.02	3.12	3.19	3.24	3.28	3.31	2.87	3.34	3.36	3.38	3.40	3.41	3.42	3.43	3.44	3.45	3.46	3.46	3.47
35	2.87	3.02	3.11	3.18	3.24	3.28	3.31	3.34	3.36	3.38	3.40	3.41	3.42	3.43	3.44	3.45	3.46	3.46	3.47
36	2.87	3.02	3.11	3.18	3.23	3.27	3.31	3.34	3.36	3.38	3.40	3.41	3.42	3.43	3.44	3.45	3.46	3.46	3.47
37	2.87	3.01	3.11	3.18	3.23	3.27	3.31	3.33	3.36	3.38	3.39	3.41	3.42	3.43	3.44	3.45	3.46	3.46	3.47
38	2.86	3.01	3.11	3.18	3.23	3.27	3.30	3.33	3.36	3.38	3.39	3.41	3.42	3.43	3.44	3.45	3.46	3.46	3.47
39	2.86	3.01	3.10	3.17	3.23	3.27	3.30	3.33	3.35	3.37	3.39	3.41	3.42	3.43	3.44	3.45	3.46	3.46	3.47
40	2.86	3.01	3.10	3.17	3.22	3.27	3.30	3.33	3.35	3.37	3.39	3.40	3.42	3.43	3.44	3.45	3.46	3.46	3.47
48	2.84	2.99	3.09	3.16	3.21	3.25	3.29	3.32	3.34	3.36	3.38	3.40	3.41	3.42	3.44	3.45	3.45	3.46	3.47
60	2.83	2.98	3.07	3.14	3.20	3.24	3.28	3.31	3.33	3.36	3.37	3.39	3.41	3.42	3.43	3.44	3.45	3.46	3.47
80	2.81	2.96	3.06	3.13	3.19	3.23	3.27	3.30	3.32	3.35	3.37	3.38	3.40	3.41	3.43	3.44	3.45	3.46	3.47
120	2.95	3.05	3.12	3.17	3.22	2.80	3.25	3.29	3.31	3.34	3.36	3.38	3.39	3.41	3.42	3.44	3.45	3.46	3.47
240	2.79	2.93	3.03	3.10	3.16	3.21	3.24	3.28	3.30	3.33	3.35	3.37	3.39	3.40	3.42	3.43	3.44	3.46	3.47
∞	2.77	2.92	3.02	3.09	3.15	3.19	3.23	3.27	3.29	3.32	3.34	3.36	3.38	3.40	3.41	3.43	3.44	3.45	3.47

续附表 19

$\alpha=0.01$	检验极差的平均个数 k																		
自由度 df	2	3	4	5	6	7	8	9	10	11	12	13	14	15	16	17	18	19	20
2	14.04	14.04	14.04	14.04	14.04	14.04	14.04	14.04	14.04	14.04	14.04	14.04	14.04	14.04	14.04	14.04	14.04	14.04	14.04
3	8.26	8.32	8.32	8.32	8.32	8.32	8.32	8.32	8.32	8.32	8.32	8.32	8.32	8.32	8.32	8.32	8.32	8.32	8.32
4	6.51	6.68	6.74	6.76	6.76	6.76	6.76	6.76	6.76	6.76	6.76	6.76	6.76	6.76	6.76	6.76	6.76	6.76	6.76
5	5.89	5.99	6.04	6.07	6.07	5.70	6.07	6.07	6.07	6.07	6.07	6.07	6.07	6.07	6.07	6.07	6.07	6.07	6.07
6	5.24	5.44	5.55	5.61	5.66	5.68	5.69	5.70	5.70	5.70	5.70	5.70	5.70	5.70	5.70	5.70	5.70	5.70	5.70
7	4.95	5.15	5.26	5.33	5.38	5.42	5.44	5.45	5.46	5.47	5.47	5.47	5.47	5.47	5.47	5.47	5.47	5.47	5.47
8	4.75	4.94	5.06	5.13	5.19	5.23	5.26	5.28	5.29	5.30	5.31	5.31	5.32	5.32	5.32	5.32	5.32	5.32	5.32
9	4.60	4.79	4.91	4.99	5.04	5.09	5.12	5.14	5.16	5.17	5.19	5.19	5.20	5.20	5.21	5.21	5.21	5.21	5.21
10	4.48	4.67	4.79	4.87	4.93	4.98	5.01	5.04	5.06	5.07	5.09	5.10	5.11	5.11	5.12	5.12	5.12	5.12	5.12
11	4.39	4.58	4.70	4.78	4.84	4.89	4.92	4.95	4.98	4.99	5.01	5.02	5.03	5.03	5.05	5.05	5.05	5.06	5.06
12	4.32	4.50	4.62	4.71	4.77	4.82	4.85	4.88	4.91	4.93	4.94	4.96	4.97	4.98	4.99	4.99	5.00	5.00	5.01
13	4.26	4.44	4.56	4.64	4.71	4.75	4.79	4.82	4.85	4.87	4.89	4.90	4.92	4.93	4.94	4.94	4.95	4.96	4.96
14	4.21	4.39	4.51	4.59	4.65	4.78	4.70	4.74	4.80	4.82	4.84	4.86	4.87	4.88	4.89	4.90	4.91	4.92	4.92
15	4.17	4.35	4.46	4.55	4.61	4.66	4.70	4.73	4.76	4.78	4.80	4.82	4.83	4.85	4.86	4.87	4.87	4.88	4.89
16	4.13	4.31	4.43	4.51	4.57	4.62	4.66	4.70	4.72	4.75	4.77	4.79	4.80	4.81	4.83	4.84	4.84	4.85	4.86
17	4.10	4.28	4.39	4.47	4.54	4.59	4.63	4.66	4.69	4.72	4.74	4.76	4.77	4.79	4.80	4.81	4.82	4.82	4.83

续附表 19

$\alpha=0.01$	检验极差的平均个数 k																		
自由度 df	2	3	4	5	6	7	8	9	10	11	12	13	14	15	16	17	18	19	20
18	4.07	4.25	4.36	4.45	4.51	4.56	4.60	4.64	4.66	4.69	4.71	4.73	4.75	4.76	4.77	4.78	4.79	4.80	4.81
19	4.05	4.22	4.34	4.42	4.48	4.53	4.58	4.61	4.64	4.66	4.69	4.71	4.72	4.74	4.75	4.76	4.77	4.78	4.79
20	4.02	4.20	4.31	4.40	4.46	4.51	4.55	4.59	4.62	4.64	4.66	4.68	4.70	4.72	4.73	4.74	4.75	4.76	4.77
21	4.00	4.18	4.29	4.37	4.44	4.49	4.53	4.57	4.60	4.62	4.65	4.66	4.68	4.70	4.71	4.72	4.73	4.74	4.75
22	3.99	4.16	4.27	4.36	4.42	4.47	4.51	4.55	4.58	4.60	4.63	4.65	4.66	4.68	4.69	4.71	4.72	4.73	4.74
23	3.97	4.14	4.25	4.34	4.40	4.45	4.50	4.53	4.56	4.59	4.61	4.63	4.65	4.67	4.68	4.69	4.70	4.71	4.72
24	3.96	4.13	4.24	4.32	4.39	4.44	4.48	4.52	4.55	4.57	4.60	4.62	4.63	4.65	4.67	4.68	4.69	4.70	4.71
25	3.94	4.11	4.22	4.31	4.37	4.42	4.47	4.50	4.53	4.56	4.58	4.60	4.62	4.64	4.65	4.67	4.68	4.69	4.70
26	3.93	4.10	4.21	4.29	4.36	4.41	4.45	4.49	4.52	4.55	4.57	4.59	4.61	4.63	4.64	4.65	4.67	4.68	4.69
27	3.92	4.09	4.20	4.28	4.35	4.40	4.44	4.48	4.51	4.54	4.56	4.58	4.60	4.62	4.63	4.64	4.66	4.67	4.68
28	3.91	4.08	4.19	4.27	4.33	4.39	4.43	4.47	4.50	4.52	4.55	4.57	4.59	4.60	4.62	4.63	4.65	4.66	4.67
29	3.90	4.07	4.18	4.26	4.32	4.38	4.42	4.46	4.49	4.51	4.54	4.56	4.58	4.60	4.61	4.62	4.64	4.65	4.66
30	3.89	4.06	4.17	4.25	4.31	4.37	4.41	4.45	4.48	4.50	4.53	4.55	4.57	4.59	4.60	4.62	4.63	4.64	4.65
31	3.88	4.05	4.16	4.24	4.31	4.36	4.40	4.44	4.47	4.50	4.52	4.54	4.56	4.58	4.59	4.61	4.62	4.63	4.64
32	3.87	4.04	4.15	4.23	4.30	4.35	4.39	4.43	4.46	4.49	4.51	4.53	4.55	4.57	4.59	4.60	4.61	4.63	4.64
33	4.03	4.14	4.22	4.29	4.34	4.38	3.87	4.42	4.45	4.48	4.50	4.53	4.55	4.56	4.58	4.59	4.61	4.62	4.63

续附表 19

$\alpha=0.01$	检验极差的平均个数 k																		
自由度 df	2	3	4	5	6	7	8	9	10	11	12	13	14	15	16	17	18	19	20
34	4.02	4.14	4.22	4.28	4.33	4.38	3.86	4.41	4.44	4.47	4.50	4.52	4.54	4.56	4.57	4.59	4.60	4.61	4.62
35	3.85	4.02	4.13	4.21	4.27	4.33	4.37	4.41	4.44	4.47	4.49	4.51	4.53	4.55	4.57	4.58	4.59	4.61	4.62
36	3.85	4.01	4.12	4.20	4.27	4.32	4.36	4.40	4.43	4.46	4.48	4.51	4.53	4.54	4.56	4.57	4.59	4.60	4.61
37	3.84	4.01	4.12	4.20	4.26	4.31	4.36	4.39	4.43	4.45	4.48	4.50	4.52	4.54	4.55	4.57	4.58	4.59	4.61
38	3.84	4.00	4.11	4.19	4.25	4.31	4.35	4.39	4.42	4.45	4.47	4.49	4.51	4.53	4.55	4.56	4.58	4.59	4.60
39	3.83	3.99	4.10	4.19	4.25	4.30	4.34	4.38	4.41	4.44	4.47	4.49	4.51	4.53	4.54	4.56	4.57	4.58	4.60
40	3.83	3.99	4.10	4.18	4.24	4.30	4.34	4.38	4.41	4.44	4.46	4.48	4.50	4.52	4.54	4.55	4.57	4.58	4.59
48	3.79	3.96	4.06	4.15	4.21	4.26	4.30	4.34	4.37	4.40	4.43	4.45	4.47	4.49	4.51	4.52	4.54	4.55	4.56
60	3.76	3.92	4.03	4.11	4.17	4.23	4.27	4.31	4.34	4.37	4.39	4.42	4.44	4.46	4.47	4.49	4.50	4.52	4.53
80	3.73	3.89	4.00	4.08	4.14	4.19	4.24	4.27	4.31	4.34	4.36	4.38	4.41	4.42	4.44	4.46	4.47	4.49	4.50
120	3.86	3.96	4.04	4.11	4.16	3.70	4.20	4.24	4.27	4.30	4.33	4.35	4.37	4.39	4.41	4.43	4.44	4.46	4.47
240	3.67	3.83	3.93	4.01	4.07	4.13	4.17	4.21	4.24	4.27	4.29	4.32	4.34	4.36	4.38	4.39	4.41	4.43	4.44
∞	3.64	3.80	3.90	3.98	4.04	4.09	4.14	4.17	4.21	4.24	4.26	4.29	4.31	4.33	4.35	4.36	4.38	4.39	4.41

附录 4　作物播种期及生长发育阶段长度

附表 20　冬小麦播种期及生长发育阶段长度

作物（冬小麦）	初始生长期（月-日）及阶段长度/d	冻融期（月-日）及阶段长度/d	越冬期（月-日）及阶段长度/d	快速发育期（月-日）及阶段长度/d	生育中期（月-日）及阶段长度/d	成熟期（月-日）及阶段长度/d	全生育期/d
北京	09-22～11-25 65	11-26～12-04 9	12-05～03-23 110	03-24～05-05 43	05-06～06-08 34	06-09～06-21 13	274
天津	09-25～11-26 63	11-27～12-05 9	12-06～03-20 106	03-21～04-30 41	05-01～06-02 33	06-03～06-15 13	265
河北承德	09-11～11-18 69	11-19～11-28 10	11-29～03-22 115	03-23～05-06 45	05-07～06-11 36	06-12～06-25 14	289
河北唐山	09-21～11-24 65	11-25～12-03 9	12-04～03-20 108	03-21～05-02 43	05-03～06-05 34	06-06～06-18 13	272
河北遵化	09-15～11-20 67	11-21～11-29 9	11-30～03-20 112	03-21～05-04 45	05-05～06-08 35	06-09～06-21 13	281
河北保定	09-23～11-25 64	11-26～12-04 9	12-05～03-19 106	03-20～04-30 42	05-01～06-02 33	06-03～06-15 13	267
河北泊头	09-27～11-27 62	11-28～12-05 8	12-06～03-18 104	03-19～04-27 40	04-28～05-30 33	05-31～06-11 12	259
河北石家庄	09-28～11-28 62	11-29～12-07 9	12-08～03-21 105	03-22～05-01 41	05-02～06-02 32	06-03～06-15 13	262
山西长治	09-20～11-24 66	11-25～12-03 9	12-04～03-22 110	03-23～05-04 43	05-05～06-08 35	06-09～06-21 13	276
山西介休	09-25～11-28 65	11-29～12-07 9	12-08～03-24 108	03-25～05-05 42	05-06～06-08 34	06-09～06-21 13	271
山西阳城	10-01～12-01 62	12-02～12-09 8	12-10～03-22 104	03-23～05-01 40	05-02～06-03 33	06-04～06-15 12	259
山东惠民	09-28～11-27 61	11-28～12-06 9	12-07～03-17 102	03-18～04-27 41	04-28～05-29 32	05-30～06-10 12	257
山东兖州	10-09～12-04 57	12-05～12-12 8	12-13～03-17 95	03-18～04-24 38	04-25～05-24 30	05-25～06-05 12	240
山东临沂	10-08～12-04 58	12-05～12-13 9	12-14～03-19 97	03-20～04-27 39	04-28～05-27 30	05-28～06-08 12	245
山东济南	10-01～11-30 61	12-01～12-08 8	12-09～03-18 101	03-19～04-27 40	04-28～05-29 32	05-30～06-10 12	254
山东潍坊	10-01～12-01 62	12-02～12-9 8	12-10～03-22 104	03-23～05-01 40	05-02～06-03 33	06-04～06-15 12	259

续附表 20

作物（冬小麦）	初始生长期（月-日）及阶段长度/d	冻融期（月-日）及阶段长度/d	越冬期（月-日）及阶段长度/d	快速发育期（月-日）及阶段长度/d	生育中期（月-日）及阶段长度/d	成熟期（月-日）及阶段长度/d	全生育期/d
山东龙口	09-28～11-30 64	12-01～12-09 9	12-10～03-25 107	03-26～05-06 42	05-07～06-08 33	06-09～06-21 13	268
山东泰安	10-01～11-29 60	11-30～12-07 8	12-08～03-17 101	03-18～04-26 40	04-27～05-27 31	05-28～06-08 12	252
河南安阳	10-02～11-30 60	12-01～12-09 9	12-10～03-19 101	03-20～04-27 39	04-28～05-29 32	05-30～06-10 12	253
河南信阳	10-21～12-12 53	12-13～12-20 8	12-21～03-18 89	03-19～04-22 35	04-23～05-19 27	05-20～05-30 11	223
河南郑州	10-11～12-07 58	12-08～12-15 8	12-16～03-20 96	03-21～04-27 38	04-28～05-27 30	05-28～06-08 12	242
河南驻马店	10-18～12-11 55	12-12～12-18 7	12-19～03-19 92	03-20～04-24 36	04-25～05-22 28	05-23～06-02 11	229
河南濮阳	10-05～12-01 58	12-02～12-10 9	12-11～03-16 97	03-17～04-24 39	04-25～05-24 30	05-25～06-05 12	245
安徽亳州	10-15～12-08 55	12-09～12-16 8	12-17～03-18 93	03-19～04-23 36	04-24～05-22 29	05-23～06-02 11	232
安徽宿州	10-15～12-08 55	12-09～12-16 8	12-17～03-18 93	03-19～04-23 36	04-24～05-22 29	05-23～06-02 11	232
安徽霍山	10-25～12-15 52	12-16～12-23 8	12-24～03-19 87	03-20～04-22 34	04-23～05-20 28	05-21～05-30 10	219
江苏金湖	10-26～12-17 53	12-18～12-24 7	12-25～03-21 88	03-22～04-24 34	04-25～05-22 28	05-23～06-01 10	220
江苏东台	10-26～12-17 53	12-18～12-24 7	12-25～03-21 88	03-22～04-25 35	04-26～05-23 28	05-24～06-03 11	222
江苏淮阴	10-15～12-09 56	12-10～12-17 8	12-18～03-20 94	03-21～04-26 37	04-27～05-25 29	05-26～06-05 11	235
陕西宝鸡	09-29～11-29 62	11-30～12-08 9	12-09～03-21 104	03-22～05-01 41	05-02～06-03 33	06-04～06-15 12	261
陕西西安	10-01～11-30 61	12-01～12-08 8	12-09～03-18 101	03-19～04-27 40	04-28～05-29 32	05-30～06-10 12	254
甘肃平凉	09-20～11-26 68	11-27～12-06 10	12-07～03-29 114	03-30～05-13 45	05-14～06-18 36	06-19～07-02 14	287

注：表中快速发育期天数以闰年计，平年减去 1 d 即可。

附表 21 夏玉米播种期及生长发育阶段长度

作物（夏玉米）	初始生长期（月-日）及阶段长度 /d	快速发育期（月-日）及阶段长度 /d	生育中期（月-日）及阶段长度 /d	成熟期（月-日）及阶段长度 /d	全生育期 /d
北京	06-21～07-07 17	07-08～08-03 27	08-04～09-03 31	09-04～09-26 23	98
天津	06-21～07-07 17	07-08～08-03 27	08-04～09-03 31	09-04～09-27 24	99
河北唐山	06-21～07-07 17	07-08～08-03 27	08-04～09-03 31	09-04～09-26 23	98
河北遵化	06-21～07-07 17	07-08～08-03 27	08-04～09-03 31	09-04～09-26 23	98
河北保定	06-16～07-02 17	07-03～07-31 29	08-01～09-01 32	09-02～09-25 24	102
河北泊头	06-18～07-04 17	07-05～08-01 28	08-02～09-02 32	09-03～09-26 24	101
河北石家庄	06-16～07-02 17	07-03～07-29 27	07-30～08-29 31	08-30～09-22 24	99
山西长治	06-21～07-06 16	07-07～08-01 26	08-02～08-30 29	08-31～09-21 22	93
山西介休	06-22～07-07 16	07-08～08-02 26	08-03～09-01 30	09-02～09-23 22	94
山西阳城	06-21～07-06 16	07-07～08-01 26	08-02～08-30 29	08-31～09-21 22	93
山东陵县	06-17～07-02 16	07-03～07-29 27	07-30～08-29 31	08-30～09-21 23	97
山东惠民	06-15～07-01 17	07-02～07-29 28	07-30～08-30 32	08-31～09-24 25	102
山东兖州	06-11～06-27 17	06-28～07-25 28	07-26～08-26 32	08-27～09-19 24	101
山东临沂	06-12～06-28 17	06-29～07-26 28	07-27～08-27 32	08-28～09-20 24	101

续附表 21

作物（夏玉米）	初始生长期（月-日）及阶段长度/d	快速发育期（月-日）及阶段长度/d	生育中期（月-日）及阶段长度/d	成熟期（月-日）及阶段长度/d	全生育期/d
山东济南	06-15～07-01 17	07-02～07-29 28	07-30～08-30 32	08-31～09-23 24	101
山东潍坊	06-02～07-06 35	07-07～08-01 26	08-02～08-31 30	09-01～09-23 23	114
山东龙口	06-22～07-07 16	07-08～08-03 27	08-04～09-03 31	09-04～09-26 23	97
山东泰安	06-14～06-30 17	07-01～07-28 28	07-29～08-29 32	08-30～09-22 24	101
河南安阳	06-13～06-28 16	06-29～07-25 27	07-26～08-24 30	08-25～09-15 22	95
河南信阳	06-06～06-21 16	06-22～07-18 27	07-19～08-17 30	08-18～09-09 23	96
河南郑州	06-11～06-27 17	06-28～07-24 27	07-25～08-24 31	08-25～09-16 23	98
河南驻马店	06-08～06-23 16	06-24～07-20 27	07-21～08-19 30	08-20～09-11 23	96
河南濮阳	06-12～06-28 17	06-29～07-26 28	07-27～08-27 32	08-28～09-20 24	101
安徽亳州	06-11～06-27 17	06-28～07-25 28	07-26～08-26 32	08-27～09-19 24	101
安徽宿州	06-07～06-22 16 天	06-23～07-19 27	07-20～08-19 31	08-20～09-11 23	97
安徽霍山	06-08～06-23 16	06-24～07-20 27	07-21～08-19 30	08-20～09-11 23	96
江苏金湖	06-08～06-23 16	06-24～07-20 27	07-21～08-19 30	08-20～09-11 23	96
江苏东台	06-08～06-23 16	06-24～07-20 27	07-21～08-19 30	08-20～09-11 23	96
江苏淮阴	06-08～06-24 17	06-25～07-21 27	07-22～08-20 30	08-21～09-12 23	97
陕西宝鸡	06-15～07-02 18	07-03～07-31 29	08-01～09-02 33	09-03～09-27 25	105
陕西西安	06-15～07-01 17	07-02～07-29 28	07-30～08-30 32	08-31～09-23 24	101
甘肃平凉	06-21～07-07 17	07-08～08-03 27	08-04～09-03 31	09-04～09-27 24	99
新疆焉耆	06-21～07-09 19	07-10～08-09 31	08-10～09-14 36	09-15～10-10 26	112

附表 22 棉花播种期及生长发育阶段长度

作物（棉花）	初始生长期（月-日）及阶段长度/d	快速发育期（月-日）及阶段长度/d	生育中期（月-日）及阶段长度/d	成熟期（月-日）及阶段长度/d	全生育期/d
北京	04-26～05-21 26	05-22～07-02 42	07-03～08-17 46	08-18～09-23 37	151
天津	04-24～05-19 26	05-20～06-30 42	07-01～08-14 45	08-15～09-20 37	150
河北承德	05-01～05-27 27	05-28～07-09 43	07-10～08-25 47	08-26～10-03 39	156
河北唐山	04-24～05-19 26	05-20～06-30 42	07-01～08-15 46	08-16～09-21 37	151
河北遵化	04-25～05-20 26	05-21～07-01 42	07-02～08-16 46	08-17～09-22 37	151
河北保定	04-25～05-20 26	05-21～06-30 41	07-01～08-15 46	08-16～09-21 37	150
河北泊头	04-22～05-18 27	05-19～06-29 42	06-30～08-14 46	08-15～09-21 38	153
河北石家庄	04-25～05-19 25	05-20～06-28 40	06-29～08-11 44	08-12～09-17 37	146
山西长治	04-23～05-17 25	05-18～06-26 40	06-27～08-08 43	08-09～09-13 36	144
山西介休	04-26～05-20 25	05-21～06-29 40	06-30～08-12 44	08-13～09-11 30	139
山西阳城	04-20～05-15 26	05-16～06-24 40	06-25～08-07 44	08-08～09-12 36	146
山东陵县	04-22～05-17 26	05-18～06-28 42	06-29～08-13 46	08-14～09-20 38	152
山东惠民	04-22～05-16 25	05-17～06-25 40	06-26～08-09 45	08-10～09-15 37	147
山东兖州	04-20～05-14 25	05-15～06-23 40	06-24～08-06 44	08-07～09-11 36	145
山东临沂	04-20～05-14 25	05-15～06-24 41	06-25～08-08 45	08-09～09-13 36	147
山东济南	04-21～05-15 25	05-16～06-24 40	06-25～08-07 44	08-08～09-13 37	146
山东潍坊	04-22～05-17 26	05-18～06-28 42	06-29～08-13 46	08-14～09-19 37	151
山东龙口	04-23～05-18 26	05-19～06-29 42	06-30～08-15 47	08-16～09-22 38	153
山东泰安	04-20～05-14 25	05-15～06-24 41	06-25～08-08 45	08-09～09-14 37	148
河南安阳	04-20～05-14 25	05-15～06-23 40	06-24～08-06 44	08-07～09-11 36	145

续附表 22

作物（棉花）	初始生长期（月-日）及阶段长度/d	快速发育期（月-日）及阶段长度/d	生育中期（月-日）及阶段长度/d	成熟期（月-日）及阶段长度/d	全生育期/d
河南信阳	04-16～05-09 24	05-10～06-16 38	06-17～07-28 42	07-29～08-31 34	138
河南郑州	04-19～05-12 24	05-13～06-20 39	06-21～08-02 43	08-03～09-07 36	142
河南驻马店	04-17～05-10 24	05-11～06-18 39	06-19～07-30 42	07-31～09-02 34	139
河南濮阳	04-20～05-14 25	05-15～06-23 40	06-24～08-06 54	08-17～09-11 26	145
安徽亳州	04-18～05-11 24	05-12～06-18 38	06-19～07-30 42	07-31～09-02 34	138
安徽宿州	04-18～05-11 24	05-12～06-18 38	06-19～07-30 42	07-31～09-02 34	138
安徽霍山	04-15～05-08 24	05-09～06-16 39	06-17～07-28 42	07-29～09-01 35	140
江苏金湖	04-17～05-10 24	05-11～06-17 38	06-18～07-29 42	07-30～09-02 35	139
江苏东台	04-22～05-16 25	05-17～06-25 40	06-26～08-08 44	08-09～09-12 35	144
江苏淮阴	04-19～05-12 24	05-13～06-20 39	06-21～08-01 42	08-02～09-05 35	140
陕西宝鸡	04-21～05-15 25	05-16～06-23 39	06-24～08-06 44	08-07～09-11 36	144
陕西西安	04-19～05-13 25	05-14～06-21 39	06-22～08-03 43	08-04～09-08 36	143
甘肃敦煌	04-26～05-20 25	05-21～06-29 40	06-30～08-12 44	08-13～09-17 36	145
甘肃靖远	04-26～05-22 27	05-23～07-05 44	07-06～08-23 49	08-24～10-02 40	160
甘肃平凉	04-26～05-21 26	05-22～07-01 41	07-02～08-15 45	08-16～09-21 37	149
甘肃玉门	04-26～05-20 25	05-21～06-29 40	06-30～08-12 44	08-13～09-17 36	145
甘肃张掖	04-26～05-20 25	05-21～06-29 40	06-30～08-12 44	08-13～09-17 36	145
新疆焉耆	04-21～05-13 23	05-14～06-19 37	06-20～07-30 41	07-31～09-01 33	134
内蒙古阿拉善右旗	04-26～05-20 25	05-21～06-29 40	06-30～08-12 44	08-13～09-17 36	145
内蒙古阿拉善左旗	04-26～05-20 25	05-21～06-29 40	06-30～08-12 44	08-13～09-17 36	145

附录5 FAO56表11

附录23 不同播种期和不同气候地区的作物生长发育阶段的长度*

作物	生长初期 L_{ini}/d	快速发展期 L_{dev}/d	生长中期 L_{mid}/d	生长后期 L_{late}/d	总生长期/d	播种日期/月份	地区
a. 小蔬菜							
西兰花	35	45	40	15	135	9	美国加利福尼亚州沙漠
卷心菜	40	60	50	15	165	9	美国加利福尼亚州沙漠
胡萝卜	20	30	50/30	20	100	10,1	干旱气候
	30	40	60	20	150	2,3	地中海
	30	50	90	30	200	10	美国加利福尼亚州沙漠
菜花	35	50	40	15	140	9	美国加利福尼亚州沙漠
芹菜	25	40	95	20	180	10	(半)干旱
	25	40	45	15	125	4	地中海
	30	55	105	20	210	1	(半)干旱
十字花科植物[1]	20	30	20	10	80	4	地中海
	25	35	25	10	95	2	地中海
	30	35	90	40	195	10,11	地中海
生菜	20	30	15	10	75	4	地中海
	30	40	25	10	105	11,1	地中海
	25	35	30	10	100	10,11	干旱地区
	35	50	45	10	140	2	地中海
洋葱-干	15	25	70	40	150	4	地中海
	20	35	110	45	210	10,1	加利福尼亚州干旱区
洋葱-鲜	25	30	10	5	70	4,5	地中海
	20	45	20	10	95	10	干旱区
	30	55	55	40	180	3	美国加利福尼亚州
洋葱-籽粒	20	45	165	45	275	9	美国加利福尼亚州沙漠
菠菜	20	20	15,25	5	60,70	4,9,10	地中海
	20	30	40	10	100	11	干旱区
白萝卜	5	10	15	5	35	3,4	地中海,欧洲
	10	10	15	5	40	冬季	干旱区
b. 蔬菜——茄族(茄科)							
茄子	30	40	40	20	130	10	干旱区
	30	45	40	25	140	5,6	地中海
甜椒/柿子椒	25,30	35	40	20	125	4,6	欧洲,地中海
	30	40	110	30	210	10	干旱区

续附表 23

作物	生长初期 L_{ini}/d	快速发展期 L_{dev}/d	生长中期 L_{mid}/d	生长后期 L_{late}/d	总生长期/d	播种日期/月份	地区
番茄	30	40	40	25	135	1	干旱区
	35	40	50	30	155	4,5	美国加利福尼亚州
	25	40	60	30	155	1	美国加利福尼亚州沙漠
	35	45	70	30	180	10,11	干旱区
	30	40	45	30	145	4,5	地中海
c. 蔬菜——瓜族（葫芦科）							
甜瓜/哈密瓜	30	45	35	10	120	1	美国加利福尼亚州
	10	60	25	25	120	8	美国加利福尼亚州
黄瓜	20	30	40	15	105	6,8	干旱地区
	25	35	50	20	130	11,2	干旱地区
南瓜、印度南瓜	20	30	30	20	100	3,8	地中海
	25	35	35	25	120	6	欧洲
南瓜、西葫芦	25	35	25	15	100	4,12	地中海,干旱地区
	20	30	25	15	90	5,6	地中海,欧洲
甜瓜	25	35	40	20	120	5	地中海
	30	30	50	30	140	3	美国加利福尼亚州
	15	40	65	15	135	8	美国加利福尼亚州沙漠
	30	45	65	20	160	12,1	干旱地区
西瓜	20	30	30	30	110	4	意大利
	10	20	20	30	80	5,8	近东(沙漠)
d. 根与块茎							
甜菜(餐饮)	15	25	20	10	70	4,5	地中海
	25	30	25	10	90	2,3	地中海旱区
木薯-1 年	20	40	90	60	210	雨季	热带地区
木薯-2 年	150	40	110	60	360		
马铃薯	25	30	30/45	30	115/130	1,11	(半)干旱气候
	25	30	45	30	130	5	大陆性气候
	30	35	50	30	145	4	欧洲
	45	30	70	20	165	4	美国爱达荷州
	30	35	50	25	140	12	美国加利福尼亚州沙漠
红薯	20	30	60	40	150	4	地中海
	15	30	50	30	125	雨季	热带地区

续附表 23

作物	生长初期 L_{ini}/d	快速发展期 L_{dev}/d	生长中期 L_{mid}/d	生长后期 L_{late}/d	总生长期/d	播种日期/月份	地区
甜菜	30	45	90	15	180	3	美国加利福尼亚州
	25	30	90	10	155	6	美国加利福尼亚州
	25	65	100	65	255	9	美国加利福尼亚州沙漠
	50	40	50	40	180	4	美国爱达荷州
	25	35	50	50	160	5	地中海
	45	75	80	30	230	11	地中海
	35	60	70	40	205	11	干旱地区
e. 豆科植物(豆科)							
豆角-鲜	20	30	30	10	90	2,3	加利福尼亚州,地中海
	15	25	25	10	75	8,9	加利福尼亚州,埃及,黎巴嫩
豆角-干豆	20	30	40	20	110	5,6	大陆性气候
	15	25	35	20	95	6	巴基斯坦,加利福尼亚州
	25	25	30	20	100	6	美国爱达荷州
蚕豆	15	25	35	15	90	5	欧洲
蚕豆	20	30	35	15	100	3,4	地中海
干蚕豆	90	45	40	60	235	11	欧洲
绿蚕豆	90	45	40	0	175	11	欧洲
绿豆,豇豆	20	30	30	20	110	3	地中海
落花生	25	35	45	25	130	旱季	非洲西部
	35	35	35	35	140	5	高纬度地区
	35	45	35	25	140	5,6	地中海
扁豆	20	30	60	60	150	4	欧洲
	25	35	70	70	170	10,11	干旱地区
豌豆	15	25	35	15	90	5	欧洲
	20	30	35	15	100	3,4	地中海
	35	25	30	20	110	4	美国爱达荷州
黄豆	15	15	40	15	85	12	热带地区
	20	30,35	60	25	140	5	美国中部
	20	25	75	30	150	6	日本
f. 多年生蔬菜(冬眠和原裸或有铺膜土壤)							
洋蓟	40	40	250	30	360	4(第一年)	加利福尼亚州
	20	25	250	30	325	5(第二年)	(5月收割)
芦笋	50	30	100	50	230	2	暖冬
	90	30	200	45	365	2	地中海

续附表 23

作物	生长初期 L_{ini}/d	快速发展期 L_{dev}/d	生长中期 L_{mid}/d	生长后期 L_{late}/d	总生长期/d	播种日期/月份	地区
g. 纤维作物							
棉花	30	50	60	55	195	3～5	埃及，巴基斯坦，加利福尼亚州
	45	90	45	45	225	3	美国加利福尼亚州沙漠
	30	50	60	55	195	9	也门
	30	50	55	45	180	4	美国得克萨斯州
亚麻	25	35	50	40	150	4	欧洲
	30	40	100	50	220	10	美国亚利桑那州
h. 油料作物							
蓖麻子	25	40	65	50	180	3	（半）干旱气候
	20	40	50	25	135	11	印度尼西亚
红花	20	35	45	25	125	4	美国加利福尼亚州
	25	35	55	30	145	3	高纬度地区
	35	55	60	40	190	10，11	干旱地区
芝麻	20	30	40	20	110	6	中国
向日葵	25	35	35	45	130	4，5	地中海，加利福尼亚州
i. 谷物							
大麦/燕麦/小麦	15	25	50	30	120	11	印度中部
	20	25	60	30	135	3，4	纬度 35°～45°
	15	30	65	40	150	7	非洲东部
	40	30	40	20	130	4	
	40	60	60	40	200	11	
	20	50	60	30	160	12	加利福尼亚州，沙漠，美国
冬小麦	20[2]	60[2]	70	30	180	12	美国加利福尼亚州
	30	140	40	30	240	11	地中海
	160	75	75	25	335	10	美国爱达荷州
小谷子	20	30	60	40	150	4	地中海
	25	35	65	40	165	10，11	巴基斯坦，干旱区
玉米-大田	30	50	60	40	180	4	非洲东部（高度）
	25	40	45	30	140	12，1	干旱气候
	20	35	40	30	125	6	尼日利亚（潮湿气候）
	20	35	40	30	125	10	印度（干、冷气候）
	30	40	50	30	150	4	西班牙（春、夏），加利福尼亚州
	30	40	50	50	170	4	美国爱达荷州

续附表 23

作物	生长初期 L_{ini}/d	快速发展期 L_{dev}/d	生长中期 L_{mid}/d	生长后期 L_{late}/d	总生长期/d	播种日期/月份	地区
甜玉米	20	20	30	10	80	3	菲律宾
	20	25	25	10	80	5/6	地中海
	20	30	50/30	10	90	10/12	干旱气候
	30	30	30	10[3]	110	4	美国爱达荷州
	20	40	70	10	140	1	美国加利福尼亚州沙漠
小米	15	25	40	25	105	6	巴基斯坦
	20	30	55	35	140	4	美国中部
高粱	20	35	40	30	130	5/6	美国,巴基斯坦,地中海
	20	35	45	30	140	3/4	干旱地区
水稻	30	30	60	30	150	12,5	热带地区,地中海
	30	30	80	40	180	5	热带地区
j. 饲草							
苜蓿-总生长阶段[4]	10	30	变化的	变化的	变化的		春季最后 1 个-4 ℃至秋季的第 1 个-4 ℃
苜蓿-第一收割周期[4]	10	20	20	10	60	1	美国加利福尼亚州
	10	30	25	10	75	4(最后一个-4 ℃)	美国爱达荷州
苜蓿-其他收割周期[4]	5	10	10	5	30	3	美国加利福尼亚州
	5	20	10	10	45	6	美国爱达荷州
百慕大草(育种)	10	25	35	35	105	3	美国加利福尼亚州沙漠
饲草百慕大草(若干收割期)	10	15	75	35	135	…	美国加利福尼亚州沙漠
放牧场牧草[4]	10	20	…	…	…		春季最后 1 个-4 ℃前的 7 d 至秋季的第 1 个-4 ℃后的 7 d
苏丹草-第一收割周期	25	25	15	10	75	4	美国加利福尼亚州沙漠
苏丹草-其他收割周期	3	15	12	7	37	6	美国加利福尼亚州沙漠
k. 甘蔗							
甘蔗-幼	35	60	190	120	405		低纬度
	50	70	220	140	480		热带地区
	75	105	330	210	720		美国夏威夷
甘蔗-根蘖	25	70	135	50	280		低纬度
	30	50	180	60	320		热带地区
	35	105	210	70	420		美国夏威夷

续附表 23

作物	生长初期 L_{ini}/d	快速发展期 L_{dev}/d	生长中期 L_{mid}/d	生长后期 L_{late}/d	总生长期/d	播种日期/月份	地区
l. 热带果树和树							
香蕉-第一年	120	90	120	60	390	3	地中海
香蕉-第二年	120	60	180	5	365	2	地中海
菠萝	60	120	600	10	790		美国夏威夷
m. 葡萄和浆果类							
葡萄	20	40	120	60	240	4	低纬度
	20	50	75	60	205	3	美国加利福尼亚州
	20	50	90	20	180	5	高纬度
	30	60	40	80	210	4	中纬度(酿酒)
啤酒花	25	40	80	10	155	4	美国爱达荷州
n. 果树							
柑橘	60	90	120	95	365	1	地中海
落叶果树	20	70	90	30	210	3	高纬度
	20	70	120	60	270	3	低纬度
	30	50	130	30	240	3	美国加利福尼亚州
橄榄树	30	90	60	90	270[5]	3	地中海
开心果	20	60	30	40	150	2	地中海
核桃树	20	10	130	30	190	4	美国犹他州
o. 湿地-温带气候							
湿地作物(香蒲,芦苇)	10	30	80	20	140	5	美国犹他州,严霜
	180	60	90	35	365	11	美国佛罗里达州
湿地作物(矮小的)	180	60	90	35	365	11	无霜气候

注: * 本表给出的生长发育阶段的长度是指一般条件,但随着地区气候、种植条件及作物种类不同在地区间有明显的变化。建议用户必须获得地区的有效数据。

1. 十字花科植物包括卷心菜、菜花、西兰花、布鲁塞尔芽菜。由于品种、种类的不同,生长阶段长短有很大变化范围。
2. 由于冬小麦有数天的零生长和休眠,这些生长阶段在冷气候条件下将加长。在一般条件和缺乏当地资料时,可假定秋天播种的冬小麦在日平均气温降至 17 ℃的温和气候下经过连续 10 d 的生长后出土,或在 12 月 1 日出土。播种的春小麦假定在日平均气温升至 5 ℃气候条件下经过连续 10 d 的生长后出土。春天播种的玉米、谷子在日平均气温升至 13 ℃气候条件下经过连续 10 d 的生长后出土。
3. 假如甜玉米籽粒在田间成熟并变干,那么它的生长后期长度约 35 d。
4. 在严寒霜冻气候,紫花苜蓿和草的生育期长度估计如下:紫花苜蓿,自春天最后出现-4 ℃的日期到秋天首次出现-4 ℃的日期。牧草,自春天最后出现-4 ℃时向前推 7 d 的日期,到秋天最后出现-4 ℃时向后推 7 d 的日期。
5. 橄榄树在每年的 3 月长出新叶,参见附录 6　FAO56 表 12 第 24 条表注,这里 K_c 延长在作物"生长期"之外。

附录6 FAO56表12

生长在半湿润气候区($RH_{min}\approx45\%$、$u_2\approx2$ m/s)、无水分胁迫、管理良好条件下与Penman-Menteith公式计算ET_0对应的单作物系数K_c和平均最大作物高度h。

附表24

作物	$K_{c,ini}$[1]	$K_{c,mid}$	$K_{c,end}$	最大作物高度 h/m
a. 小蔬菜	0.7	1.05	0.95	
西兰花		1.05	0.95	0.3
布鲁塞尔芽菜		1.05	0.95	0.4
卷心菜		1.05	0.95	0.4
胡萝卜		1.05	0.95	0.3
菜花		1.05	0.95	0.4
芹菜		1.05	1.00	0.6
大蒜		1.00	0.70	0.3
生菜		1.00	0.95	0.3
洋葱-干		1.05	0.75	0.4
洋葱-鲜		1.00	1.00	0.3
洋葱-籽粒		1.05	0.80	0.5
菠菜		1.00	0.95	0.3
白萝卜		0.90	0.85	0.3
b. 蔬菜——茄族(茄科)	0.6	1.15	0.80	
茄子		1.05	0.90	0.8
甜椒/柿子椒		1.05[2]	0.90	0.7
番茄		1.15[2]	0.70~0.90	0.6
c. 蔬菜——瓜族(葫芦科)	0.5	1.00	0.80	
甜瓜/哈密瓜	0.5	0.85	0.60	0.3
黄瓜-市场鲜瓜	0.6	1.00[2]	0.75	0.3
黄瓜-机械收割	0.5	1.00	0.90	0.3
南瓜、印度南瓜		1.00	0.80	0.4
南瓜、西葫芦		0.95	0.75	0.3
甜瓜		1.05	0.75	0.4
西瓜	0.4	1.00	0.75	0.4
d. 根与块茎	0.5	1.10	0.95	
甜菜(餐饮)		1.05	0.95	0.4

续附表 24

作物	$K_{c,ini}$[1]	$K_{c,mid}$	$K_{c,end}$	最大作物高度 h/m
木薯-1 年	0.3	0.80[3]	0.30	1.0
木薯-2 年	0.3	1.10	0.50	1.5
防风草	0.5	1.05	0.95	0.4
马铃薯		1.15	0.75[4]	0.6
红薯		1.15	0.65	0.4
芜菁(和芜菁甘蓝)		1.10	0.95	0.6
甜菜	0.35	1.20	0.70[5]	0.5
e. 豆科植物(豆科)	0.4	1.15	0.55	
豆角-鲜	0.5	1.05[2]	0.90	0.4
豆角-干豆	0.4	1.15[2]	0.35	0.4
鹰嘴豆		1.00	0.35	0.4
蚕豆-新鲜	0.5	1.15[2]	1.10	0.8
蚕豆-干/育种	0.5	1.15[2]	0.30	0.8
Grabanzo	0.4	1.15	0.35	0.8
绿豆和豇豆		1.05	0.60~0.35[6]	0.4
落花生		1.15	0.60	0.4
扁豆		1.10	0.30	0.5
豌豆-新鲜	0.5	1.15[2]	1.10	0.5
豌豆-干/育种		1.15	0.30	0.5
黄豆		1.15	0.50	0.5~1.0
f. 多年生蔬菜(冬眠和原裸或有铺膜土壤)	0.5	1.00	0.80	
洋蓟	0.5	1.00	0.95	0.7
芦笋	0.5	0.95[7]	0.30	0.2~0.8
薄荷	0.60	1.15	1.10	0.6~0.8
草莓	0.40	0.85	0.75	0.2
g. 纤维作物	0.35			
棉花		1.15~1.20	0.70~0.50	1.2~1.5
亚麻		1.10	0.25	1.2
剑麻[8]		0.4~0.7	0.4~0.7	1.5
h. 油料作物	0.35	1.15	0.35	
蓖麻子		1.15	0.55	0.3
油菜		1.0~1.15[9]	0.35	0.6

续附表 24

作物	$K_{c,ini}^{1}$	$K_{c,mid}$	$K_{c,end}$	最大作物高度 h/m
红花		1.0~1.15[9]	0.25	0.8
芝麻		1.10	0.25	1.0
向日葵		1.0~1.15[9]	0.35	2.0
i. 谷物	0.3	1.15	0.4	
大麦		1.15	0.25	1
燕麦		1.15	0.25	1
春小麦		1.15	0.24~0.4[10]	1
冬小麦-冷冻土壤	0.4	1.15	0.24~0.4[10]	1
冬小麦-无冷冻土壤	0.7	1.15	0.24~0.4[10]	
玉米-大田		1.20	0.60,0.35[11]	2
甜玉米		1.15	1.05[12]	1.5
小米		1.00	0.30	1.5
高粱-谷粒		1.00~1.10	0.55	1~2
高粱-甜秆		1.20	1.05	2~4
水稻	1.05	1.20	0.90~0.60	1
j. 饲草				
苜蓿草-平均收割	0.40	0.95[13]	0.90	0.7
苜蓿草-单次收割	0.40[14]	1.20[14]	1.15[14]	0.7
苜蓿草-籽种	0.40	0.50	0.50	0.7
绊根草-平均收割	0.55	1.00[13]	0.85	0.35
绊根草-育种春季植物	0.35	0.90	0.65	0.4
红花草,车轴草-平均收割	0.40	0.90[13]	0.85	0.6
红花草,车轴草-单次收割	0.40[14]	1.15[14]	1.10[14]	0.6
黑麦草-平均收割	0.95	1.05	1.00	0.3
一年生苏丹草-平均收割	0.50	0.90[14]	0.85	1.2
一年生苏丹草-单次收割	0.50[14]	1.15[14]	1.10[14]	1.2
放牧场牧草-轮牧	0.40	0.85~1.05	0.85	0.15~0.30
放牧场牧草-泛牧	0.30	0.75	0.75	0.10
草坪草-冷季[15]	0.90	0.95	0.95	0.10
草坪草-暖季[15]	0.80	0.85	0.85	0.10
k. 甘蔗	0.40	1.25	0.75	3
l. 热带果树和树				
香蕉-第一年	0.50	1.10	1.00	3
香蕉-第二年	1.00	1.20	1.10	4

续附表 24

作物	$K^1_{c,ini}$	$K_{c,mid}$	$K_{c,end}$	最大作物高度 h/m
可可树	1.00	1.05	1.05	3.0
咖啡树-裸露生长	0.90	0.95	0.95	2~3
咖啡树-杂草生长	1.05	1.10	1.10	2~3
枣椰树	0.90	0.95	0.95	8.0
棕榈树	0.95	1.00	1.00	8.0
菠萝[16]-裸地	0.50	0.30	0.30	0.6~1.2
菠萝[16]-被草覆盖	0.50	0.50	0.50	0.6~1.2
橡胶树	0.95	1.00	1.00	10.0
茶树-无遮阴	0.95	1.00	1.00	1.50
茶树-有遮阴树[17]	1.10	1.15	1.15	2.0
m. 葡萄和浆果类				
浆果类(灌木)	0.30	1.05	0.50	1.5
葡萄-鲜吃或做葡萄干	0.30	0.85	0.45	2.0
葡萄-制酒的葡萄	0.30	0.70	0.45	1.5~2.0
啤酒花	0.3	1.05	0.85	5.0
n. 果树				
杏仁树-地表无覆盖	0.40	0.90	0.65[18]	5.0
苹果,樱桃,梨[19]				
-地表无覆盖,严霜	0.45	0.95	0.70[18]	4.0
-地表无覆盖,无霜	0.60	0.95	0.75[18]	4.0
-地表有效覆盖,严霜	0.50	1.20	0.95[18]	4.0
-地表有效覆盖,无霜	0.80	1.20	0.85[18]	4.0
杏树,桃树,核果类[19,20]				
-地表无覆盖,严霜	0.45	0.90	0.65[18]	3.0
-地表无覆盖,无霜	0.55	0.90	0.65[18]	3.0
-地表有效覆盖,严霜	0.50	1.15	0.90[18]	3.0
-地表有效覆盖,无霜	0.80	1.15	0.85[18]	3.0
鳄梨树-地表无覆盖	0.60	0.85	0.75	3.0
柑橘-地表无覆盖[21]				
-70%的冠层	0.70	0.65	0.70	4.0
-50%的冠层	0.65	0.60	0.65	3.0
-20%的冠层	0.50	0.45	0.55	2.0

续附表 24

作物	$K_{c,ini}^{1}$	$K_{c,mid}$	$K_{c,end}$	最大作物高度 h/m
柑橘-有效地表覆盖或杂草覆盖[22]				
-70%的冠层	0.75	0.70	0.75	4
-50%的冠层	0.80	0.80	0.80	3
-20%的冠层	0.85	0.85	0.85	2
针叶树[23]	1.00	1.00	1.00	10
猕猴桃	0.40	1.05	1.05	3
橄榄树(冠层覆盖地表的 40%或 60%)[24]	0.65	0.70	0.70	3~5
开心果-无地表覆盖	0.40	1.10	0.45	3~5
核桃园树[19]	0.50	1.10	0.65[18]	4~5
o. 湿地-温带气候				
香蒲,芦苇,严霜	0.30	1.20	0.30	2
香蒲,芦苇,无霜	0.60	1.20	0.60	2
矮植被,无霜	1.05	1.10	1.10	0.3
沼泽芦苇,滞留水	1.00	1.20	1.00	1~3
沼泽芦苇,湿土壤	0.90	1.20	0.70	1~3
p. 特殊类				
自由水面,水深<2 m,或在亚湿润气候或热带地区		1.05	1.05	
自由水面,水深>5 m,清澈,温带气候		0.65[25]	1.25[25]	

注:1. 这些是典型灌溉管理和土壤湿度的 $K_{c,ini}$ 一般值。对高频率喷灌和日降雨一样的湿润频繁,这些值可能增大到 1.0~1.2。在生长初期和快速生长期,$K_{c,ini}$ 是湿润间隔和潜在蒸发速率的函数,用式(6-46)、式(6-50)计算。

2. 黄豆类、豌豆类、豆科植物、番茄类、胡椒类、黄瓜类茎秆有时可达到 1.5~2 m。在这种情况下,要考虑 K_c 增加值。对于豆类、胡椒类和黄瓜类,K_c 值达到 1.15。对番茄类、干豆和豌豆类,K_c 值达到 1.20。相应的 h 也应该增加。

3. $K_{c,mid}$ 值为在雨季或雨季后无胁迫的值。$K_{c,end}$ 值为干旱季节休眠期的值。

4. 生育后期若马铃薯蔓枯萎 $K_{c,end}$ 为 0.40。

5. 这个 $K_{c,end}$ 值是生长期的最后一个月无灌溉条件下的值。生长期的最后一个月若有灌溉或强降雨,甜菜的 $K_{c,end}$ 值可高达 1.0。

6. 第一个 $K_{c,end}$ 值为鲜用收割时的值;第二个 $K_{c,end}$ 值为干后收割时的值。

7. 由于芦笋嫩芽覆盖地表,因此在嫩芽期收获时 $K_c=K_{c,ini}$,$K_{c,mid}$ 值是以嫩茎收割结束后再生长时的值。

8. 剑麻的 K_c 值取决于种植密度和水分条件(如有目的的水分胁迫)。

9. 低密度种植的旱作作物 K_c 值低。

10. 手工收割作物时 K_c 值高。

11. 第一个 $K_{c,end}$ 值是在籽粒水分大时收获的值。第二个 $K_{c,end}$ 值是谷物在田间完全干燥(含水量 18%,以湿物计)后收割时的值。

12. 表中数据为作为鲜食玉米食用时的值。如果在田间成熟并干燥时,甜玉米 $K_{c,end}$ 使用大田玉米的值。

13. 饲草作物的 $K_{c,mid}$ 是与收割前和收割后的平均 K_c 值相当的 $K_{c,mid}$ 总平均值。它可用于从第一个发育期到生长后期开始的这个时段。

14. 饲草作物这些 K_c 值分别代表紧接收割后、全覆盖期和紧接收割前的值。生长季被定义为一系列单次收割期。
15. 冷季草的种类包括长势密的早熟禾、黑麦草和细叶草，暖季型草种类有百慕大干草和阿根廷草。对冷季型草坪草，在一般草坪管理条件下，当收割高度在 0.06~0.08 m 时 K_{cb} 为 0.95。在水分管理较好和不要求快速生长的地方，草坪草的 K_c 值可以减少到 0.10。
16. 因为菠萝的气孔在白天关、夜间开，所以菠萝具有非常低的蒸腾量，所以 ET_c 的主要成分是土壤蒸发。因为 $K_{c,mid}$ 出现在地表全覆盖时，$K_{c,mid}<K_{c,ini}$，所以土壤蒸发量小。表中给出的值是假定地表面被黑色的塑料物覆盖到 50%而且灌溉用喷灌。当被塑料覆盖且为滴灌时，K_c 值可以减少到 0.10。
17. 包括遮阴树的需水量。
18. 这些 $K_{c,end}$ 值代表落叶前的 K_c 值。落叶后，如果土壤干燥，地表裸露或枯死覆盖地面 $K_{c,end}\approx 0.20$。对有效地面覆盖 $K_{c,end}\approx 0.5\sim0.8$。
19. 数据不适宜于果树未成熟时。
20. 核果类作物包含桃树、杏树、梨树、李树及山核桃树。
21. 本表所列数据同 Doorenbos 和 Presumed(1997)数据相一致。由于 ET 峰值期气孔关闭的影响，中期值要低于初始值及末期值。对柑橘气孔控制弱的湿润和半湿润气候区，$K_{c,ini}$、$K_{c,mid}$、$K_{c,end}$ 值应根据 Rogers 等研究(1983)增加 0.1~0.2。
22. 对柑橘的气孔控制比较弱的湿润和半湿润气候区，$K_{c,ini}$、$K_{c,mid}$、$K_{c,end}$ 值应增加 0.1~0.2。对无有效覆盖或有适中有效覆盖(有效覆盖是指有绿叶和 LAI>2~3 时的覆盖)的地区 K_c 值必须在地表无覆盖的 K_c 值和地表有有效覆盖的 K_c 值间加权求出，而且此加权基于"绿度"和覆盖地表的叶面积的近似值。
23. 由于空气动力阻力减小，针叶树的气孔控制发挥得较好，表中所列的是大面积的水分条件好的针叶林的 K_{cb} 值，而实际 K_c 值很容易低于该值。
24. 这些系数代表地面植被覆盖达 40%~60%时的值。在西班牙、Postor 和 Orgaz(1994)研究发现了橄榄园橄榄地表覆盖达 60%后的 1 月到 12 月 K_c 值为：0.50、0.50、0.65、0.60、0.55、0.50、0.45、0.45、0.55、0.60、0.65、0.50。生长初期、发育期、生长中期、生长后期长度分别为 30 d、90 d、60 d 和 90 d，对应 $K_{c,ini}=0.65$、$K_{c,mid}=0.45$ 和 $K_{c,end}=0.65$。在非生长季(从 12 月到翌年 2 月)$K_c=0.5$。
25. 这些 K_c 值是适宜纬度的深水体值。在这种纬度年内水体温度发生较大变化。由于辐射能量被深水体吸收，初期和峰期蒸发是低的。在秋冬季节($K_{c,end}$)，热量从水体中释放，所以蒸发比草的蒸发要大。因此，$K_{c,mid}$ 为水体获得热能阶段，$K_{c,end}$ 为水体释放热能时段。用这些 K_c 值时必须谨慎。

附录 7　FAO56 表 17

生长在半湿润气候区（$RH_{min} \approx 45\%$、$u_2 \approx 2$ m/s）、无水分胁迫、管理良好条件下与 Penman-Menteith 公式计算 ET_0 对应的双作物系数法中的基础系数 K_{cb} 值。

附表 25

作物	$K^1_{cb,ini}$	$K^1_{cb,mid}$	$K^1_{cb,end}$
a. 小蔬菜	0.15	0.95	0.85
西兰花		0.95	0.85
布鲁塞尔芽菜		0.95	0.85
卷心菜		0.95	0.85
胡萝卜		0.95	0.85
菜花		0.95	0.85
芹菜		0.95	0.90
大蒜		0.90	0.60
生菜		0.90	0.90
洋葱-干 洋葱-鲜 洋葱-籽粒		0.95 0.90 1.05	0.65 0.90 0.70
菠菜		0.90	0.85
白萝卜/水萝卜		0.85	0.75
b. 蔬菜-茄族（茄科）	0.15	1.10	0.70
茄子		1.00	0.80
甜椒/柿子椒		1.00[2]	0.80
番茄		1.10[2]	0.60~0.80
c. 蔬菜-瓜族（葫芦科）	0.15	0.95	0.70
甜瓜/哈密瓜		0.75	0.50
黄瓜-市场鲜瓜 黄瓜-机械收割		0.95[2] 0.95	0.70 0.80
南瓜、印度南瓜		0.90	0.70
南瓜、西葫芦		0.95	0.70
甜瓜		1.00	0.70
西瓜		0.95	0.70
d. 根与块茎	0.15	1.00	0.85
甜菜（餐饮）		0.95	0.85

续附表 25

作物	$K^1_{cb,ini}$	$K^1_{cb,mid}$	$K^1_{cb,end}$
木薯-1 年 木薯-2 年		0.70[3] 1.00	0.20 0.45
防风草		0.95	0.85
马铃薯		1.10	0.65[4]
红薯		1.10	0.55
芜菁(和芜菁甘蓝)		1.00	0.85
甜菜		1.15	0.50[5]
e. 豆科植物(豆科)	0.15	1.10	0.50
豆角-鲜		1.00[2]	0.80
豆角-干豆		1.10[2]	0.25
鹰嘴豆		0.95	0.25
蚕豆-新鲜 蚕豆-干/育种		1.10[2] 1.10[2]	1.05 0.20
Grabanzo		1.05	0.25
绿豆和豇豆		1.00	0.55~0.25[6]
落花生		1.10	0.50
扁豆		1.05	0.20
豌豆-新鲜 豌豆-干/育种		1.10[2] 1.10	1.05 0.20
黄豆		1.10	0.30
f. 多年生蔬菜(冬眠和原裸或有铺膜土壤)			
洋蓟	0.15	0.95	0.90
芦笋	0.15	0.90[7]	0.20
薄荷	0.40	1.10	1.05
草莓	0.30	0.80	0.70
g. 纤维作物	0.15		
棉花		1.10~1.15	0.50~0.40
亚麻		1.05	0.20
剑麻[8]		0.4~0.7	0.4~0.7
h. 油料作物	0.15	1.10	0.25
蓖麻子		1.10	0.45
油菜		0.95~1.10[9]	0.25

续附表 25

作物	$K^1_{cb,ini}$	$K^1_{cb,mid}$	$K^1_{cb,end}$
红花		0.95～1.10[9]	0.20
芝麻		1.05	0.20
向日葵		0.95～1.10[9]	0.25
i. 谷物	0.15	1.10	0.25
大麦		1.10	0.15
燕麦		1.10	0.15
春小麦		1.10	0.15～0.30[10]
冬小麦	0.15～0.5[11]	1.10	0.15～0.30[10]
玉米-大田 甜玉米	0.15	1.15 1.10	0.50,0.15[12] 1.00[13]
小米		0.95	0.20
高粱-谷粒 高粱-甜杆		0.95～1.05 1.15	0.35 1.00
水稻	1.00	1.15	0.70～0.45
j. 饲草			
苜蓿草-单次收割 苜蓿草-种籽	0.30[14] 0.30	1.15[14] 0.45	1.10[14] 0.45
百慕大草-平均收割 百慕大草-育种春季植物	0.50 0.15	0.95[15] 0.85	0.80 0.60
三叶草、车轴草-单次收割	0.30[14]	1.10[14]	1.05[14]
黑麦草-平均收割	0.85	1.00[15]	0.95
一年生苏丹草-单次收割	0.30[14]	1.10[14]	1.05[14]
放牧场牧草-轮牧 放牧场牧草-泛牧	0.30 0.30	0.80～1.00 0.70	0.80 0.70
草坪草-冷季[16] 草坪草-暖季[16]	0.85 0.75	0.90 0.80	0.90 0.80
k. 甘蔗	0.15	1.20	0.70
l. 热带果树和树			
香蕉-第一年 香蕉-第二年	0.15 0.60	1.05 1.10	0.90 1.05
可可树	0.90	1.00	1.00
咖啡树-裸露生长 咖啡树-杂草生长	0.80 1.00	0.90 1.05	0.90 1.05
枣椰树	0.80	0.85	0.85

续附表 25

作物	$K^1_{cb,ini}$	$K^1_{cb,mid}$	$K^1_{cb,end}$
棕榈树	0.85	0.90	0.90
菠萝[17](多年作物)-裸地 菠萝[17](多年作物)-被草覆盖	0.15 0.30	0.25 0.45	0.25 0.45
橡胶树	0.85	0.90	0.90
茶树-无遮阴 茶树-有遮阴树[18]	0.90 1.00	0.95 1.10	0.90 1.05
m. 葡萄和浆果类			
浆果类(灌木)	0.20	1.00	0.40
葡萄-鲜吃或做葡萄干 葡萄-制酒的葡萄	0.15 0.15	0.80 0.65	0.40 0.40
啤酒花	0.15	1.00	0.80
n. 果树			
杏仁树-地表无覆盖	0.20	0.85	0.60[19]
苹果,樱桃,梨[20] -地表无覆盖,严霜 -地表无覆盖,无霜 -地表有效覆盖,严霜 -地表有效覆盖,无霜	 0.35 0.50 0.45 0.75	 0.90 0.90 1.15 1.15	 0.65[19] 0.70[19] 0.90[19] 0.80[19]
杏树,桃树,核果类[20,21] -地表无覆盖,严霜 -地表无覆盖,无霜 -地表有效覆盖,严霜 -地表有效覆盖,无霜	 0.35 0.45 0.45 0.75	 0.85 0.85 0.10 1.10	 0.60[19] 0.60[19] 0.85[19] 0.80[19]
鳄梨树-地表无覆盖	0.50	0.80	0.70
柑橘-地表无覆盖[22] -70%的冠层 -50%的冠层 -20%的冠层	 0.65 0.60 0.45	 0.60 0.55 0.40	 0.65 0.60 0.50
柑橘-有效地表覆盖或杂草覆盖[23] -70%的冠层 -50%的冠层 -20%的冠层	 0.75 0.75 0.80	 0.70 0.75 0.80	 0.75 0.75 0.85
针叶树[24]	0.95	0.95	0.95
猕猴桃	0.20	1.00	1.00
橄榄树(冠层覆盖地表 40%或 60%)	0.55	0.65	0.65

续附表 25

作物	$K_{cb,ini}^{1}$	$K_{cb,mid}^{1}$	$K_{cb,end}^{1}$
开心果-无地表覆盖	0.20	1.05	0.40
核桃园树[20]	0.40	1.05	0.60[19]

注：1. 这些是土壤表面干燥时的 K_{cb} 值，仅用于双作物系数（$K_{cb,ini}+K_e$）法。K_{cb} 值进行气候修正时的作物最大株高由 FAO56 表 12 给出。

2. 豆类、豌豆类、豆科植物、番茄类、胡椒类和黄瓜类茎秆有时可达到 1.5~2 m。在这种情况下，要考虑 K_{cb} 增加值。对于青豆类、胡椒类、黄瓜类，K_{cb} 可取 1.10。而对蕃茄类、干豆和豌豆类，K_{cb} 取 1.15，相应的 h 也应该增加。

3. $K_{cb,mid}$ 值为雨季或雨季后无水分胁迫的值，$K_{cb,end}$ 为干旱季节休眠期的值。

4. 生育后期若马铃薯蔓枯萎 $K_{cb,end}$ 取 0.35。

5. 这个 $K_{cb,end}$ 值是生长期的最后一个月无灌溉条件下的值。生长期的最后一个月若有灌溉或强降雨，甜菜的 $K_{cb,end}$ 值可高达 0.9。

6. 第一个 $K_{cb,end}$ 值是鲜用收割时的值，第二个 $K_{cb,end}$ 值为干后收割时的值。

7. 由于芦笋嫩芽覆盖地表，因此在嫩芽期收获时 $K_{cb}=K_{cb,ini}$，$K_{cb,mid}$ 是以嫩茎收割结束后再生长时的值。

8. 剑麻的 K_{cb} 取决于种植密度和水分条件（如有目的的水分胁迫）。

9. 低密度种植的旱作作物取低值。

10. 手工收割时取高值。

11. 越冬期当冬小麦的覆盖率小于 10%时，$K_{cb,ini}$ 取第一个值；若冬小麦全覆盖地表但地表未上冻时 $K_{cb,ini}$ 取第二个值。

12. 第一个 $K_{cb,end}$ 是在籽粒水分大时收获的值，第二个 $K_{cb,end}$ 是谷物在田间完全干燥（含水量 18%，以湿物计）后收割时的值。

13. 表中数据为作为鲜食玉米食用时的值，如果在田间成熟并干燥时，甜玉米 $K_{cb,end}$ 使用大田玉米的值。

14. 饲草作物这些 K_{cb} 值分别代表紧接收割后、全覆盖期、紧接收割前的值。生长季被定义为一系列单次收割期。

15. 百慕大草和黑麦草的 $K_{cb,mid}$ 值是指收割前、后 K_{cb} 值的平均值。从第一次生长旺期至植物生长后期都可以采用上述 $K_{cb,mid}$ 值。

16. 冷季草的种类包括长势密的早熟禾、黑麦草和细叶草，暖季型草种类有百慕大干草和阿根廷草。对冷季型草坪草，在一般草坪管理条件下，当收割高度在 0.06~0.08 m 时 K_{cb} 为 0.9。当水分管理水平高且不要求快速生长时，草坪草的 K_{cb} 值可降低到 0.1。

17. 菠萝的叶面蒸腾作用非常弱，这是因为它的气孔在白天关闭而在夜晚开启。因此，菠萝的腾发量主要是土壤蒸发量。

18. 包括遮阴树的需水量。

19. 这些 $K_{c,end}$ 值代表落叶前的 K_c 值。落叶后，如果土壤干燥，地表裸露，则 $K_{cb,end}\approx 0.15$；如果土壤条件仍有利于作物生长，则 $K_{cb,end}\approx 0.45$~0.75。

20. 数据不适宜于果树未成熟时。

21. 核果类作物主要是桃树、杏树、梨树、李树和山核桃树。

22. 当 ET 达到最大时期，由于受气孔关闭的影响，中期的 K_{cb} 值要低于初期和末期的值。对柑橘气孔控制弱的湿润和半湿润气候区，$K_{c,ini}$、$K_{c,mid}$、$K_{c,end}$ 值应根据 Rogers 等研究（1983）增加 0.1~0.2。

23. 对柑橘的气孔控制比较弱的湿润和亚湿润气候区，$K_{c,ini}$、$K_{c,mid}$、$K_{c,end}$ 值应增加 0.1~0.2。对无有效覆盖或有适中有效覆盖（有效覆盖是指有绿叶和 LAI>2~3 时的覆盖）的地区 K_c 值必须在地表无覆盖的 K_c 值和地表有有效覆盖的 K_c 值间加权求出，而且此加权基于"绿度"和覆盖地表的叶面积的近似值。

24. 由于空气动力阻力减小，针叶树的气孔控制发挥得较好，表中所列的是大面积的水分条件好的针叶林的 K_{cb} 值，而实际 K_{cb} 值很容易低于该值。

参 考 文 献

[1] R G Allen, L S Pereira, D Raes, et al. Crop evapotranspiration guidelines for computing crop water requirements[R]. FAO Irrigation and Drainage Paper 56, 1998.

[2] 水利部国际合作司,水利部农村水利司,中国灌排技术开发公司. 美国国家灌溉工程手册[M]. 北京:中国水利水电出版社,1998.

[3] 段爱旺,孙景生,刘钰,等. 北方地区主要农作物灌溉用水定额[M]. 北京:中国农业科学技术出版社,2004.

[4] 全国灌溉试验研究班. 灌溉试验方法[M]. 北京:水利电力部农田水利司,1982.

[5] 李政,梁海英,李昊,等. VBA 应用基础与实例教程[M]. 北京:国防工业出版社,2005.

[6] VB 语法基础[EB/OL]. (2019-04-19)[2021-10-19]. https://www. docin. com/p-2194085909. html.

[7] 田间试验与统计分析-第二章-正交设计试验资料的方差分析[EB/OL]. (2011-03-07)[2021-10-19]. https://www. docin. com/p-140888122. html.

[8] 土壤中质量含水量和体积含水量的关系[EB/OL]. (2017-11-08)[2021-10-19]. https://wenku. baidu. com/view/07e9274fa55177232f60ddccda38376baf1fe0b9. html.

[9] 新复极差[EB/OL]. (2019-11-01)[2021-10-19]. https://www. taodocs. com/p-283750095. html.

[10] 方萍. 实用农业试验设计与统计分析指南[M]. 北京:中国农业出版社,2000.

[11] 中华人民共和国水利部. 灌溉试验规范:SL 13—2015[S]. 北京:中国水利水电出版社,2015.

[12] 裂区试验和统计方法[EB/OL]. (2018-09-05)[2021-10-19]. https://wenku. baidu. com/view/4dda024c17fc700abb68a98271fe910ef02dae7e. html.

[13] 宋妮,孙景生,王景雷,等. 基于 Penman 修正式和 Penman-Monteith 公式的作物系数差异分析[J]. 农业工程学报,2013,29(19):88-97.